Lenix 嵌入式操作系统

罗 斌 编著

北京航空航天大学出版社

内容简介

本书分4个部分介绍Lenix，首先用具体的例子向读者展示部分Lenix的能力，然后对Lenix涉及的操作系统的基本概念进行说明，接着再对Lenix的整体结构和引入的CPU、计算机模型进行介绍，最后用大量篇幅对进程管理、时间管理、内存管理、IPC、设备管理、人机交互和移植等几个部分的设计思路、API和源代码进行详细的分析。

本书适合普通高校计算机专业本科生及想了解操作系统工作原理的读者，以及希望掌握一个嵌入式系统或者学习如何开发操作系统的读者。

图书在版编目(CIP)数据

Lenix嵌入式操作系统 / 罗斌编著. -- 北京 ：北京航空航天大学出版社，2014.7

ISBN 978-7-5124-1421-1

Ⅰ. ①L… Ⅱ. ①罗… Ⅲ. ①实时操作系统 Ⅳ. ①TP316.2

中国版本图书馆CIP数据核字(2014)第101994号

Lenix嵌入式操作系统

罗　斌　编著

责任编辑　宋淑娟

*

北京航空航天大学出版社出版发行

北京市海淀区学院路37号(邮编100191)　http://www.buaapress.com.cn

发行部电话：(010)82317024　传真：(010)82328026

读者信箱：emsbook@gmail.com　邮购电话：(010)82316524

涿州市新华印刷有限公司印装　各地书店经销

*

开本：710×1 000　1/16　印张：22.75　字数：485千字

2014年7月第1版　2014年7月第1次印刷　印数：3 000册

ISBN 978-7-5124-1421-1　定价：59.00元

若本书有倒页、脱页、缺页等印装质量问题，请与本社发行部联系调换。联系电话：(010)82317024

前言

随着计算机技术的发展，计算机在日常生活中的应用越来越广泛。从最早在科学计算领域的应用，发展到个人电脑普遍进入家庭，再到冰箱、电饭煲等小电器也嵌入了计算机系统，至此人们似乎对计算机系统已经不再陌生，但细想起来，绝大多数人仅是知道计算机由多个硬件组成，稍微了解多一些的人还会知道这些硬件发挥作用需要操作系统。

操作系统管理着计算机系统的软、硬件资源，可以说它是计算机系统的灵魂。这个灵魂从诞生的那天起就一直保持着神秘。因为它的神秘，使得很多人对其工作原理和方式产生了浓厚兴趣，并想了解其中的奥秘。但现有的操作系统，要么无法获得源代码，例如 Windows；要么在经过多年的发展后，已变得庞大而复杂，比如 UNIX、Linux，再加上代码上的优化和各种初始准备条件，更让人难以摸到其核心。因此，对于操作系统爱好者来说，如果有一个相对简单，但功能还算齐全，又可以获得源代码的操作系统，就是一大幸事。对于母语是中文的爱好者来说，有一份中文注释的操作系统源代码则更好。

Lenix 就是在这样的想法下开发的。为了简化开发，Lenix 选择常见的 PC 作为开发平台，而且是在 16 位实模式下开发的。对于绝大多数操作系统爱好者来说，如何学习操作系统是个很大的难题，特别是开发 PC 操作系统，绝大部分人会认为要进入保护模式才能算是操作系统。很不幸，这是一个极大的误区。进入保护模式是为了发挥 CPU 的功能，而不是操作系统的核心，操作系统的核心是管理计算机系统的软、硬件资源。保护模式只是操作系统发挥 X86 系列 CPU 功能的一个方式。从学习的角度来看，保护模式反而干扰了对操作系统的进程管理和内存管理这些核心内容的学习。因此，实际上在 16 位实模式条件下才能更直观地接触到操作系统的关键内容。

开发 Lenix 的过程比较顺利。因为在此之前，笔者已经开发了一个 32 位的通用操作系统，名为 SHEMOX。SHEMOX 已经实现了自启动、进程管理、虚拟内存管理、文件系统，还支持 PE 格式的可执行文件和动态链接库。Lenix 从 2011 年中开始开发，到系统跑起来，大概只用了 2 个星期。但后续功能的扩展和调试，由于出差、外出学习等事情，断断续续花费了一年多的时间。

在开发 Lenix 的过程中，代码编辑器使用的是 Visual Studio 2012 的 express 版本，在 Visual PC 2007 上进行调试，没有使用物理机器作为调试平台。当然，最关键的还是要找到一个 16 位的 C 语言编译器，笔者使用的是 Borland C/C++ 3.1。既然选择了 BC31，那么自然要使用 16 位的操作系统作为辅助，因此自然选择了 DOS，实际上这是 Windows 98 制作的启动系统。

Lenix 这个名称本来的意义是"学习用的操作系统"，因为这个系统就是为了便于学习而开发的。命名时就用了英文单词"Learn"作为名称，完全符合本意。随后看到很多操作系统名字的末尾都有一个"x"，给人一种探索未知领域的感觉，很科幻，因此就凑趣，保留 Learn 的头尾，在末尾加了 x，但感觉"Lenx"这个词没有美感，就又加了一个"i"，也就是笔者自己，于是就有了 Lenix 这个名称。随着开发工作的深入，功能逐步增加，这时笔者发现其在嵌入式领域中已经具备了一定的可用性，因此就对名称的意义进行了重新阐释：名称不变，还是 Lenix，但其代表的意义变更为"罗氏嵌入式操作系统(Luobin's Embedded OS)"，也就是用笔者的名字来命名这个系统，且将其定位在嵌入式领域。

本书面向有一定 C 语言、汇编语言编程经验和 PC 硬件知识的读者。如果没有以上基础，但又确实对操作系统感兴趣，那么在阅读本书前，最好先学习一定的 C 语言和汇编语言编程知识，并初步了解 PC 的硬件配置。这样会更易理解书中的内容。

关键章节内容采用的结构是先说明需求和设计等基本情况，然后安排 API 的用法说明和一些程序例子，最后对功能的实现做详细解析，包括数据类型、公共变量和源代码的说明。笔者认为这样的方式比较便于理解和学习。

各章节的主要内容如下：

第 1 章，通过具体的演示程序来展示 Lenix 的功能，使读者对 Lenix 建立一个比较直观的认识。

第 2 章，介绍操作系统的基础概念，这些概念是在 Lenix 中采用的。对这些概念建立起统一的认识，将有助于理解 Lenix。

第 3 章，从整体上介绍 Lenix，使读者建立起较为系统的认识。

第 4 章，说明 Lenix 的临界段保护方法，这是开发操作系统的关键基础，会一直伴随开发的整个过程。

第 5 章，说明 Lenix 引入的硬件模型。模型包含 CPU 模型和计算机模型，各模型都定义了一定数量的接口，这些接口为实现操作系统的功能提供了便利。

第 6 章，说明 Lenix 进程管理的设计和实现。对于单个进程，进程管理的主要工作是对进程生命周期的管理；对于多个进程，主要工作则是关注进程如何被调度，即如何分配 CPU。

第 7 章，说明 Lenix 时间管理的设计和实现。时间管理通过时钟中断来提供一个基本的计时依据，并在此基础上开发了定时器等功能。

第 8 章，说明 Lenix 内存管理的设计和实现。系统的内存总是无法满足程序的需要,因此提供了动态内存管理功能。系统还提供了高效的定长内存管理和适用广泛的堆内存管理。

第 9 章,说明 Lenix 的 IPC 设计和实现。系统实现了自旋锁、普通锁和互斥对象三个基本的 IPC 机制,还提供了邮箱来完成进程间少量数据的通信。

第 10 章,说明 Lenix 设备管理的设计和实现。系统定义 Lenix 驱动模型(LDM),包含设备驱动接口(DDO)、设备管理的框架、设备使用规范和驱动程序框架。

第 11 章,说明 Lenix 人机交互的设计和实现。人机交互是使用计算机系统的重要组成部分,目前系统提供了利用 TTY 终端与 SHELL 解释程序组合的人机交互方式。

第 12 章,说明 Lenix 的移植。通过在 16 位 PC 上的开发来说明如何移植 Lenix。

在本书编写过程中,遇到的问题除通过自己试验摸索解决外,其他都是从网络上获得了答案或者灵感,这里感谢在网络上共享知识的人们。

笔者已尽最大努力来减少书中的错误,但仍在所难免。如果您发现了错误,请告诉笔者,笔者会及时发布更正通告,并在本书下一版中进行改正。如果您对本书的内容有疑问,欢迎发电子邮件给笔者,笔者将尽力给予回复。邮箱:sourcex. robin@gmail. com。也可以访问笔者的网站,以了解更多信息。网址:http://www. soruce-ex. com。

罗 斌

2014 年 5 月

目　录

第1章 引例

在讨论 Lenix 前，先用几个演示程序来展示 Lenix 的一些基本功能。读者可以通过这些演示程序对 Lenix 的功能及编程框架建立起一个初步的认识。

这些演示程序使用 BC31 编译，运行于 PC 平台上。虽然演示程序可以在 Windows XP 及以前的操作系统中运行，但还是强烈建议读者在 PC 模拟器中使用 DOS 来运行演示程序。PC 模拟器有很多种，读者可以选择自己习惯的模拟器。本书采用的是微软公司的 Virtual PC 2007，原因是它免费及笔者的习惯。

1.1 多进程演示

多进程是 Lenix 的基本特征，因此选择了多进程能力作为第一个演示内容。该演示向读者展示了 Lenix 的多进程和分配 CPU 运行时间的能力。

读者可以在 demo\pc\proc1 目录下获得该演示程序的源代码。在 DOS 下使用同一目录下的 Makefile 编译和链接，然后运行得到的程序就可以看到运行结果。编译的方法可以参考附录 A。

1.1.1 演示内容

这里通过输出一个表格来展示相应的能力，表格的内容是进程的一些信息，包括：

- pid：进程编号。
- pr：进程优先级。
- pn：进程优先数。
- run time：进程运行时间，以时钟节拍为单位。
- use：进程运行时间占系统总运行时间的百分比。
- test：一个不断变化的信息，表示进程在运行。

演示一共建立 7 个无限循环的进程，分别命名为 app1～app7。这些进程分别向屏幕的固定位置输出一行字符串，这些输出的信息组合起来就形成了一个表格。其中，app1 的作用是显示表头，app2～app7 的作用是输出表格的内容，每个进程输出一行。

为了更清晰地看到系统运行的状态，演示程序额外输出了一些调试信息。系统会在每次时钟中断时，在屏幕右上角第一行输出系统运行的累计时钟节拍数，同时在屏幕的右下角，由下往上，用绿色字符输出当前系统中所有进程的信息，输出的信息包括进程编号、优先级、栈指针、调度因子和进程名。当发生键盘中断时，会在屏幕右上角第二行输出键盘的状态、按键对应的字符、ASCII 码和扫描码。在每次发生调度时，在屏幕右下角最后一行用品红色（红蓝混合）输出累计的调度次数。当然，本书中的所有演示都会输出这些调试信息。

演示程序运行结果如图 1.1 所示。

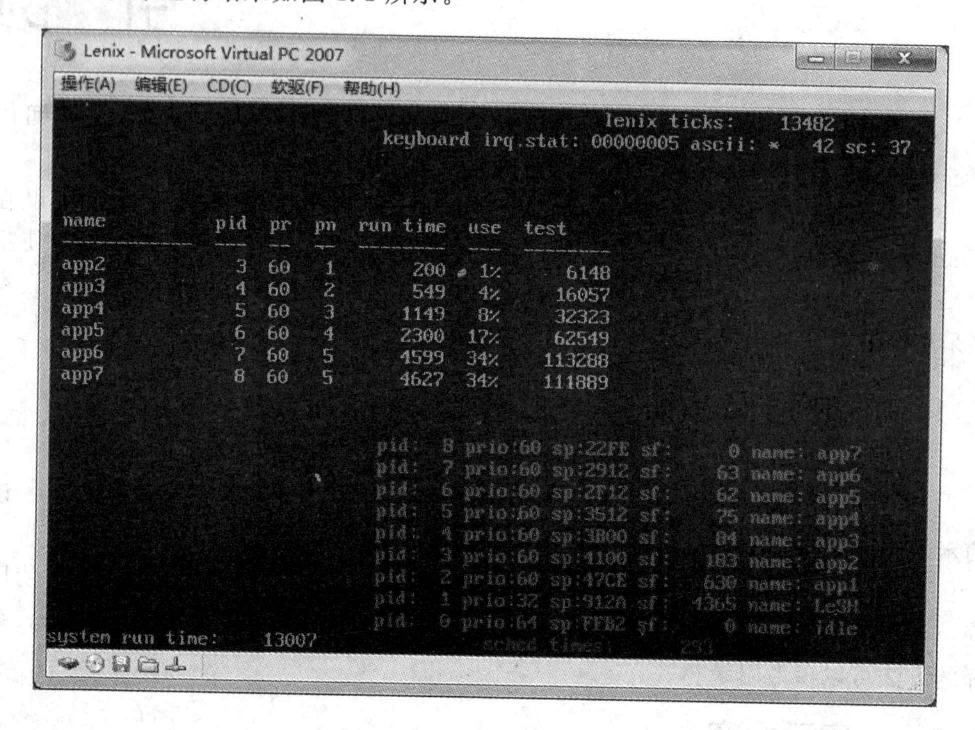

图 1.1 多进程演示运行结果

从图 1.1 可以看出，app6 和 app7 的运行时间最长，其他进程依次递减，app2 进程的运行时间最短。这几个进程都处于运行状态，只是由于进程优先数的不同，它们获得的运行时间也不同。从这里即可以看出 Lenix 的多进程能力和 CPU 时间的分配能力。

1.1.2 程序说明

按照演示的内容，输出的表格可以分为输出表头和输出表格内容两个部分。因此要分别为这两个部分引入 Title 和 Content 函数。

Title 函数输出表头，方式是每隔 1 000 ms 输出一次，也就是每秒刷新一次表头。进程通过在输出表头后使进程延迟的方法来实现这一要求。

Content 函数输出表格内容。为了表示进程正在运行，设置了一个计数器，进程在每次循环中都会递增计数值，并在表格最后一列输出其值。由于 Content 函数一直处于运行状态，因此表格的输出内容也就处于不断的变化之中，从而达到显示进程运行结果的目的。

程序中的 main 函数完成系统的初始化，User_initial 函数完成用户程序的初始化。这些是 Lenix 应用程序编程框架要求提供的函数。演示程序的核心部分是Title 和 Content 函数。

多进程演示程序的源代码见程序 1.1。

程序 1.1

-- demo\pc\proc1\demo.c --

```
 1 #include<lenix.h>
 2
 3 #define USER_APP_STACK 2048
 4
 5 byte_t app_stack1[USER_APP_STACK];
 6 byte_t app_stack2[USER_APP_STACK];
 7 byte_t app_stack3[USER_APP_STACK];
 8 byte_t app_stack4[USER_APP_STACK];
 9 byte_t app_stack5[USER_APP_STACK];
10 byte_t app_stack6[USER_APP_STACK];
11 byte_t app_stack7[USER_APP_STACK];
12
13 void Clk_msg(void);
14
15 void Title(void * param)
16 {
17     char msg[80] = {0};
18
19     param = param; /*  避免编译器发出变量未使用警告  */
20
21     for(;;)
22     {
23         Con_write_string(0,5," name              pid  pr pn   run time  use   test",
0x7);
24         Con_write_string(0,6,"------------- --- -- -- ---------- ---- ----------
-",0x7);
25         _sprintf(msg,"system run time: %8ld",Clk_get_ticks());
26         Con_write_string(0,24,msg,0x7);
27         Proc_delay(1000);
28     }
29 }
30
```

```
31 void Content(void  * param)
32 {
33     long i          = 0;
34     char msg[80]    = {0};
35     char name[12]   = {0};
36     int  pid        = 0;
37
38     Proc_delay(50);
39
40     pid = Proc_get_pid();
41
42     for(;;)
43     {
44         _sprintf(msg," % - 12s   % 3d   % 2d   % 2d   % 8ld   % 2d % %   % 8ld",
45             Proc_get_name(name),
46             pid,Proc_get_priority(pid),Proc_get_prio_num(pid),
47             Proc_get_run_time(),
48             (int)(100 * Proc_get_run_time()/Clk_get_ticks()),i ++ );
49         Con_write_string(0,7 + (int)param,msg,0x7);
50     }
51 }
52
53 void User_initial(void)
54 {
55     Clk_ticks_hook_set(Clk_msg);
56
57     Proc_create("app1",60,5,Title,0,
58         MAKE_STACK(app_stack1,USER_APP_STACK),
59         STACK_SIZE(app_stack1,USER_APP_STACK));
60     Proc_create("app2",60,1, Content,0,
61         MAKE_STACK(app_stack2,USER_APP_STACK),
62         STACK_SIZE(app_stack2,USER_APP_STACK));
63     Proc_create("app3",60,2,Content,(void  * )1,
64         MAKE_STACK(app_stack3,USER_APP_STACK),
65         STACK_SIZE(app_stack3,USER_APP_STACK));
66     Proc_create("app4",60,3,Content,(void  * )2,
67         MAKE_STACK(app_stack4,USER_APP_STACK),
68         STACK_SIZE(app_stack5,USER_APP_STACK));
69     Proc_create("app5",60,4,Content,(void  * )3,
70         MAKE_STACK(app_stack5,USER_APP_STACK),
71         STACK_SIZE(app_stack5,USER_APP_STACK));
72     Proc_create("app6",60,5,Content,(void  * )4,
```

```
73          MAKE_STACK(app_stack6,USER_APP_STACK),
74          STACK_SIZE(app_stack6,USER_APP_STACK));
75      Proc_create("app7",60,5,Content,(void  * )5,
76          MAKE_STACK(app_stack7,USER_APP_STACK),
77          STACK_SIZE(app_stack7,USER_APP_STACK));
78 }
79
80 void main(void)
81 {
82      Lenix_initial();
83      User_initial();
84      Lenix_start();
85 }
```

语句(5～11)定义了7个进程所需要的栈空间,用数组的方式来提供。

语句(15～29)为Title函数,是进程app1的入口。函数在刷新表头的同时,还刷新了提示信息。在输出信息后,调用Proc_delay函数,使进程延迟1 000 ms。

语句(31～51)为Content函数,是进程app2～app7的入口。该函数不停地输出表格内容。

语句(53～78)为User_initial函数。开发者可以在这个函数里完成各种初始化工作。读者应该已经注意到,app2～app7都使用了Content这个进程入口函数。因此这里也引出了一个概念,即相同的程序可以有多个进程,能产生这样的效果是因为这些进程的栈并不相同,也就是运行环境并不相同。

另外,在初始化时,还使用了Clk_ticks_hook_set函数,这是Lenix提供的一个时钟中断处理机制,可以使开发者在每次时钟中断时完成自己需要的功能。而Clk_msg函数则用于输出时钟节拍和进程的调试信息,具体参阅src\machine\pc\pc_debug.c程序中的Clk_msg函数。

语句(80～85)为main函数,是C语言常规的入口函数。

1.2 优先级演示

优先级演示程序展示了Lenix优先级的运作情况,它展示了高优先级进程总是可以优先获得CPU。本演示程序由多进程演示程序稍加修改而来,但为了更加明显地表现出结果,删除了3个进程。

演示程序的代码在demo\pc\proc2目录中。

1.2.1 演示内容

演示程序创建了3个进程,一个用于输出表头,两个用于输出表格内容。输出表格内容的进程设置为不同的优先级。通过这样的设置可以明显地展示出 Lenix 优先级的运作情况。

演示程序的运行结果如图 1.2 所示。

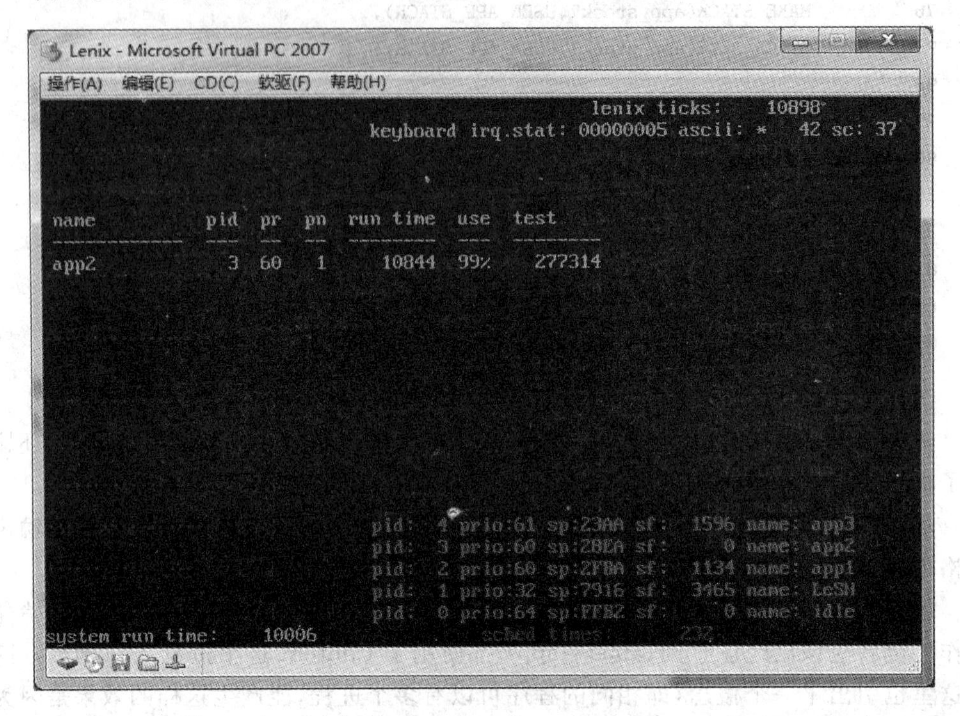

图 1.2 优先级演示运行结果

从演示结果可以看出,只有 app2 输出了一行信息,app3 没有输出信息。从调试信息来看,app3 一直没有获得运行,因为其调度因子一直在增大。

1.2.2 程序说明

优先级演示程序的结构与多进程演示程序的结构相同,只是减少了进程的数量。演示程序的源代码见程序 1.2。

程序 1.2

-- demo\pc\proc2\demo.c --

```
1 #include<lenix.h>
2
3 #define USER_APP_STACK 1536
4
5 byte_t app_stack1[USER_APP_STACK];
6 byte_t app_stack2[USER_APP_STACK];
7 byte_t app_stack3[USER_APP_STACK];
```

```
 8
 9 void Clk_msg(void);
10
11 void Title(void * param)
12 {
13     char msg[80] = {0};
14
15     param = param; /*  避免编译器发出变量未使用警告  */
16
17
18     for(;;)
19     {
20         Con_write_string(0,5," name        pid  pr pn  run time  use  test",
0x7);
21         Con_write_string(0,6,"----------------------------------------------
-",0x7);
22         _sprintf(msg,"system run time: %8ld",Clk_get_ticks());
23         Con_write_string(0,24,msg,0x7);
24         Proc_delay(1000);
25     }
26 }
27
28 void Content(void * param)
29 {
30     long i         = 0;
31     char msg[80]   = {0};
32     char name[12]  = {0};
33     int  pid       = 0;
34
35     Proc_delay(50);
36
37     pid = Proc_get_pid();
38
39     for(;;)
40     {
41         _sprintf(msg," %-12s  %3d  %2d  %2d  %8ld  %2d%%  %8ld",
Proc_get_name(name),
42                  pid,Proc_get_priority(pid),Proc_get_prio_num(pid),
43                  Proc_get_run_time(),(int)(100*Proc_get_run_time()/Clk_get_ticks()),
i++);
44         Con_write_string(0,7 + (int)param,msg);
45     }
```

```
46 }
47
48 void User_initial(void)
49 {
50     Clk_ticks_hook_set(Clk_msg);
51
52     Proc_create("app1",60,5,Title,0,
53         MAKE_STACK(app_stack1,USER_APP_STACK),
54         STACK_SIZE(app_stack1,USER_APP_STACK));
55     Proc_create("app2",60,1,Content,0,
56         MAKE_STACK(app_stack2,USER_APP_STACK),
57         STACK_SIZE(app_stack2,USER_APP_STACK));
58     Proc_create("app3",61,2,Content,(void *)1,
59         MAKE_STACK(app_stack3,USER_APP_STACK),
60         STACK_SIZE(app_stack3,USER_APP_STACK));
61 }
62
63 void main(void)
64 {
65     Lenix_initial();
66     User_initial();
67     Lenix_start();
68 }
```


语句(58～60)是本演示程序最关键的部分,它在创建 app3 时修改了优先级,使 app3 的优先级比 app1 和 app2 都低。

1.3 命令行演示

命令行演示程序向读者展示了 Lenix 的人机交互功能,通过几个命令的使用,读者可以看到 Lenix 处理用户输入命令的能力;还可以从演示的代码中看到 SHELL 编程的一些具体方法。

演示程序的代码在 demo\pc\shell 目录下。

1.3.1 演示内容

这个演示程序展示了一些命令的执行效果,以及输入对错误命令的提示。Lenix 的 SHELL 本身只包含了 2 个命令,分别为显示系统命令和显示版本号。为了能达到更好的演示效果,还向系统注册了 2 个命令,一个显示内存数据,另一个清空屏幕。该演示程序展示了 Lenix 可以灵活扩展系统命令的功能,但该功能只能从源代码中看到。

演示程序展示了这些命令的用法和结果,具体的运行效果如图 1.3 所示。

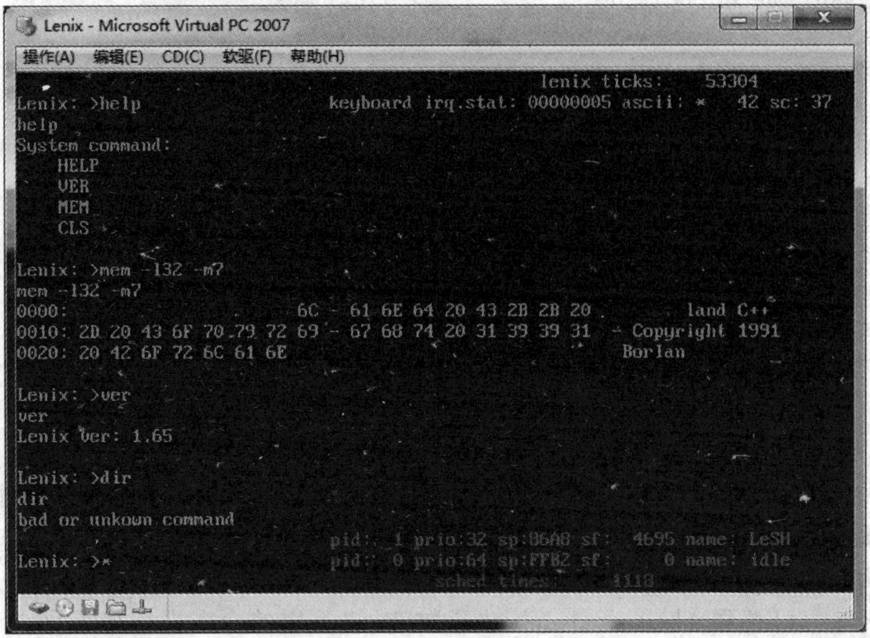

```
Lenix - Microsoft Virtual PC 2007
操作(A)  编辑(E)  CD(C)  软驱(F)  帮助(H)
                                                  lenix ticks:     53304
Lenix: >help                       keyboard irq.stat: 00000005 ascii: *   42 sc: 37
help
System command:
    HELP
    VER
    MEM
    CLS

Lenix: >mem -l32 -m7
mem -l32 -m7
0000:                         6C - 61 6E 64 20 43 2B 2B 20         land C++
0010: 2D 20 43 6F 70 79 72 69 - 67 68 74 20 31 39 39 31    - Copyright 1991
0020: 20 42 6F 72 6C 61 6E                                  Borlan

Lenix: >ver
ver
Lenix ver: 1.65

Lenix: >dir
dir
bad or unkown command
                                   pid:  1 prio:32 sp:B6A8 sf:  4695 name: LeSH
Lenix: >*                          pid:  0 prio:64 sp:FFB2 sf:     0 name: idle
                                              sched times:    1118
```

图 1.3　命令行演示运行结果

程序首先演示了用 help 命令显示系统可以使用的命令列表；然后用 mem 命令输出了从内存地址 7 开始的 32 字节的数据；接着用 ver 命令显示了当前操作系统的版本号；最后输入了一个不支持的命令，这时系统给出了相应的提示。

1.3.2　程序说明

根据演示的内容，引入了显示内存数据和清空屏幕两个函数，另外还提供了一个系统命令初始化函数。由于演示功能具有一定的复用价值，因此将该演示程序源代码分成两个文件：一个是 shell.c，用于提供 Lenix 编程框架所要求的函数；另一个是 shellcmd.c，用于提供演示功能所需要引入的函数。

1. shell.c 程序说明

shell.c 完成系统的初始化工作，是 Lenix 固定的编程框架。源代码见程序 1.3。

程序 1.3

-- demo\pc\proc2\shell.c --

```
1 #include<lenix.h>
2
3 void Con_print_char(byte_t c);
4 void Clk_msg(void);
5 void Shell_cmd_initial(void);
6
```

```
 7 void User_initial(void)
 8 {
 9     Tty_echo_hook_set(TTY_MAJOR,Con_print_char);
10     Clk_ticks_hook_set(Clk_msg);
11     Shell_cmd_initial();
12 }
13
14 void main(void)
15 {
16     Lenix_initial();
17     User_initial();
18     Lenix_start();
19 }
```


语句(9)设置了 TTY 的输出,如果不设置,将无法显示输入的数据。具体的做法是设置主 TTY 的显示钩子,可参阅 src\machine\pc\consol.c 中的 Con_print_char 函数。

语句(11)调用 Shell_cmd_initial 函数,对演示用的命令进行初始化。Shell_cmd_initial 函数在 shellcmd.c 文件中。

2. shellcmd.c 程序说明

这个文件是演示的核心,实现了 Sc_mem 和 Sc_cls 两个命令,并在额外提供的初始化函数中向系统注册这两个命令,从而展示 SHELL 动态扩展命令的功能。源代码见程序 1.4。

程序 1.4

-- demo\pc\proc2\shellcmd.c --

```
 1 #include<lenix.h>
 2
 3 staticint Sc_mem (int,char ** );
 4 staticint Sc_cls (int,char ** );
 5
 6 void Shell_cmd_initial(void)
 7 {
 8     Shell_cmd_add("mem",Sc_mem);
 9     Shell_cmd_add("cls",Sc_cls);
10 }
11
12 staticint Sc_mem (int argc,char ** argv)
13 {
14     const char * param  =  NULL;
15     void       * m      =  NULL;
```

```
16      int            size  = 256;
17
18      param = Sc_get_param(argc,argv,'m');
19
20      if(param)
21          m = (void * )_atoh(param);
22
23      param = Sc_get_param(argc,argv,'l');
24
25      if(param)
26      {
27          size = _atoi(param);
28          if(size >256)
29              size = 256;
30      }
31
32      _mprintf(m,size);
33
34      return0;
35  }
36
37  static int Sc_cls (int argc,char ** argv)
38  {
39      Con_cls();
40
41      argc = argc;
42      argv = argv;
43
44      return 0;
45  }
```

语句(6～10)进行外壳命令初始化,即向系统,也就是向SHELL注册Sc_mem和Sc_cls两个命令,并通过Shell_cmd_add函数建立命令名称与命令执行程序之间的对应关系。

语句(12～35)是Sc_mem函数,功能是以十六进制格式显示内存数据。其使用方法是:

```
mem - mxxxx - lxxx
```

参数选项的前后位置没有要求,其中参数选项的意义为:

-m:需要显示的内存起始地址,为十六进制的地址。

-l:需要显示的内存长度,以字节为单位,提供十进制的长度。

例如语句：

```
mem - l32 - m100
```

显示从内存地址 100H 开始的 32 字节的数据。

语句(18)从参数表中提取“m”选项。

语句(20～21)表示，如果“m”选项存在，则将对应的字符串转换为地址；如果不存在，则显示的起始地址就是 0。

语句(23)从参数表中提取“l”选项。

语句(25～30)表示，如果“l”选项存在，则将对应的字符串转换为整数。如果参数大于 256，则将长度修改为 256，也就是限制最大显示长度为 256 字节。如果选项不存在，则长度参数默认为 256，这在初始化时已经设置了。

语句(32)调用 Lenix 提供的显示功能。

语句(37～45)是 Sc_cls 函数，提供了清屏的功能。该函数比较简单，只是调用了系统提供的 Con_cls 函数进行清屏。

1.4 哲学家用餐

这个程序演示了在 Lenix 下解决哲学家用餐的问题，并向读者展示了 Lenix 通用的一面。哲学家用餐是经典的 IPC 问题，其根本目的是解决哲学家如何使用叉子，从而避免死锁的问题。

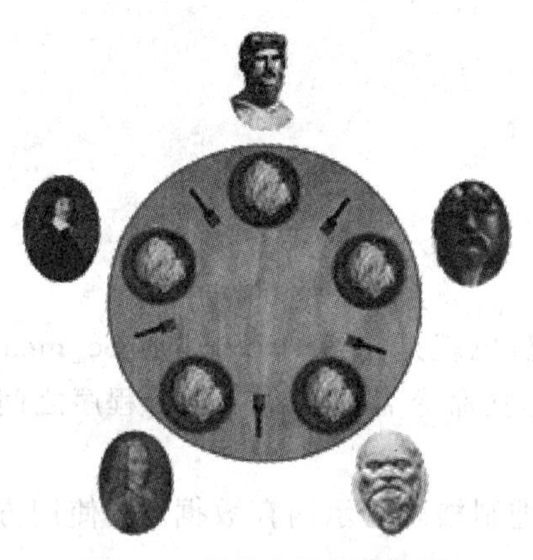

图 1.4 哲学家用餐示意图

问题是：假设有 5 位哲学家围着圆桌用餐，但只有 5 把叉子，而且哲学家与叉子是互相间隔开的。哲学家在用餐时，要使用两把叉子，而且只能使用自己身边的叉子。在吃的时候，要分 5 次才能吃完。大致情况可以用图 1.4 来表示。

哲学家用餐问题反映了资源使用的两个关键内容。第一个是资源使用策略。如果使用策略不当，将会造成系统资源利用率低下，甚至出现死锁的情况。假设哲学家是按先左后右的顺序拿起叉子，并且要用完餐以后才放下叉子。在这样的使用策略下，如果出现 5 位哲学家同时拿起左边的叉子，那么 5 位哲学家都无法拿到右边的叉子，但由于没有用餐，哲学家又都不会放下自己已经拿到的叉子。这时就出现哲学家互相等待，系统陷入死锁的状态。第二个是冲突处理。在使用策略正确的情况下，有可能出现两个哲学家同时要拿起同一个叉子的情况。这时就需要通过特殊的方式来决定谁能够拿到叉子。

演示程序的代码在 demo\pc\phd 目录下。

1.4.1　演示内容

这个演示程序主要展示了哲学家用餐的完整过程，其主要展示 Lenix 在资源使用时避免冲突的方式，而不是展示使用策略。展示的方式是在每位哲学家用餐时输出一组信息，这组信息包含用餐的开始时间(eat time start，etms)，左(l_try)、右(r_try)各尝试拿起叉子的次数。每位哲学家的输出信息占三行，在用完餐后显示用餐完毕的信息(eat OK)。

对整个问题进行简单的分析，可以知道资源使用的冲突发生在两位哲学家同时拿起同一个叉子的时候，因此要对这个动作进行控制。最常用的方法是为每个叉子设置一个标志，在拿起叉子前，检测这个标志是否有效。如果有效，则可以拿起叉子；如果无效，则不能拿起叉子。这实际上就是一个典型的测试并置位的操作，可以通过 Lenix 定义的 CPU 模型中的 TaS 接口来完成，也就是使用这个接口来完成拿起叉子的操作。

虽然用餐策略不是本演示程序的关键，但却是解决哲学家用餐问题的关键。因此有必要介绍演示程序采用的策略。具体为：

① 规定拿起叉子和放下叉子的顺序，这里规定拿起叉子的顺序是先右后左，放下则是先左后右。

② 每次尝试拿起叉子，都要尝试 2 次，2 次之间有一定的间隔。如果不成功，则间隔一定时间后进行下一轮的尝试。如果已经拿到一个叉子，则要先将拿到的叉子放下，再进行下一轮的尝试。

这里给出了 2 次运行的结果，其结果并不一致。具体见图 1.5 和图 1.6。

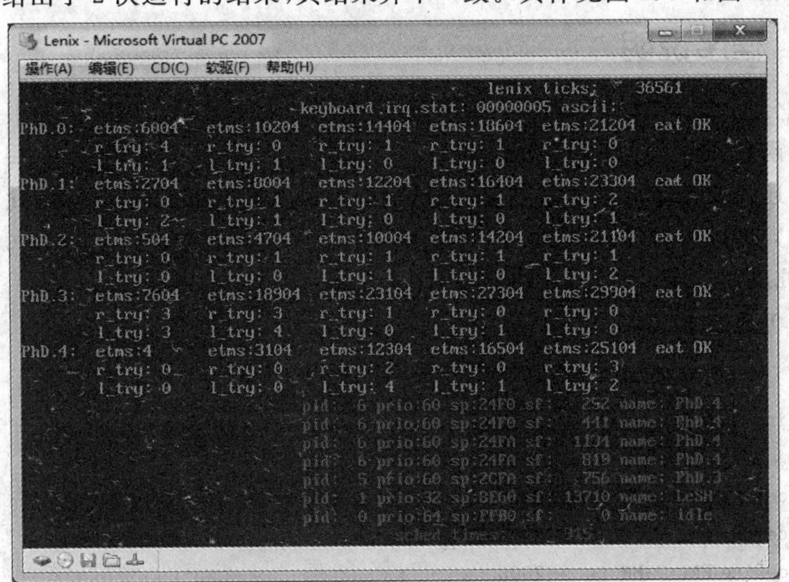

图 1.5　哲学家用餐演示运行结果 1

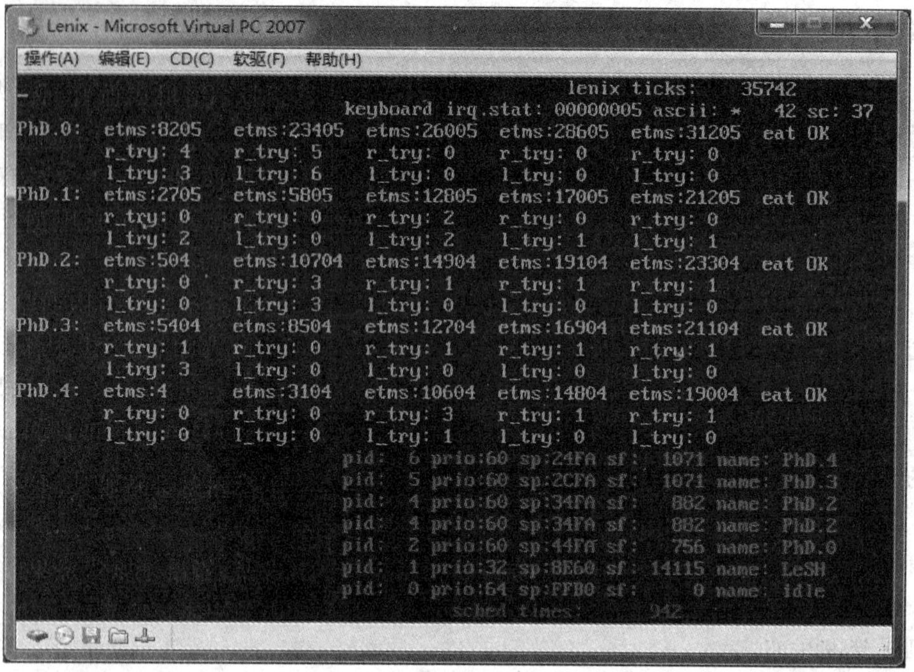

```
Lenix - Microsoft Virtual PC 2007
操作(A)  编辑(E)  CD(C)  软驱(F)  帮助(H)
_                                          lenix ticks:     35742
                              keyboard irq.stat: 00000005 ascii: *    42 sc: 37
PhD.0:  etms:8205   etms:23405  etms:26005  etms:28605  etms:31205  eat OK
        r_try: 4    r_try: 5    r_try: 0    r_try: 0    r_try: 0
        l_try: 3    l_try: 6    l_try: 0    l_try: 0    l_try: 0
PhD.1:  etms:2705   etms:5805   etms:12805  etms:17005  etms:21205  eat OK
        r_try: 0    r_try: 0    r_try: 2    r_try: 0    r_try: 0
        l_try: 2    l_try: 0    l_try: 2    l_try: 1    l_try: 1
PhD.2:  etms:504    etms:10704  etms:14904  etms:19104  etms:23304  eat OK
        r_try: 0    r_try: 3    r_try: 1    r_try: 1    r_try: 1
        l_try: 0    l_try: 3    l_try: 0    l_try: 0    l_try: 0
PhD.3:  etms:5404   etms:8504   etms:12704  etms:16904  etms:21104  eat OK
        r_try: 1    r_try: 0    r_try: 1    r_try: 1    r_try: 1
        l_try: 3    l_try: 0    l_try: 0    l_try: 0    l_try: 0
PhD.4:  etms:4      etms:3104   etms:10604  etms:14804  etms:19004  eat OK
        r_try: 0    r_try: 0    r_try: 3    r_try: 1    r_try: 1
        l_try: 0    l_try: 0    l_try: 1    l_try: 0    l_try: 0
                              pid: 6 prio:60 sp:24FA sf:  1071 name: PhD.4
                              pid: 5 prio:60 sp:2CFA sf:  1071 name: PhD.3
                              pid: 4 prio:60 sp:34FA sf:   882 name: PhD.2
                              pid: 4 prio:60 sp:34FA sf:   882 name: PhD.2
                              pid: 2 prio:60 sp:44FA sf:   756 name: PhD.0
                              pid: 1 prio:32 sp:8E60 sf: 14115 name: LeSH
                              pid: 0 prio:64 sp:FFB0 sf:     0 name: idle
                                    sched times:      942
```

图 1.6 哲学家用餐演示运行结果 2

从输出的结果来看，有的时候拿起叉子很顺利，不用等待。而有时，则要反复放下叉子数次才能拿到足够的叉子。

1.4.2 程序说明

经过分析，哲学家用餐有两个动作，拿起叉子和放下叉子。因此需要引入一个拿起叉子的函数和一个放下叉子的函数。

另外还需要为每位哲学家创建一个进程，由于用餐策略是相同的，因此只需要一个进程函数即可。哲学家之间可以用参数进行区分，分别命名为 PhD. 0，PhD. 1，PhD. 2，PhD. 3，PhD. 4。其源代码见程序 1.5。

程序 1.5

-- demo\pc\phd\demo. c --

```
1 #include<lenix.h>
2
3 #define USER_APP_STACK 2048
4 #define N              5
5 #define EAT_TIME       2000
6 #define WAIT_TIME      600
7 #define WAIT_FORK_TIME 500
```

```
 8
 9 byte_t app_stack1[USER_APP_STACK];
10 byte_t app_stack2[USER_APP_STACK];
11 byte_t app_stack3[USER_APP_STACK];
12 byte_t app_stack4[USER_APP_STACK];
13 byte_t app_stack5[USER_APP_STACK];
14
15 spin_lock_t fork_lock[N] = {0,0,0,0,0};
16
17 void Clk_msg(void);
18
19 int Fork_get(int forkidx,int timeout)
20 {
21     if(Cpu_tas(fork_lock + forkidx,0,1) == 0)
22         return 1;
23     Proc_delay(timeout);
24     if(Cpu_tas(fork_lock + forkidx,0,1) == 0)
25         return 1;
26     return 0;
27 }
28
29 void Fork_put(int forkidx)
30 {
31     fork_lock[forkidx] = 0;
32 }
33
34 void PhD(void * param)
35 {
36     int i     = 0,    /* 用餐次数 */
37         right = 0,    /* 右边叉子的编号 */
38         left  = 0,    /* 左边叉子的编号 */
39         x     = 0,    /* 信息显示 x 坐标 */
40         y     = 0,    /* 信息显示 y 坐标 */
41         r_try = 0,    /* 右边尝试次数 */
42         l_try = 0;    /* 左边尝试次数 */
43
44     char msg[80] = {0};
45
46     right = (int)param;
47     left  = (right + 1) % N;
48     y     = right * 3 + 2;
49
```

```
50    _sprintf(msg,"PhD. %d:",right);
51    Con_write_string(x,y,msg);
52
53    for(; i <5; i++ )
54    {
55        l_try = 0;
56        r_try = 0;
57        while(1)
58        {
59            /*  尝试取右边的叉子   */
60            if(Fork_get(right,WAIT_FORK_TIME) == 0)
61            {
62                /*  未能获得右边的叉子,等待一定的时间后重新尝试   */
63                Proc_delay(WAIT_TIME);
64                r_try ++;
65                continue;
66            }
67            /*  尝试取左边的叉子   */
68            if(Fork_get(left,WAIT_FORK_TIME) == 0)
69            {
70                /*  未能获得右边的叉子,等待一定的时间后重新尝试   */
71                Fork_put(right);
72                Proc_delay(WAIT_TIME);
73                l_try ++;
74                continue;
75            }
76
77            /*  用餐需要时间,用进程延时代替   */
78            x   = i * 12 + 8;
79            _sprintf(msg,"etms: %ld",Clk_get_ticks());
80            Con_write_string(x,y,msg);
81            _sprintf(msg,"r_try: %d",r_try);
82            Con_write_string(x,y+1,msg);
83            _sprintf(msg,"l_try: %d",l_try);
84            Con_write_string(x,y+2,msg);
85
86            Proc_delay(EAT_TIME);
87
88            /*  用餐需要完毕后,放下叉子,顺序与拿起叉子相反   */
89            Fork_put(left);
90            Fork_put(right);
91            break;
```

```
92             }
93
94             Proc_delay(WAIT_TIME);
95         }
96
97     Con_write_string(68,y,"eat OK");
98 }
99
100 void User_initial(void)
101 {
102     Clk_ticks_hook_set(Clk_msg);
103
104     Proc_create("PhD.0",60,5,PhD,0,
105         MAKE_STACK(app_stack1,USER_APP_STACK),
106         STACK_SIZE(app_stack1,USER_APP_STACK));
107
108     Proc_create("PhD.1",60,5,PhD,(void  *)1,
109         MAKE_STACK(app_stack2,USER_APP_STACK),
110         STACK_SIZE(app_stack2,USER_APP_STACK));
111
112     Proc_create("PhD.2",60,5,PhD,(void  *)2,
113         MAKE_STACK(app_stack3,USER_APP_STACK),
114         STACK_SIZE(app_stack3,USER_APP_STACK));
115
116     Proc_create("PhD.3",60,5,PhD,(void  *)3,
117         MAKE_STACK(app_stack4,USER_APP_STACK),
118         STACK_SIZE(app_stack4,USER_APP_STACK));
119
120     Proc_create("PhD.4",60,5,PhD,(void  *)4,
121         MAKE_STACK(app_stack5,USER_APP_STACK),
122         STACK_SIZE(app_stack5,USER_APP_STACK));
123 }
124
125 void main(void)
126 {
127     Lenix_initial();
128     User_initial();
129     Lenix_start();
130 }
```

语句(3)定义进程栈的空间。

语句(4)定义哲学家的数量。

语句(5)定义用餐时间。

语句(6)定义第二次尝试拿起叉子的时间间隔。

语句(7)定义进入下一轮尝试拿起叉子的时间间隔。

语句(19～27)为拿起叉子函数,其中使用 Cpu_tas 接口来尝试拿起叉子,如果第一次不成功,则在等待一定时间之后进行第二次尝试。如果还不成功,则返回 0,表示拿起叉子失败。

语句(29～32)为放下叉子函数,它将对应的标志置为 0。

语句(34～98)是哲学家进程。由于用餐的方式一样,因此只需编写一个进程函数即可,也就是 5 个进程使用相同的进程函数。

语句(46～47)计算哲学家可以使用的叉子数。

语句(48)计算显示信息的纵坐标。

语句(53)循环 5 次,哲学家需要 5 次才能用餐完毕。

语句(57)无限循环,表示每次必须拿到叉子用餐后才能停止。

语句(60～66)尝试拿起右边的叉子。如果不成功,则等待 WAIT_FORK_TIME 时间并记录不成功的次数后,进行下一轮尝试。

语句(68～75)尝试拿起左边的叉子。如果不成功,则放下右边的叉子,因为到达这里,说明已经拿到了右边的叉子,等待 WAIT_FORK_TIME 时间并记录不成功次数后,进行下一轮尝试。

语句(78～84)输出用餐信息。

语句(86)用延时表示哲学家正在用餐。

语句(89～91)表示本次用餐结束后,先放下左边的叉子,然后再放下右边的叉子,跳出无限循环,表示本次用餐完毕。

语句(94)表示等待一定的时间后,再次尝试拿起叉子用餐。

语句(97)表示用餐完全结束后,输出用餐完毕信息。

语句(100～130)为 Lenix 常规的初始化过程。

内容回顾

- 通过演示程序说明了 Lenix 基本的编程框架。
- 通过 4 个演示程序展示了 Lenix 的多进程并行、优先级、人机交互和 IPC 等基本功能的应用。
- 通过这些演示,读者可以对 Lenix 的编程框架和部分系统 API 有一个基本的了解。

本章对 4 个演示程序的源代码进行了详细的说明,这将有助于读者理解演示程序的目的。然后用图片的形式展示了演示程序的运行结果,通过图片,读者可以直观地看到演示的全貌。当然,如果要获得更好的效果,应该自己去编译这些代码,并且自己去运行。在每个演示用例的最后,都提供了相应的源代码,还对这些代码做了较详细的解释说明,这会有利于读者对程序的理解。

第2章 基础概要

阅读本书需要一定的专业基础，会涉及一些专业的名词及 Lenix 引入的名词。为了方便读者阅读本书，有必要先给出这些名词的定义。但本书不是教科书，并不会对这些名词做出详细的分析说明。如果需要详细了解其内容，请参阅其他的专业资料。

2.1 基本概念

在讨论操作系统的基础之前，需要介绍一些计算机领域的基本概念。这些概念相对较为独立，可以将其视为不仅仅用于操作系统，还可以用于其他领域。在理解这些概念后，对后续的讨论有很大的好处。

2.1.1 应用程序编程接口

Lenix 所指的应用程序编程接口（Application Programming Interface，API）是指为了使用系统预定义的功能而提供的规范。开发者通过这些 API 来使用系统预定义的功能，以达到提高开发效率的目的。这是一个比较宽泛的定义，对于软件系统，该规范通常是一组函数。这些函数通常以原型方式发布，只给出函数的名称、参数、作用和执行结果，而具体的实现并不随同发布。

API 一经发布后就不能变更，否则会导致已有的应用程序在后续系统中无法编译或运行，进而使系统无法积累应用程序。API 的提供者可以改变其实现方式，但需要保证结果与输出一致。

2.1.2 原子操作

原子操作（atomic operation）是指一组连续执行且不会被中断的操作。定义中包含两个条件，只有同时满足这两个条件才能称为原子操作。注意，其关键并不在于有多少步操作，而在于多步操作不会被中断。

需要说明的是，操作不会被中断并不代表独占，这在多 CPU 系统中访问公共数据时比较明显，每个 CPU 都可以通过执行不间断的操作来访问同一个公共数据。

2.1.3 互 斥

互斥(mutually exclusive)是一种行为原则,指的是对事物,在任何时刻,有且仅有一个主体能够对其进行访问。通俗的说法是独占。

互斥和原子操作并不是相等的概念,它们关注的重点不同,原子操作强调的是连续性,而互斥强调的是独占。例如在访问某个大型资源时,操作的时间较长,此时就会出现资源独占,但是操作过程会被时钟、键盘等设备中断,因此不是原子操作。在很多资料中将原子操作视为连续且互斥的操作。

2.1.4 同步和异步

同步(synchronous)和异步(asynchronism)是对两个及两个以上的主体共同工作才有的行为规则。同步的根本特点是需要根据自身以外的主体的状态来确定自己的行为。例如同步传输,就需要一个额外的同步时钟。异步的根本特点是不管其他主体的状态而各自工作。同步更多强调正确的逻辑顺序,而不强调"同时",因此对于中文环境,笔者认为"协同"这个词更准确。

2.1.5 运行环境

程序运行需要一定的环境,比如栈、所用到的寄存器。Lenix将这些内容合并称为运行环境(running context),由于其表现形式都是寄存器,因此也可以称为寄存器环境。在有的书籍中也称为上下文。

运行环境对于多进程的操作系统来说是至关重要的,因为多进程系统需要不断更换在CPU上运行的进程。为了保证进程在CPU上进出后仍可以正确地运行,就必须在进程被换出CPU时保存进程的运行环境;而在换入CPU时,则要恢复进程的运行环境。

2.1.6 测试并置位

测试并置位(Test and Set,TaS),也称为比较并置位(Compare and Set,CaS),是指以原子且互斥的操作方式完成测试和置位两个操作。用伪代码可表示为:

```
TaS(var,test,set)
{
    if( var == test )
        var = set;
}
```

2.1.7 移 植

从广义上来说,移植是指让软件能运行在不同环境中而进行的修改。对于操作系统(Operating System,OS)来说,就是使其可以运行在不同的硬件环境中。通常情况下,移植是指为了 OS 能运行在不同的 CPU 上而进行的修改。对于 CPU 相同而其他硬件不同的情况,通常采用其他方式来完成移植。这种情况一般不用修改操作系统本身,因此也没有将其视为移植。

实际上,移植的主要工作已经由编程语言来完成了,由于历史和语言本身的原因,OS 都会采用 C 语言来开发,而 OS 中的绝大部分内容是与 CPU 无关的,只要相应的 CPU 有符合标准 C 语言规范的编译器,移植就已经完成了绝大部分。剩下的极小部分通常都是与具体的 CPU 相关,移植的主要工作就是修改这些与具体 CPU 相关的部分,使其可以在新的 CPU 上运行。

2.2 操作系统基础

操作系统 OS 是管理计算机资源的软件,这里所指的计算机资源包括硬件资源和软件资源。操作系统的根本任务是提供基础的软硬件管理及其使用接口,让应用程序能更方便地使用计算机功能。随着计算机技术的发展,部分关键的应用软件也整合进了操作系统,使操作系统的概念变得更为宽泛。

2.2.1 操作系统概述

计算机系统要运行相应的软件以后才能发挥其巨大的作用。而软件需要装入计算机的内存后才能运行。装入的方式可以是制作成 ROM,这样计算机一开机就可以执行相应的程序。但是这样的方式非常不便,因为对每一个具体的应用都要更换 ROM,非常麻烦,而且成本高。这样,动态装入程序的需求就自然产生了。动态装入程序本身也要依靠软件,也就是装载程序,由于装载程序只是完成单一的功能,变化很少,而且代码少,从而具备了固化的条件。其他具体的应用程序就可以通过固化的装载程序动态地装入内存。这个固化的装载程序就是操作系统的雏形。

随着计算机系统的发展,其功能越来越强大。要想发挥这些功能,自然需要统一的管理和调度。而具体的应用程序并不适合担任这个管理的角色,最合适的就是这个装载程序,通过扩展其功能,使其具有管理 CPU、内存和各种设备的能力。这样,各种应用软件就不必自己处理各种与硬件相关的问题,而只需要专注于自身的功能即可。如果需要使用特别的系统功能,也可以通过这个装载程序来完成。应用软件可以通过一个中间的软件来操作计算机,这个中间软件就是操作系统。

操作系统最基本的功能是管理 CPU、内存和各种外部设备。为了方便管理这些设备,操作系统逐渐演化出进程管理、内存管理、I/O 管理等功能模块。进程是为了便于对 CPU 和资源的分配及管理而引入的概念,进程通常是系统分配 CPU 和其他资源的基本单位。进程管理主要处理进程的创建和退出,以及如何使用 CPU 等问题。内存管理是为了高效地使用内存,I/O 管理则是解决如何统一、快速访问外部设备的问题。如果计算机配置了大容量的外部存储设备，则还会具备文件系统。如果计算机需要接入网络，则还需要网络管理功能。在操作系统这些基本的功能之上，才能进一步开发对应于某个具体工作的应用程序。

操作系统有多种分类。按结构分类，可以分为宏内核操作系统与微内核操作系统；按系统任务的数量分类，可以分为单任务操作系统和多任务操作系统；按用途分类，可以分为专用操作系统和通用操作系统；按响应时间分类，可以分为实时操作系统(Real Time Operating System，RTOS)和非实时操作系统。

实时操作系统是操作系统中的一个分支，其最根本的特点是对事件的响应速度快，特别是外部事件。需要特别指出的是，RTOS 所指的实时并不是零延迟的响应，而是指能够在规定的时限内完成对事件的处理，强调在时限内完成，而不是在时限内开始处理。

随着操作系统的发展，大多数操作系统都不是某种单一的类型，而具备多种类型的特点。Lenix 就属于宏内核的多任务、实时操作系统。

2.2.2 进 程

Lenix 定义的进程(也称为任务)是指已经获得资源的程序，是一个资源的集合。这一定义与程序本身是否有数据、是否运行等无关。进程是操作系统分配 CPU 的基本单位，可以说操作系统就是围绕进程来管理计算机的。只要将资源分配给了程序，进程就已经形成，并存在于系统中，不管其是否能够获得 CPU 运行。极端的情况是进程创建后，从来都没有获得 CPU 运行就被系统删除。

进程是一个动态的概念，因为其创建的时间是随机的，运行所需的资源是变化的，运行的时间也是不同的。在 Lenix 中，进程是参与竞争 CPU 的基本单位，或者说是调度的最小单位。

在操作系统的发展中，还出现了线程的概念。在引入线程的概念后，进程一般是指运行在不同地址空间的程序。线程是指运行在同一个地址空间内的程序。从这个概念上来说，Lenix 的进程实际上是线程。但由于最初设计采用了进程这个名词，因此也就沿用下来。

2.2.3 进程状态

进程从创建到退出的这段时间内，会存在某些特点明显的阶段，在这些阶段，进程的行为会有所不同。例如某个数据处理进程，在没有进行数据处理时，进程不应该反复检测是否有数据到达，而应停止运行，让出 CPU，待有数据需要处理时才恢复运行。由于其特点明显，因此这些阶段可以用不同状态来表示。各个系统有其独特的状态划分方式，常见的状态有就绪态、运行态、阻塞态、睡眠态等。

2.2.4 进程调度

进程调度是指操作系统根据一定方法选择进程进入 CPU 运行。选择进程的方法称为调度算法。进程调度只在多进程系统中存在,单进程系统中不存在这个概念。常见的调度算法有优先级法、时间片轮转法等。优先级法是为每个进程赋予一个级别,这个级别通常称为优先级,系统根据这个优先级来选择进程。常见的对优先级的处理方式是:优先级高的进程可以更容易获得 CPU。时间片轮转法则是将 CPU 时间划分为一个个固定的小片段,这些片段称为时间片,进程每次只能运行一个时间片,时间片用完后系统立即重新选择进程。

根据进程调度时机的不同,会形成两种调度结果:可抢占式调度和不可抢占式调度。可抢占式调度是指系统中呈现某种类型的进程在具备运行条件后,可以立即获得 CPU 运行的调度效果。可抢占式调度一般出现在采用优先级法调度的系统中。不可抢占式调度是指下一个进程要运行,必须等待正在运行的进程主动让出 CPU 后才可以运行。

2.2.5 优先级反转

在采用优先级调度的系统中,由于对某种资源的使用存在先后顺序,有可能会导致优先级高的进程不能先于优先级低的进程运行。优先级反转指的是高优先级的进程不能优先运行,而不是指低优先级的进程可以先运行。

例如:假设存在 A、B、C 三个进程,以及资源 D。三个进程的优先级分别为 A 最低、B 中等和 C 最高。设 A、C 进程都要访问资源 D。若 A 首先获得了资源 D,C 就必须等待 A 释放 D 后才能运行。若这期间 B 具备了运行条件,由于 B 的优先级较 A 的高,所以 B 就可以运行。待 B 运行完毕后,A 得以继续运行,在 A 释放 D 后,C 才能运行。这个例子的运行过程如图 2.1 所示。

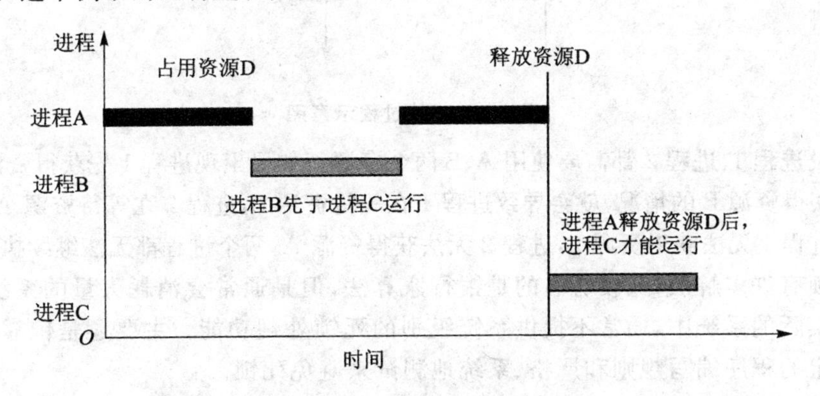

图 2.1 优先级反转示意图

这样就出现了优先级较低的进程 B 先于优先级高的进程 C 运行的情况,相当于进程C的优先级被降低了，从而出现了事实上的优先级反转。

在这个假设中，进程A获得了资源，而资源可以被认为是优先级的一种形式，在竞争同一资源的过程中，先获得资源的进程将优先运行。

2.2.6　临界段

Lenix定义的临界段(critical section，也称为冲突段)是指运行结果与执行时序相关联的程序段。这样的程序段通常会出现在访问公共资源的情况下。临界段是国内比较常见的说法，所以本书采用了临界段这一名称。

解决临界段问题的方法是让其按照原子且互斥的规则来运行，Lenix将这个规则称为临界段保护规则(Critical Section Protection Rule，CSPR)。在不同的系统中，CSPR会有不同的实现方式。总体来说，单核心系统只要实现临界段是原子操作即可，一般通过开、关中断就可以实现。当采用这一方式时，临界段执行的时间不能太长，否则会导致中断丢失，后果将非常严重。多核心系统则要更多地考虑互斥，通常采用自旋锁的方式来实现。

2.2.7　死　锁

可以简单地认为死锁是程序无法继续执行。通常在多个进程之间存在互相等待对方持有的某种资源，从而造成这些进程无法继续执行。严重的死锁可能造成系统停止响应。死锁的过程如图2.2所示。

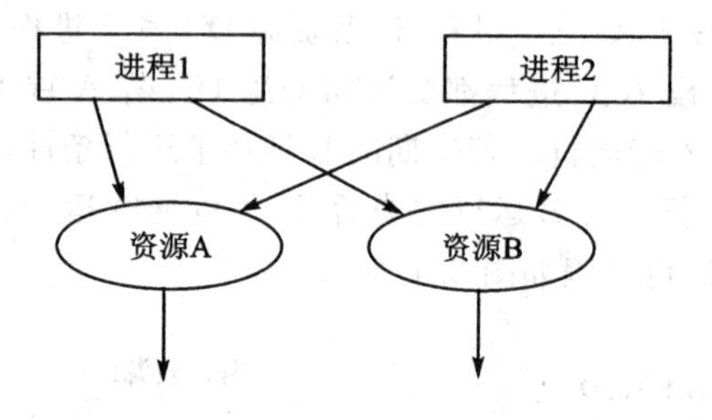

图2.2　死锁过程示意图

假设进程1、进程2都需要使用A、B两个资源。如果出现进程1先获得资源A，进程2先获得资源B的情况，就会导致进程1在等待资源B，进程2在等待资源A。这时就出现进程1无法获得资源B，进程2无法获得资源A，两个进程都无法继续执行。

死锁有许多解法，比较有名的是银行家算法，但是通常会消耗大量的系统资源。因此在实际的系统中，通常不提供系统级别的死锁处理功能。主要还是依靠开发者遵循一定的程序编写规则和严格、系统地测试来避免死锁。

2.2.8　内存管理

程序运行时，需要将程序相关的代码和数据放入内存中。这样就引入了如何在

内存中安排代码和数据的问题。当内存容量足够容纳程序所需的全部代码和数据时，只需为代码和数据确定一个位置即可，这样，这个问题就不是问题了。但是，当内存容量不足以容纳全部的代码和数据时，这个问题就是很大的问题。而实际情况是，计算机的内存总是无法满足程序的需求，此时就要通过一定的方式来安排内存，使程序可以顺利地运行。

从内存使用时间的角度来看，有的数据需要在程序运行期间一直保存着，可以视为永久数据，这种数据就需要固定占用一块内存。但是有的数据只是临时性的，也就是使用了一段时间后，就不再继续使用了。对于这部分数据，为其保留一块固定的内存也是可以的，但实际上这种临时性的内存需求极多，例如大量的局部变量，如果都为其保留固定的内存，那么内存的利用率将会非常低。因此对于临时性的内存需求，可以采用内存复用的方式来提供内存，这样就可以大幅提高内存的使用效率，并减少内存的需求。

对应于永久数据和临时数据，其内存的分配形式有静态分配和动态分配两种。静态分配是指在内存中划分出固定的空间给程序使用，也就是在编写程序时就为其分配好了内存空间，通常用于为永久数据提供内存空间。具体的位置可以是手工计算分配，也可以由编译器进行分配。手工分配内存的典型案例就是开发人员给操作系统本身分配内存，这通常被称为内存布局，但实质是静态内存分配。常见的操作系统内存分布如图 2.3 所示。

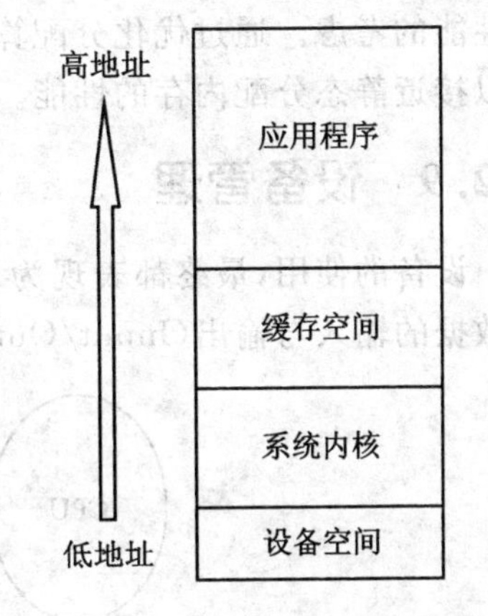

图 2.3　操作系统内存分布示意图

图 2.3 表示操作系统将整个内存分成 4 个部分，每个部分的位置及空间都需要开发人员手工设定。将系统内核放在内存的低地址，是因为操作系统通常较小，占用的空间相对变化不大，同时当系统内存配置变化时，通常不会影响低地址，这样可以把操作系统受到的影响减至最小。

动态分配则是在满足空间要求的条件下，由系统决定使用什么位置的内存。动态分配的内存在使用完毕后要释放，如果不释放，就相当于静态分配的内存了，进而会耗尽可用的内存空间。由于动态内存管理要使用额外的内存空间来保存管理信息，如果不释放动态分配的内存，最后会出现内存的利用率反而低于静态分配的内存的情况。

使用静态分配内存方式的程序能够有较好的性能表现，这属于用空间换时间的做法。但是这样的程序的适应性较差，特别是对于手工分配内存的情况，当系统配置变化后，可能会导致程序无法运行。采用动态分配内存的程序，其适应性较好，但程序性能会受到一定影响，因为系统分配内存会消耗一定的时间，这属于用时间换空间的做法。

动态内存按照一定的算法来分配，常见的动态内存分配算法有4种，分别为最先适应法、最差适应法、最佳适应法和伙伴法。

最差适应法和最佳适应法都需要将所有的可用空间检测一遍，才能确定是否为最差或者最佳，因此其性能表现不好；而且还很容易导致产生内存碎片，因此极少使用。伙伴法在分配和回收性能上较好，但是其空间利用效率较低，适用于配置较多内存的系统。

最先适应法在性能和产生碎片上可以达到较好的平衡。最先适应法在最好情况下只需要一次比较就能完成分配，最坏的情况是全遍历，因此平均性能肯定比最差适应法和最佳适应法好；因为分配的内存块是随机的，所以最坏的情况与最差适应法接近。因此，实际应用系统多采用最先适应法。

动态分配内存在长期运行后会出现内存碎片的情况，因此采用哪种算法大多基于性能的考虑。通过优化分配算法的方式，可以提高动态内存分配的性能，甚至使其可以接近静态分配内存的性能。

2.2.9 设备管理

设备的使用，最终都表现为CPU与设备之间的数据传递。对于CPU来说，就是数据的输入与输出(Input/Output，I/O)，也称为读和写，其过程如图2.4所示。

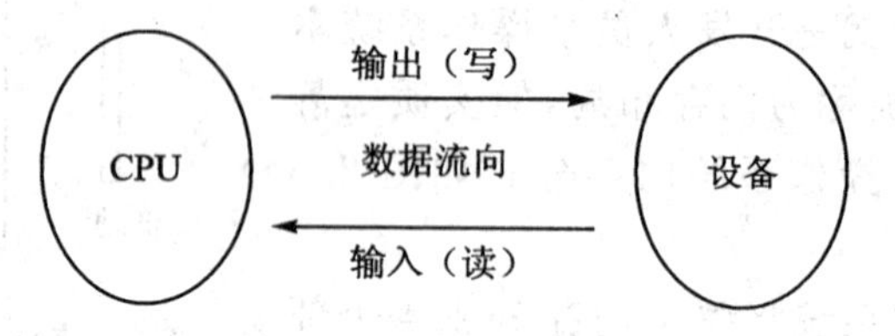

图2.4 设备使用示意图

对于单进程系统，设备的使用相对容易，直接使用即可，不需要考虑太多的问题。但是对于多进程系统，情况就会变得复杂。这时设备变成了公共资源，于是也就存在多个进程同时使用设备的情况。例如硬盘，就可能会有多个进程向硬盘读/写数据。如果在这样的条件下仍任由进程直接使用设备，将有可能导致数据错误。仍以硬盘为例，假设有两个进程P1和P2，其中P1需要从硬盘读数据，P2需要向硬盘写数据，它们读/写的扇区相同，设定为0～10扇区。如果P1先读，在读到5扇区时，由于其他原因暂时无法运行，这时P2开始运行，向5扇区写入数据。此后，P1恢复运行，再读5扇区时，读出的数据就是P2写入的数据，而不是原来的数据，这样就有可能导致错误。从这个例子来看，使用设备会涉及很多临界段的问题。因此，需要由系统提供统一的设备使用机制，以达到设备使用安全的目标。

对于设备的使用者，特别是对于应用程序开发人员，则希望设备的使用方法尽量简单。比如在需要使用设备时，不是直接面对端口、中断这些底层的东西，而是通过一个符号就能使用。从人的角度来看,这个符号最好是一个名字,虽然数字编号也可以,但人们更加容易记住名称。此外,使用设备的方式最好能够统一,因为随着技术的发展,设备的种类只会越来越多,而让应用程序开发人员学习这么多不同硬件的使用方法是不可能的。如果应用程序开发者因此而不使用这些硬件,那么对于硬件设计者来说就是噩梦了。相反,统一的设备使用方式可以形成知识积累,使得应用程序开发人员不必学习各种不同硬件的使用方法,因而可以减少重复性的学习。对于硬件设计者,只要提供了符合使用方式的驱动程序,其设备就可以直接供应用程序使用,这对硬件设计者推广其产品具有极大的促进作用。因此,系统应该提供一个统一的设备使用方式。

2.3 源代码组织结构

Lenix 的文件较多,如果都放在一个目录下会比较混乱,会给命名和查找带来不小的麻烦。为了便于管理文档,Lenix 采用了分类存放的方式来管理源代码文件。通过分类存放,可以使 Lenix 的文档结构清晰,便于文档查找,而且单一目录下的文件数量减少后也便于命名,查找也会更便捷。

Lenix 文件统一保存在一个目录下,在这个目录中一共设置了 6 个子目录,分类存放不同用途的文件。

2.3.1 项目根目录

Lenix 将项目所需要的文件组织在一个目录下,称为项目根目录,并命名为 Lenix。在项目根目录下,按照不同的用途设置了几个分类子目录,用以存放不同用途的文件,分别为:

Lenix\include:用于存放各种头文件。
　　\src　:用于存放源文件。
　　\lib　:用于存放库文件。
　　\obj　:用于存放编译过程中产生的目标文件。
　　\demo:用于存放演示程序。
　　\doc　:用于存放项目专属的各种文档。

在项目根目录下,有一个 Makefile 文件,用来编译 Lenix。

2.3.2 include 目录

Lenix 将这个目录称为包含目录,用于存放 Lenix 的头文件。为了使结构清晰,根据头文件的特点,对头文件进行了分类,并且按照这些分类设置了子目录,分别为:

include\arch　:存放与 CPU 相关的头文件。
　　\driver:存放设备驱动程序的头文件。

\kernel ：存放内核的头文件。

\machine：存放与计算机硬件模型相关的头文件。

在 include 目录下，存放与具体 CPU、计算机无关的头文件，比如配置、类型定义、库函数等头文件。

2.3.3 src 目录

这个目录称为源代码目录，用于存放 Lenix 的源代码文件。在这个目录下，按照功能的层次和用途建立了相对应的子目录，分别为：

src \arch ：存放与 CPU 相关的源代码文件。

\asm ：存放汇编代码文件。

\machine：存放与计算机模型相关的源代码文件。

\kernel ：存放内核源代码文件。

\driver ：存放 Lenix 设备驱动程序。

\libc ：提供 C 运行库的实现。

\demo ：Lenix 提供的示例。

\app ：存放用户应用程序。

这个目录下有一个单独的 lenix. c 文件，该文件提供了系统的入口函数——main 函数。

2.3.4 lib 目录

这个目录称为库目录，用于存放编译好的库文件。该目录下没有子目录。

2.3.5 obj 目录

Lenix 将这个目录称为中间目录，用于存放编译内核产生的中间文件，主要是编译源代码文件得到的目标文件，如果编译的同时生成了相应的汇编代码文件，则也保存在该目录下。将中间文件集中放置，可以使用相同路径来链接内核，以便于编写 Makefile 文件和查阅。

2.3.6 demo 目录

这个目录称为演示目录，用于存放系统提供的演示程序。演示程序按照计算机的类型进行分类。可以在这个目录下查看演示程序，以方便读者学习。

2.3.7 doc 目录

这个目录称为文档目录，用于存放项目的说明文档。

- 介绍了软件领域内关于API、原子操作、互斥、同步、运行环境、测试并置位和移植的基本概念，这些概念与操作系统的实现息息相关，了解这些概念对开发操作系统具有极大的帮助作用。
- 介绍了操作系统方面的进程、优先级、临界段、死锁、内存管理和设备管理等基础理论，只有了解了这些内容，才能较好地把握操作系统的开发。
- 介绍了Lenix源代码的组织结构，说明了主要目录的名称及其作用。这样可以帮助读者对Lenix源代码的框架有一个大体的了解，便于今后查找。

通过介绍软件领域和操作系统中的一些基本概念，帮助读者形成了框架性的概念，这对本书后面内容的理解起到了很好的引导和提示作用。

第3章

系统概况

对于一个新事物，人们首先总会想知道它是什么，能做什么。如果可以，还希望先看到一些实际的例子，然后再尝试着用一用，建立自身的体验。最后，才会深入了解其内部构造。在深入了解内部构造时，人们又会希望先对整体结构有一个认识，然后再了解各个部分具体的细节。这个过程可以使人们对各部分的联系有一个整体的印象，便于对各个部分的理解。

3.1 系统结构

Lenix 提供了一定数量的功能，这些功能既存在依赖关系，又具备一定的独立性。因此很自然地就按照功能将其划分为几个独立的模块，所以也可以说 Lenix 由几个功能不同的模块组成。由于模块是独立的，因此源代码也按照模块进行组织，进而也按照模块进行编译。

3.1.1 模块组成

对于操作系统应该包含的功能并没有统一的定义，因此各个操作系统产品提供的功能并不相同。本书所采用的版本号为 1.65，这个版本一共由 7 个功能模块组成，分别为进程管理、时钟管理、内存管理、IPC、设备管理、TTY 和 SHELL。

进程管理模块是 Lenix 最基本的模块，可以称其为核心模块。该模块提供了诸如进程创建、退出、调度等方面的系统服务。实际上，Lenix 只需要这个模块即可运行。

时钟管理模块可以认为是 Lenix 的基础模块，因为系统中的许多功能都与时间相关。该模块提供了时钟中断处理和定时器等硬件时钟方面的服务。

内存管理模块提供了动态管理内存的功能，目前包含定长内存管理和变长内存管理两种方式。这是一个可选模块，如果应用程序不需要动态内存的支持，则可以禁用这个模块。在嵌入式系统中是有可能不需要动态内存支持的。

IPC 模块提供了几种基于 IPC 的进程同步工具和一个 IPC 工具，包含自旋锁、普通锁、互斥、信号量和消息。模块中的各个工具都可以按需要启用。

设备管理模块提供了统一的设备访问机制，有的书籍称为设备 I/O 机制，通过该模块可以方便地在 Lenix 系统中使用各种设备。这个模块需要 IPC 模块中的互斥工具启用后才能使用。这是可选模块。

TTY模块提供了串行设备基本的输入和输出功能。就其本质来看，也是一种设备访问机制，但是它不需要设备管理模块的支持，可以独立使用。这是可选模块，可以根据需要启用。

SHELL模块向用户提供了一个与系统交互的机制。SHELL实际上是一个应用程序，以单独进程的形式存在，用以处理用户输入的字符串命令。该模块需要在TTY模块启用后才能使用。

3.1.2 层次划分

组成Lenix的几个模块之间存在一定的依赖关系。这个依赖关系可以视为层次关系，上层依赖下层。

Lenix最基础的第一层由进程管理、时钟管理、内存管理和IPC模块组成。这几个模块提供了系统最基础的功能，应用程序和内核的其他部分通过这一层的功能可以实现绝大部分的功能。而且在第一层的各模块中，由于部分功能的实现是互相依赖的，因此将其作为最基础的一层。

第二层是设备管理层(Device Manage Level,DML)。这一层仅包含设备管理模块。由于操作设备会涉及进程状态的变化、进程间的同步和内存使用等问题，因此这些问题都需要依靠第一层提供的功能来解决。而且，由于DML提供了统一的设备访问方式，可以达到隔离具体硬件的作用，便于应用程序的开发，所以将设备管理单独作为一层。

第三层是驱动程序层(Driver Level,DL)。这是内核的最高层，各种设备的驱动程序都可以归入这一层中。由于编写驱动程序要依赖于DML的功能，因此驱动程序也就很自然地作为第三层。

在驱动程序之上，是实现特殊功能的各种应用程序。应用程序可以直接使用系统各个层次的功能，也可以是不使用系统功能的纯粹的计算程序。

各模块与层次之间的关系如图3.1所示。

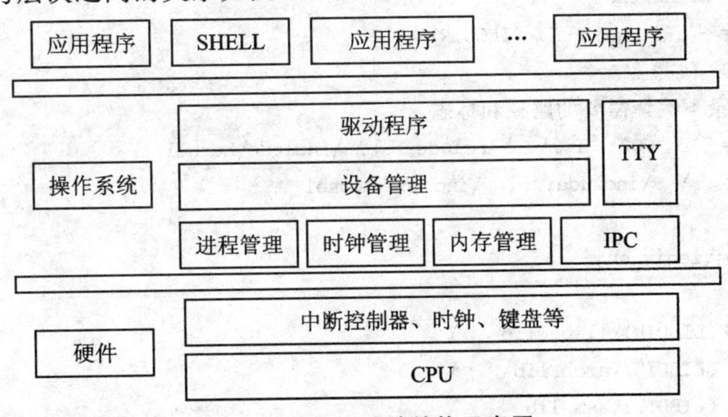

图3.1 Lenix系统结构示意图

Lenix 没有定义应用程序之间的关系，也就是 Lenix 认为应用程序之间是没有依赖关系的。如果应用程序之间有依赖关系，则需要由开发者自行定义。需要特别说明一个应用程序，那就是 SHELL，它是 Lenix 提供的一个基本应用程序。因为其作用较为特殊，因此将其视为内核的一部分。

3.1.3 系统编译

Lenix 按功能模块划分了代码，因此也自然采用分块的方式进行编译。具体是把 Lenix 分成 6 个部分进行编译，划分的方式是按系统源代码目录下的子目录进行分块，每个子目录作为一个部分，编译后形成 6 个库文件，分别为：

llibc. lib　：运行库，提供一些常用的、与平台无关的功能函数。
asm. lib　：汇编库，Lenix 将使用汇编语言编写的功能统一制作成一个库。
arch. lib　：CPU 模型库，将可以用 C 语言实现的 CPU 模型统一制作成一个库。
machine. lib：计算机模型库，提供计算机模型。
kernel. lib　：内核库，集中了内核功能。
driver. lib　：驱动程序库，将需要的驱动程序统一存放，以方便使用。

以上的库文件都保存在系统的库目录下，这样便于应用程序使用。

Lenix 的编译采用 Makefile 来处理，源代码目录的每个子目录下都有一个用于编译本模块的 Makefile，编译系统本身也有一个 Makefile，通过这些 Makefile 文件，可以方便地编译出系统。为了方便读者，这里将 BC31 使用的 Makefile 列出，具体见程序 3.1。

程序 3.1

```
INC     = include
INCDIR  = include;include\kernel
LIBDIR  = lib
CC      = bcc.exe
ASM     = bcc.exe
LINK    = tlink.exe
CFLAGS  = -c -nobj -I$(INCDIR) -O2

#在子目录下编译需要的路径和标志
SCFLAGS = -c -O2 -I..\..\include;..\..\include\kernel
SINCDIR = ..\..\include;..\..\include\kernel

OBJS = obj\lenix.obj

LIBS =  $(LIBDIR)\llibc.lib    \
        $(LIBDIR)\arch.lib     \
        $(LIBDIR)\asm.lib      \
```

```
        $(LIBDIR)\machine.lib \
        $(LIBDIR)\kernel.lib   \
        $(LIBDIR)\driver.lib

DEP =  $(INC)\config.h $(INC)\type.h $(INC)\lenix.h

lenix : $(OBJS) $(LIBS)
        echo make lenix

$(LIBDIR)\llibc.lib :
        cd src\libc
        make -DCC=$(CC) -DCFLAGS="$(SCFLAGS)" -DINCDIR="$(SINCDIR)"
        cd ..\..

$(LIBDIR)\arch.lib:
        cd src\arch
        make -DCC=$(CC) -DCFLAGS="$(SCFLAGS)" -DINCDIR="$(SINCDIR)"
        cd ..\..

$(LIBDIR)\asm.lib:
        cd src\asm
        make -DASM=$(ASM) -DCFLAGS="$(SCFLAGS)" -DINCDIR="$(SINCDIR)"
        cd ..\..

$(LIBDIR)\machine.lib:
        cd src\machine
        make -DCC=$(CC) -DCFLAGS="$(SCFLAGS)" -DINCDIR="$(SINCDIR)"
        cd ..\..

$(LIBDIR)\kernel.lib :
        cd src\kernel
        make -DCC=$(CC) -DCFLAGS="$(SCFLAGS)" -DINCDIR="$(SINCDIR)"
        cd ..\..

$(LIBDIR)\driver.lib :
        cd src\driver
        make -DCC=$(CC) -DCFLAGS="$(SCFLAGS)" -DINCDIR="$(SINCDIR)"
        cd ..\..

obj\lenix.obj: src\lenix.c $(DEP)
    $(CC) $(CFLAGS) src\lenix.c
```

```
clean:
        del obj\*.obj
        del obj\*.asm
        del src\kernel\*.obj
        del src\arch\*.obj
        del src\asm\*.obj
        del src\driver\*.obj
        del src\libc\*.obj
        del src\machine\*.obj
        del lib\*.lib
        del lib\*.txt
```

这个Makefile没有采用过多的自动化语法，便于读者学习和理解。对于其他各部分的Makefile，读者可以在相应的目录下找到。

3.2 系统启动

基于Lenix的应用系统，在硬件设备加电后，首先运行的是Lenix本身，习惯上将这一阶段称为系统启动阶段，或者初始化阶段，然后才运行其他应用程序。这是因为应用程序需要使用Lenix提供的各种功能，如果Lenix本身还没有运行，其他应用程序自然也就无法运行。

系统启动阶段可以视为对Lenix的各种系统表赋以初始值，建立一个相同的初始运行环境，这样才能保证应用程序有相同的起点。

3.2.1 启动流程

从比较大的粒度来看，系统启动可以看做首先初始化内核，然后初始化应用程序。但是通常意义上的启动是指内核的启动。

内核的启动须关注其顺序，如果顺序不当，将有可能导致启动失败。Lenix按照系统模块的依赖关系来安排启动顺序。首先对硬件进行初始化，也就是将CPU等硬件设备设置为特定的状态；然后对进程管理、时钟管理等第一层的功能进行初始化；随后对TTY模块进程初始化，由于TTY模块具有一定的独立性，因此可以安排在第一层之后初始化；紧接着对设备管理模块进行初始化。在这些都完成以后，最后对SHELL进行初始化。Lenix本身不直接提供内存分配功能，因此不用对内存管理模块进行初始化。

Lenix的启动在main函数中完成，笔者建议采用程序3.2的方式完成Lenix的启动。

程序3.2

```
1 void main(void)
```

```
2 {
3     Lenix_initial();
4     User_initial();
5     Lenix_start();
6 }
```

函数流程很直接，首先完成 Lenix 的初始化，然后对用户程序进行初始化，最后系统正式运行。

3.2.2 Lenix_initial 函数

内核具体的初始化由 Lenix_initial 函数完成。内核的初始化过程应保证其不会被中断。除了进程管理模块和时钟管理模块是必须初始化的以外，其他模块都可以根据需要来启用。其源代码见程序 3.3。

程序 3.3

-- src\lenix.c --

```
1 void Lenix_initial(void)
2 {
3     Disable_interrupt();
4     ++ critical_nest;
5
6     Machine_initial();
7
8     Proc_initial();
9
10    Clk_initial();
11
12 #ifdef _CFG_MUTEX_ENABLE_
13    Mutex_initial();
14 #endif /* _CFG_MUTEX_ENABLE_ */
15
16 #ifdef _CFG_MESSAGE_ENABLE_
17    Msg_initial();
18 #endif /* _CFG_MESSAGE_ENABLE_ */
19
20 #ifdef _CFG_TTY_ENABLE_
21    Tty_initial();
22 #endif /* _CFG_TTY_ENABLE_ */
23
```

```
24 #ifdef _CFG_DEVICE_ENABLE_
25     Dev_initial();
26 #endif /* _CFG_DEVICE_ENABLE_ */
27
28 #ifdef _CFG_SHELL_ENABLE_
29     Shell_initial();
30 #endif /* _CFG_SHELL_ENABLE_ */
31 }
```

语句(3～4)锁住内核,确保在进行内核初始化时其独占不会被打断。应采用关中断的方式来锁住内核。由于系统在此时还没有其他进程,因此在关闭中断后,就可以确保初始化过程不受外部中断的影响,从而也就不会被打断。临界段嵌套计数值加1,是为了防止在采用方式1的CSPF(方式1和CSPF的说明见本书第4章)时出现开中断。初始化完成后应先减小这个计数值,然后才能开中断。

语句(6～30)按顺序初始化Lenix的各个模块。

3.2.3 Lenix_start 函数

Lenix_start函数主要是在允许中断后,使系统进入一个无限循环,在循环中等待响应外部中断,在产生外部中断后即可转入相应的处理程序或进程。具体实现见程序3.4。

程序3.4

-- src\lenix.c --

```
1 void Lenix_start(void)
2 {
3     --critical_nest;
4     ASSERT(critical_nest == 0);
5
6     Lenix_start_hook();
7
8     Enable_interrupt();
9
10    PROC_NEED_SCHED();
11
12    for(;;)
13        Cpu_hlt();
14 }
```

语句(3)递减临界段嵌套计数值。这是由于在Lenix_initial函数中对其进行了显式的递增操作,所以要在启动系统前对其递减。这是为了避免采用方法1的

CSPF 时出现系统无响应的现象。

语句(4)判断临界段嵌套计数值是否为零。这主要用于调试,因为当程序到达这里时,临界段嵌套计数值应该为零,如果不是,则说明程序出现了逻辑上的问题。

语句(6)调用启动钩子。这给应用程序提供了一个可以在应用程序初始化完成后,但又在系统启动前做相应处理的方式。

语句(8)允许中断。系统开始响应中断,至此,可以认为系统已经启动。

语句(10)向系统发出调度请求。在最近一次中断后立即进行进程调度,可保证应用程序能够尽快转入运行。这里建议不要直接进行调度,否则可能引起不可预料的错误。

语句(12～13)进入无限循环。在无操作期间,使 CPU 进入停机状态。

3.3 系统使用

使用 Lenix 可以认为是在 Lenix 上开发具体的应用程序。通过具体的应用程序来实现所需要的应用功能。当在 Lenix 上开发具体的应用程序时,最好能够使用 Lenix 提供的应用程序编程框架,虽然这只是一个简单的框架。另外 Lenix 还提供了 BC3.1 的编译、链接方法,其他编译器可以在此基础上进行修改。

3.3.1 编程框架

在 Lenix 上编程,系统的主入口仍然是 main 函数。在 main 函数中首先初始化 Lenix 的内核,然后对用户的应用程序进行初始化,最后才是系统启动。具体的编程建议采用程序 3.5 的结构。

程序 3.5

```
1 #include<lenix.h>
2
3 void User_initial(void)
4 {
5 /* 在这里完成用户进程的初始化 */
6 }
7
8 void main(void)
9 {
10      Lenix_initial();
11      User_initial();
12      Lenix_start();
13 }
```

从程序 3.5 可以看出,在开发应用程序时应包含 lenix.h 文件,这样可以保证包含系统所有的数据类型和 API。main 函数中调用了三个函数,其中 Lenix_initial 函数和 Lenix_start 函数是系统提供的,可以直接使用。Lenix_initial 函数和 Lenix_start 函数在前面已经介绍过。User_initial 函数则需要自行实现,应尽可能在此函数中创建出所需要的进程。

3.3.2 编译和链接

要想获得最后的系统,同样需要经过编译和链接。

1. 编 译

无论是编译系统本身还是应用程序,一个重要的环节是设置编译的包含路径。因为在编写代码时,是以这些包含路径的存在作为基本条件的。编译必须包含以下两个目录:

```
lenix\include
lenix\include\kernel
```

在具体编译时,将这两个目录添加至编译器的运行参数中即可正常完成编译。这里给出在 BC31 下编译应用程序的一个例子,其他编译器可以参考。假设 Lenix 安装在 Z 盘的根目录下,那么编译 demo 程序可以采用如下的命令行:

```
bcc -c -Iz:\lenix\include;z:\lenix\include\kernel -O2 demo.c
```

2. 链 接

链接主要是对生成最后的系统而言的,因为内核本身是以库文件的形式存在的,而最后的系统是包含应用程序的,因此系统需要以可执行文件的形式,甚至以可以直接执行的内存镜像文件的形式存在。

链接 Lenix 的应用程序,最保险的做法是将前面提到的 6 个库文件都提供给链接程序。但这不是必须的,可以根据实际使用情况忽略某些库文件。例如若没有用到额外的设备,则可以省略 driver.lib。

这里有一个特别的地方需要注意,那就是 Lenix.obj 文件,该文件包含了 Lenix_initial 和 Lenix_start 函数。在编译 Lenix 时,这个文件存放在 lenix\obj 目录下。因此,在进行链接时必须将其加入到链接的目标文件清单中。这里给出在 BC31 下链接应用程序的命令行作为样例,其他编译器可以参考:

```
bcc -edemo -Lz:\lib arch.lib asm.lib machine.lib llibc.lib kernel.lib driver.lib z:\
lenix\obj\lenix.obj demo.obj
```

内容回顾

- 阐述了 Lenix 的组成模块及其层次关系。
- 说明了 Lenix 的编译方式,并给出了具体 Makefile。

- 介绍了 Lenix 的初始化流程,并对 Lenix_initial、Lenix_start 函数进行了较为详细的分析。
- 介绍了利用 Lenix 开发应用程序的编程框架。介绍了 User_initial 的作用。
- 介绍了 Lenix 应用程序的编译和链接方法。

通过本章,读者对 Lenix 的初始化有了较为清晰的认识,也对使用 Lenix 来开发应用系统有了框架性的认识,这些知识对于具体使用 Lenix 具有极大的帮助作用。

第4章

临界段保护

在操作系统内核中存在大量的临界段，而临界段出现问题又可能造成系统出现不可预料的错误，因此确保临界段的正确执行就显得非常重要。对于临界段的保护，不同的操作系统具有不同的实现方法。Lenix 同样有自己的实现方式。本章就 Lenix 临界段保护方式的用法和实现方式进行说明。

4.1 临界段保护框架

要想确保临界段正确执行，就要对临界段的执行进行一定的限制，Lenix 将此称为临界段保护。对于不同类型的系统，具有不同的临界段保护方法。对于单核心系统来说，通常采用简单的开关中断来实现；对于对称多处理结构(Symmetric Multi-Processing, SMP)系统来说，通常采用锁的方式来实现。

Lenix 使用的临界段保护方式称为临界段保护框架(Critical Section Protect Frame,CSPF)。通过这套框架，可以方便、清晰地实现临界段保护，进而安全、正确地执行临界段。

4.1.1 适用范围

Lenix 计划推广至 SMP 系统，因此需要临界段保护框架可以同时适用于单核心系统和 SMP 系统。从代码统一的角度来说，即使采用不同的实现方法，也应该具备相同的形式。对于单核心系统，这套框架还能够适应多种不同类型的 CPU。如果是 SMP 系统，这套框架需要 CPU 具备硬件的 TaS 指令。

4.1.2 框架组成

CSPF 由声明、开始、结束三部分组成。具体通过三个宏来实现，分别为：

```
CRITICAL_DECLARE(spinlock)
CRITICAL_BEGIN()
CRITICAL_END()
```

CRITICAL_DECLARE

声明 CSPF 存在。该宏需要提供一个自旋锁(spin_lock_t)对象作为参数，此参数仅在 SMP 系统中使用，在单核心系统中不使用。

CRITICAL_BEGIN

CSPF 开始。表明该宏后的程序处于 CSPF 的保护，程序的执行是原子且互斥的。

CRITICAL_END

CSPF 结束。即退出了 CSPF，程序恢复常态运行。

4.2　框架使用

在使用 CSPF 之前，首先应选择 CSPF 的实现方式。因为对于不同的 CPU 需要选择相适应的实现方法，具体应如何选择随后给予说明。选择具体的实现方式通过配置一个开关来完成，该开关的定义为：

-- include\config.h --

```
#define _CFG_CRITICAL_METHOD_ 0
```

Lenix 默认将此开关值设为 0，开发人员可根据需要对其进行修改。以下就 CSPF 的使用方法和一些使用基本技巧进行说明。

4.2.1　一般用法

使用 CSPF 需要遵循先说明、后使用的规则。也就是在使用 CSPF 时，首先要说明 CSPF 的存在，然后在临界段开始处插入 CSPF 开始标志，最后在临界段结束后插入 CSPF 结束标志。

具体方法是将 CRITICAL_DECLARE 宏放置在函数变量定义列表的末尾。临界段开始处插入 CRITICAL_BEGIN 宏，最后在临界段的末尾插入 CRITICAL_END 宏。

请注意，CRITICAL_DECLARE 宏的位置是在变量定义列表的末尾。另外 CRITICAL_DECLARE 需要提供一个全局自旋锁作为参数，但是该参数只在 SMP 情况下有效。为了节约空间，可以使用条件编译的方式来决定是否启用该参数。

使用 CSPF 时可以参考程序 4.1。

程序 4.1

```
#ifdef _CFG_SMP_
spin_lock_t sl;
#endif

Fun(...)
{
    int i;
```

```
    变量列表；
    CRITICAL_DECLARE(sl); /* 放在参数定义列表的最末尾 */

    ...

    CRITICAL_BEGIN();
    ... /* 需要保护的临界段 */
    CRITICAL_END();
    ...
}
```

从程序 4.1 可以看出，CRITICAL_DECLARE 放置在变量定义列表的末尾，而 CSPF 的开始和结束标志则没有相应的限制，因为这需要在使用时根据程序逻辑进行安排。

使用 CSPF 时要注意以下三个问题：

① 在同一作用域内只能有一个 CSPF。而且 CRITICAL_BEGIN 和 CRITICAL_END 必须成对使用。

② 由于其实现方式的特点，CSPF 只能用于保护执行时间极短的临界段。如果临界段需要较长的执行时间，则不应使用 CSPF 来保护临界段，而应采用 Lenix 提供的其他机制来保护。

③ 必须假设临界段保护期间系统允许中断。因此要确保临界段内不会出现主动放弃 CPU 的情况。

4.2.2 嵌套用法

CSPF 可以嵌套使用，但不能简单地直接使用两个 CSPF，因为 CSPF 的声明会出现冲突。解决的办法是利用 C 语言的作用域，实际上是利用局部变量的作用范围来解决。方法是在第一个 CSPF 内，使用 do{ }while(0)创建出一个作用域，然后再在这个作用域内使用 CSPF，这样就可以达到嵌套使用的目的。其编程框架见程序 4.2。

程序 4.2

```
#ifdef _CFG_SMP_
spin_lock_t sl,
            sl1;
#endif
Fun(...)
{
    int i;
    变量列表；
    CRITICAL_DECLARE(sl); /* 放在参数定义列表的最末尾 */
```

```
    ...

    CRITICAL_BEGIN();
    ... /* 需要保护的临界段 */

    do
    {
        CRITICAL_DECLARE(sl1); /* 放在参数定义列表的最末尾 */

        CRITICAL_BEGIN();

        ... /* 需要保护的临界段 */

        CRITICAL_END();

    }while(0);
    CRITICAL_END();
    ...
}
```

4.2.3 实际案例

为了更直观地了解 CSPF,这里使用一个实际的程序作为例子来说明其用法。程序 4.3 的代码是 Lenix 进程管理中一个功能的实现,现在不需要关注其做些什么,而只需了解 CSPF 的使用。Proc_wakeup 函数中访问的 proc_pool 是一个公共变量,对其访问需要保证互斥,因此是临界段。

程序 4.3

-- src\kernel\proc.c --

```
1  void Proc_wakeup(void)
2  {
3      int i;
4      CRITICAL_DECLARE(proc_lock);
5
6      CRITICAL_BEGIN();
7
8      for(i = 1; i < PROC_MAX; i++)
9      {
10         if(PROC_STAT_SLEEP == proc_pool[i].proc_stat)
11         {
12             Sched_add(&proc_pool[i]);
```

```
13              PROC_NEED_SCHED();
14          }
15      }
16
17      CRITICAL_END();
18
19      SCHED();
20 }
```

语句(4)是将 CRITICAL_DECLARE 放置在循环算子 i 之后，proc_lock 是一个全局自旋锁，在其他地方定义。

语句(6)在临界段代码开始之前放置了 CRITICAL_BEGIN。

语句(17)在临界段结束后放置了 CRITICAL_END。

4.3 实现分析

CSPF 在使用形式上是统一的，但对于不同类型的系统来说具有不同的实现方式，比如单核心系统与多核心系统的 CSPF 实现方式并不相同。

Lenix 目前提供了三种 CSPF 的实现方式，可以适用不同种类的 CPU。下面对这三种实现方式进行详细的分析。需要说明的是，本书只讨论单核心系统情况下的 CSPF 实现。

4.3.1 方式 0

这是 CSPF 默认的实现方式。该方式在 CPU 完全符合 Lenix 定义的模型时使用，具体的 CPU 模型在随后的章节中讨论。方式 0 通过禁止、允许 CPU 响应中断来实现 CSPF。

能够采用这样的方式是由于在单核心系统条件下，如果禁止 CPU 响应外部事件，并且程序自身确保不放弃 CPU，那么就可以保证程序的执行是连续的，且对各种变量的访问都是独占的，从而也就不会出现临界段问题的情况。

具体是在使用 Lenix 定义的 CPU 模型中，用中断管理和 PSW 管理的 API 来实现 CSPF。其具体代码如下。

-- include\kernel\proc.h --

```
#define CRITICAL_DECLARE(sl) psw_t __psw
#define CRITICAL_BEGIN()     do{__psw = Cpu_disable_interrupt();}while(0)
#define CRITICAL_END()       Cpu_psw_set(__psw)
```

CRITICAL_DECLARE

替换为局部变量定义。在方式 0 下实现 CSPF，需要一个临时变量保存当前的

PSW。CRITICAL_DECLARE 提供了一个固定的变量声明方法。

CRITICAL_BEGIN

使用 CPU 模型的中断管理 API 中的 Cpu_disable_interrupt 来禁止中断，并将返回的 PSW 保存在 CRITICAL_DECLARE 声明的变量中。

CRITICAL_END

使用 CPU 模型的 PSW 管理 API 中的 Cpu_psw_set 来恢复禁止中断前的状态。

默认方式下并没有采用与禁止中断相对应的允许中断来退出临界段保护，而是采用设置 PSW 来退出临界段保护。因为这种方式可以保证不改变临界段保护前后的中断状态。之所以要保证临界段前后中断状态不变，是因为在进入临界段保护时，有可能程序已经禁止中断，如果采用允许中断的方式来退出临界段保护，那么在退出临界段保护后，则会改变程序的运行环境，还可能导致程序运行错误。

这种方式存在的问题是：由于此方式是通过禁止中断来实现的，因此在执行临界段程序时，系统将无法响应外部事件，这意味着有可能丢失外部事件。因此在设计程序时，要将临界段设计得尽可能短且快，尽量减少临界段的执行时间。

4.3.2 方式 1

存在某些 CPU，并不能通过 PSW 来管理中断的状态，这样就不能使用方式 0 来实现 CSPF，原因是不能通过保存进入中断前的状态来实现 CSPF 的嵌套。

对于不完全符合 Lenix 定义的 CPU 模型的情况，Lenix 仍然提供了相应的 CSPF 实现。方法与默认方式类似，也是采用禁止、允许中断的方式来实现临界段保护，但是在具体实现上有所区别。

方式 1 引入了一个 CSPF 嵌套计数器。在进入临界段保护时，计数器加 1；退出临界段保护时，计数器减 1。只有在计数器为 0 时才允许中断，这就实现了 CSPF 的嵌套。其具体代码如下。

-- include\kernel\proc.h --

```
#include<assert.h>
extern byte_t critical_nest;
#define CRITICAL_DECLARE(sl)
#define CRITICAL_BEGIN() do{ CPU_DISABLE_INTERRUPT; \
                             ++critical_nest;\
                             ASSERT(critical_nest <255); } while(0)
#define CRITICAL_END()   do{ if(--critical_nest == 0) \
                             { CPU_ENABLE_INTERRUPT ;} } while(0)
```

CRITICAL_DECLARE

这是一个空宏。这也是为什么要将 CRITICAL_DECLARE 放在变量列表最后的原因，如果将这个宏放在变量列表的前面或者中间，则这条语句就变成了只有一个分号的空行，某些C语言编译器会提示语法错误。

CRITICAL_BEGIN

这里完成了两个步骤，首先禁止中断，然后递增CSPF嵌套计数器。禁止中断没有直接采用CPU模型提供的API，而是使用了一个宏CPU_DISABLE_INTERRUPT。没有直接定义为CPU模型中的API是为了提供一个更好的实现方式，如果使用的C语言编译器支持嵌入式汇编，那么这里就可以直接使用汇编语言，这样会获得更好的执行性能。但也需要说明，这样做已经不符合规范的要求，但出于性能的考虑，还是提供了这样的方式。如果编译器不支持嵌入式汇编，那么可以将CPU_DISABLE_INTERRUPT定义为CPU模型中的API。

CRITICAL_END

这里完成了三个步骤，首先递减CSPF嵌套计数器，然后判断计数器是否为0，如果为0，则打开中断。允许中断同样没有采用CPU模型中的API，其原因与上面提到的相同，因此使用了一个宏CPU_ENABLE_INTERRUPT。

这种CSPF的实现方式存在与默认方式相同的缺点，因此，解决方式也相同。但也多了一个限制，那就是最大嵌套层数。CSPF嵌套计数器被定义为8位无符号整数，也就是说最大可以嵌套256层，但是Lenix只允许嵌套254层，超过这个限制，Lenix会报警。从另一个角度来说，如果CSPF嵌套了254层，也说明应用程序设计存在严重的问题，应该修改应用程序的设计了。

4.3.3 方式2

除了使用开、关中断的方式，Lenix还提供了一种不使用开、关中断的方式。由于使用这种方式需要非常小心，因此没有将这种方式作为默认方式。

Lenix还根据自身进程调度的设计，提供了一种不使用开、关中断的CSPF实现方式。Lenix的进程对象包含一个抢占标志字段，在该标志置位时，系统不进行调度，这也意味着执行不会被中断，从而可以用来实现CSPF。其实现程序如下。

-- include\kernel\proc.h --

```
#define CRITICAL_DECLARE(sl)
#define CRITICAL_BEGIN() PROC_SEIZE_DISABLE()
#define CRITICAL_END()   PROC_SEIZE_ENABLE()
```

CRITICAL_DECLARE

是一个空宏，与方式1相同。

CRITICAL_BEGIN

被定义为PROC_SEIZE_DISABLE，具体的实现为：

-- include\kernel\proc. h --

```
#define PROC_SEIZE_DISABLE() do{ ++proc_current->proc_seize;} while(0)
```

其作用是递增抢占标志。调度器在遇到该标志后将不会执行调度。只要不发生进程切换,进程就可以独占 CPU,在单 CPU 条件下,也就可以认为不会出现临界段问题。

CRITICAL_END

被定义为 PROC_SEIZE_ENABLE。具体的实现为:

-- include\kernel\proc. h --

```
#define PROC_SEIZE_ENABLE() do{ --proc_current->proc_seize;} while(0)
```

其作用是将递减抢占标志清空。

如果使用这种方法,必须在编写程序时极其小心,防止在错误的地方进行了进程调度,例如在中断处理过程中执行了进程调度。

这种方式没有关闭中断,可以保证系统不会丢失中断,这对于某些应用来说用处很大。

内容回顾

- 介绍了 Lenix 临界段保护框架的结构和组成。
- 介绍了临界段保护框架的用法,并用实际例子进行了说明。
- 介绍了符合硬件模型、不符合硬件模型和不依赖于硬件模型三种不同的临界段保护实现方法。

通过本章,读者可以深入了解单核心条件下,不同类型的 CPU 实现临界段保护的方式,还可以了解到 Lenix 临界段保护框架的具体用法,为理解 Lenix 的源代码打下基础。

第5章

硬件模型

OS要在具体的硬件上运行，非常依赖于硬件。但不管是RTOS，还是通用的OS，都追求OS本身相对的独立性，也就是尽可能不依赖于具体的硬件体系。特别是RTOS，由于所应用的领域众多，注定要能在多种CPU和不同的外设上运行，这就带来了RTOS要在多种硬件平台之间移植的需求。因此需要有一种机制来简化移植。

5.1 概 述

OS本身关注的重点并不是移植，但移植工作又是必须的，且较为烦琐。因此Lenix希望通过引入适当的机制来简化移植工作，也希望能通过这套机制来提高移植的规范性。

5.1.1 模型引入

移植OS的绝大部分工作是处理那些与具体CPU相关的内容，因为开发操作系统不可避免地要使用一些CPU的特殊功能，例如开、关中断，这些功能并不是标准C语言的一部分，要想使用这些功能，大部分是通过嵌入式汇编语言来处理，甚至部分功能直接使用机器码来实现。不同的CPU，其对应的汇编语言并不相同。为了提高可移植性，通常都是采用宏的方式来使用汇编语言，这在一定程度上也简化了移植工作。但应该采用更好、更符合C语言的方法来简化移植工作。

从功能的角度来看，虽然CPU和计算机的硬件不同，但其功能是相似的。这就为实现统一的移植方法提供了逻辑上的基础，Lenix通过引入硬件模型的方式实现了对硬件的统一抽象。

5.1.2 设计目标

Lenix设计的硬件模型有两个目标，要既能便于移植，又能使系统结构变得更加清晰。

(1) 便于移植

在这套模型下，移植不用修改RTOS的内核，而只修改与硬件相关的部分。

(2) 结构清晰

在引入这套模型后，系统的结构可以更加清晰和明确，更加便于学习和使用。

5.1.3 模型结构

按照设计目标的要求，Lenix 定义了一套硬件模型。这套模型包含两个部分：CPU 模型和计算机模型。其中计算机模型建立在 CPU 模型之上。

从语言本身的角度来看，Lenix 的硬件模型是一套 API。这套 API 提供了 CPU 和计算机硬件所具备的特殊功能，而这些特殊功能足以实现 OS 所需的功能。Lenix 通过这套 API 来使用硬件的特殊功能。因此，只要 CPU 和计算机硬件能够提供对这套 API 的支持，并且实现了这套 API，Lenix 就可以轻松地移植到相应的 CPU 和计算机上，从而达到便于移植的目的。

从面向对象的角度来看，CPU 模型是根对象，然后在其基础上派生了计算机对象，最后再由计算机对象派生了 OS 对象。其结构如图 5.1 所示。

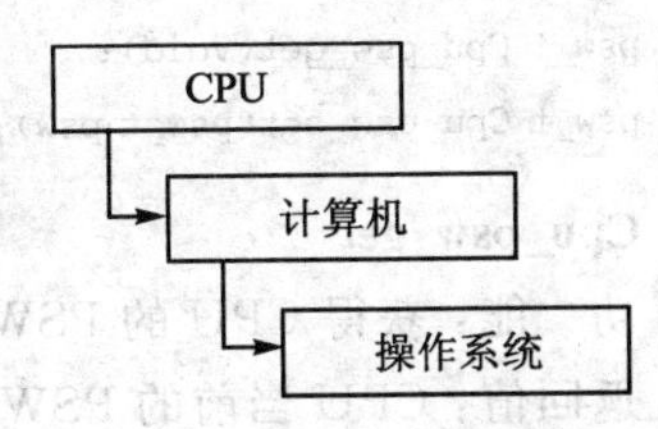

图 5.1 Lenix 系统模型结构示意图

引入这套模型后就建立了完整、清晰的软、硬件架构，同时也将移植的焦点转变为如何实现模型所定义的 API，这样就明确了移植工作的目标。这套模型采用了函数的方式来提供相应的功能，从而更加符合 C 语言的要求。正是由于引入了这套模型，使得系统结构显得更为清晰，自然也就达到了易于学习的目标。

5.2 CPU 模型

CPU 模型是 Lenix 硬件模型的基础，也是整个 Lenix 的基础。它提取了各种 CPU 都具备的，也是实现 OS 所需要的特殊功能。

模型包含一个状态寄存器和一组 API。状态寄存器也称为处理器状态字(Processor Status Word，简写为 PSW)。模型中的 API 提供了五类操作，分别为 PSW 管理、中断管理、I/O 管理、TaS 操作和停机。

这些 API 的原型在 include\cpu.h 中定义。

5.2.1 PSW 及其操作

现代 CPU 基本都具备 PSW，用于控制 CPU 的具体行为。在 Lenix 定义的模型中，PSW 的长度等于 CPU 的字长。通过对 PSW 各个位的控制，可以调整 CPU 的行为。但由于不同种类的 CPU，其 PSW 的定义有所不同，故 Lenix 没有对 PSW 的具体位进行定义。

(1) 数据类型

根据 Lenix 定义的模型,PSW 的长度等于 CPU 的字长。在 C 语言中,整型数据的长度等于 CPU 的字长,因此可以使用整型数据来表示 PSW。出于方便移植和代码清晰的需要,Lenix 引入了表示 PSW 的数据类型,具体定义为:

-- include\type. h --

```
typedef unsigned int psw_t;
```

(2) 功能 API

PSW 操作包含对 PSW 的设置和获得,因此 Lenix 定义了 2 个用于操作 PSW 的 API。原型为:

-- include\cpu. h --

```
psw_t Cpu_psw_get(void);
psw_t Cpu_psw_set(psw_t psw);
```


Cpu_psw_get

功　能:获得 CPU 的 PSW。

返回值:CPU 当前的 PSW。

参　数:无。

Cpu_psw_set

功　能:设置 CPU 的 PSW。

返回值:改变前的 PSW。

参　数:一个 psw_t 类型的参数,表示新的 PSW。

说　明:用参数值更新 PSW。

5.2.2 中断操作

中断操作用于控制 CPU 是否响应外部中断,包括禁止和允许。

功能 API

Lenix 中断操作定义了 2 个 API,对应于禁止和允许中断。需要说明的是,模型定义 CPU 可以通过 PSW 来控制是否响应中断,因此中断操作的 API 返回值均为 PSW 类型。其原型为:

-- include\cpu. h --

```
psw_t Cpu_disable_interrupt(void);
psw_t Cpu_enable_interrupt(void);
```

Cpu_disable_interrupt

功　能:禁止 CPU 响应中断。

返回值:禁止响应中断前的 PSW。

参　数：无。

Cpu_enable_interrupt

功　能：允许 CPU 响应中断。

返回值：允许响应中断前的 PSW。

参　数：无。

应用程序在使用中断操作 API 时，应成对使用，且不要在关闭中断后直接或者间接地调用系统 API，因为有可能造成不可预料的错误。强烈建议不要在应用程序中使用中断操作 API。当然这不是绝对禁止，在确定不会干扰系统临界段保护框架运作的情况下，可以使用中断操作 API。

5.2.3 I/O 操作

I/O 操作需要关注数据的宽度以及操作的次数这两个方面。因此 Lenix 用于 I/O 的 API 较多，这样能提供较为全面的数据访问能力。这组 API 可以按字节、字（2 字节）、双字（4 字节）的宽度进行 I/O 操作，也可以按照单次或批量来进行 I/O 操作。

(1) 数据类型

为了简化编程，并且使代码统一，Lenix 引入了字节、字、双字等数据类型，这些也是 Lenix 使用的基本数据类型。具体的定义为：

-- include\type. h --

```
typedef char            int8_t;
typedef short           int16_t;
typedef long            int32_t;

typedef unsigned char   uint8_t;
typedef unsigned short uint16_t;
typedef unsigned long   uint32_t;

typedef unsigned char   byte_t;
typedef unsigned short word_t;
typedef unsigned long   dword_t;
typedef unsigned        size_t;
```

(2) 功能 API

Lenix 定义了 12 个用于 I/O 的 API，这些 API 分别对应于字节、字、双字类型的单次及批量 I/O 操作。其原型为：

-- include\cpu. h --

```
byte_t Io_inb (void * ioaddr);
```

```
word_t   Io_inw (void * ioaddr);
dword_t  Io_ind (void * ioaddr);

void Io_outb (void * ioaddr,byte_t dat);
void Io_outw (void * ioaddr,word_t dat);
void Io_outd (void * ioaddr,dword_t dat);

void * Io_inb_buffer (void * ioaddr,void * buffer,size_t size);
void * Io_inw_buffer (void * ioaddr,void * buffer,size_t size);
void * Io_ind_buffer (void * ioaddr,void * buffer,size_t size);

void * Io_outb_buffer (void * ioaddr,void * buffer,size_t size);
void * Io_outw_buffer (void * ioaddr,void * buffer,size_t size);
void * Io_outd_buffer (void * ioaddr,void * buffer,size_t size);
```


这些 API 的功能类似,了解了其中一个类型的用法,即可知道其他类型 API 的用法。这里通过"双字"类型的 API 来说明具体的用法。

Io_ind

功　能:从参数指定的地址输入一个双字的数据。

返回值:双字类型的输入数据。

参　数:一个 I/O 地址。

Io_outd

功　能:向参数指定的地址输出一个双字的数据。

返回值:无

参　数:需要两个参数,即 I/O 地址和需要输出的数据。

Io_ind_buffer

功　能:从参数指定的地址批量输入数据。

返回值:缓冲区的首地址,返回值和参数是相同的。

参　数:接受三个参数,即 I/O 地址、缓冲区首地址和缓冲区长度。缓冲区长度以双字为单位。

Io_outd_buffer

功　能:向参数指定的地址批量输出数据。

返回值:缓冲区的首地址,返回值和参数是相同的。

参　数:接受三个参数,即 I/O 地址、缓冲区首地址和缓冲区长度。缓冲区长度以双字为单位。

(3) I/O 方式

通常情况下,I/O 操作有 2 种方式:一种是 CPU 有独立的 I/O 地址空间,另一种是 I/O 地址空间与内存共同编址。具备独立 I/O 空间的 CPU,通常会提供单独的

I/O指令,这种情况需要使用汇编语言来实现相应的API。I/O空间与内存共同编址形式下的I/O操作等同于内存访问,不需要特殊的CPU指令支持,因此可以直接使用C语言实现相应的API。

为了适应不同的I/O方式,Lenix定义了一个开关,通过此开关来选择具体的API实现方式。这个开关在include\config.h中定义,如果需要支持独立的I/O地址空间,则定义_CFG_IO_SPACE_宏,具体方式为:

-- include\config.h --

```
#define _CFG_IO_SPACE_
```

定义了这个宏以后,必须提供相应的实现。如果没有定义该宏,则表示采用I/O空间与内存共同编址的方式,对于这种情况,Lenix已经提供了相应的实现方式,源代码在src\arch\cpu.c中。以Io_inb为例,源代码见程序5.1。

程序5.1

-- src\arch\cpu.c --

```
1 byte_t Io_inb(void * ioaddr)
2 {
3     return *(byte_t *)ioaddr;
4 }
```

其实现方式就是将参数提供的地址转换成相应类型的指针,然后对地址进行读/写。

(4) I/O延迟

在进行I/O操作后,某些情况下需要等待一定时间,以便给外部设备完成相应动作提供时间,然后才能进行下一步操作。对于这一特点,Lenix提供了具有延迟作用的API,为硬件响应I/O指令提供一种短时延迟功能。源代码见程序5.2。

程序5.2

-- src\arch\cpu.c --

```
1 int Io_delay(void)
2 {
3     volatile int i = 0;
4     return ++i;
5 }
```

语句(3)采用volatile关键字是为了避免编译器将这一段代码优化掉而变成return 1,从而失去了延时的作用。

该函数做了一些无用的操作,其目的仅仅是消耗CPU的时间,以达到短暂延时的效果。开发人员可以根据需要对这个API进行修改,以适应不同的需要。

5.2.4 TaS 操作

TaS 操作是 Lenix 在 SMP 系统下正常工作的基础。

(1) 功能 API

Lenix 提供了 2 个 TaS 操作的 API，分别对应于硬件实现与软件实现，其原型为：

-- include\cpu.h --

```
int Cpu_tas_i(int *lck,int test,int set);
int Cpu_tas_s(int *lck,int test,int set);
```

这 2 个 API 的参数相同，用法也相同。

Cpu_tas_i,Cpu_tas_s

功　能：完成测试并置位操作。

返回值：若待测变量与测试值相等，则将待测变量设置为目标值；若待测变量与测试值不同，则待测变量值保持不变。该函数返回待测变量的原值。

参　数：接受 3 个参数，一个整型待测试变量指针，一个测试值，一个目标值。

说　明：Cpu_tas_i 提供硬件实现，Cpu_tas_s 提供软件实现。要注意一点，软件实现只能用在单核心情况下。多核心情况下，CPU 必须提供相应的硬件指令。

提供两个 API 是由于并非所有的 CPU 都具备 TaS 指令，因此在不具备 TaS 指令的 CPU 上，这一操作要采用软件的方式来实现。当 CPU 具备 TaS 指令时，应使用 CPU 的指令来实现 Cpu_tas_i，这样可以获得更好的性能。Cpu_tas_s 是其软件实现，模拟了硬件 TaS 指令，用于不具备硬件 TaS 指令的 CPU。

为了统一调用方式，Lenix 定义了一个开关，通过这个开关可以选择使用 TaS 的具体实现方式。其代码为：

-- include\cpu.h --

```
#define  _CPU_TAS_

#ifdef  _CPU_TAS_
    #define Cpu_tas Cpu_tas_i
#else
    #define Cpu_tas Cpu_tas_s
#endif
```

(2) 软件实现

在 CPU 具有 TaS 指令时应定义_CPU_TAS_宏，此时就可以使用 CPU 的指令来实现。如果没有定义_CPU_TAS_，则会使用 TaS 的软件来实现，TaS 软件实现的代码为：

程序 5.3

-- src\arch\cpu.c --

```
1 uint8_t critical_nest = 0;
2
3 #ifndef _CFG_SMP_
4
5 int Cpu_tas_s(int * lck,int test,int set)
6 {
7 #if _CFG_CRITICAL_METHOD_ == 1
8     Cpu_disable_interrupt();
9     ++critical_nest;
10    ASSERT(critical_nest <255);
11    if(test == *lck)
12        *lck = set;
13    else
14        test = *lck;
15    if(--critical_nest == 0)
16        Cpu_enable_interrupt();
17 #else
18    psw_t psw = Cpu_disable_interrupt();
19    if(test == *lck)
20        *lck = set;
21    else
22        test = *lck;
23    Cpu_psw_set(psw);
24 #endif
25    return test;
26 }
27 #endif /* _CFG_SMP_ */
```

软件实现的基本原理其实与 CSPF 的实现方法相同，就是利用单核心情况下，通过开关中断的方式来保证操作的原子性。由于 CPU 控制中断的方式有两种，因此软件实现也相应有两种方式，并且与 CSPF 相对应。

在硬件模型里没有使用标准的临界段保护框架，是因为临界段保护框架是在进程模块中提供的，而进程模块是建立在 CPU 模型之上的，为了不出现嵌套引用，这里直接使用其实现。

语句(1)定义临界段嵌套计数器。CSPF 的方法 1 需要使用一个计数器来记录嵌套层数。

语句(3)通过_CFG_SMP_宏的控制，可以确保软件实现仅在单核心系统中被编译。

语句(8～16)这部分是CPU不支持通过PSW控制中断的实现。

语句(8)关闭中断。

语句(9)记录关闭中断的次数,用以提供嵌套保护的功能。

语句(11～14)进行测试与置位操作。

语句(15)递减嵌套层数。

语句(16)是如果嵌套层数为0,则可以开放中断。

语句(18～23)这部分是CPU支持通过PSW控制中断的实现。

语句(18)关闭中断,并保存PSW。

语句(19～22)进行测试与置位操作。

语句(23)是完成操作后,恢复PSW。也就是恢复操作前的中断状态,并不一定是开放中断,这样自然就实现了嵌套。

当_CFG_CRITICAL_METHOD_定义为1时,表示CPU不支持通过PSW控制中断。在这种情况下,引入了一个计数器,在关闭中断后,计数器加1;完成操作后,计数器减1。如果计数器为0,则打开中断。这实际上是CSPF的实现方法。

当_CFG_CRITICAL_METHOD_不为1时,表示CPU支持通过PSW控制中断。这种情况下的实现方式为,关闭中断,并保存此前的PSW值,在完成操作后,用保存的PSW值恢复PSW,这样就可以保证PSW与调用TaS前的中断状态一致。

5.2.5 停　机

硬件模型中定义该API是为了提供降低能耗的接口。由于系统有可能长期处于空闲状态,故应提供一个标准的方法来实现降耗。

功能API

Lenix定义的CPU模型具备停机功能,其API原型为:

-- include\cpu.h --

```
void Cpu_hlt(void);
```

Cpu_hlt

功　能:使CPU停机。

返回值:无。

参　数:无。

说　明:如果CPU具有硬件停机指令,则应使用停机指令来实现该API。如果CPU没有硬件停机指令,则该API应该是空函数。

5.3 计算机模型

在CPU模型的基础上,Lenix定义了计算机系统的硬件模型。这个硬件模型包含中断控制器和系统时钟两个硬件设备,因为这两个设备可以认为是计算机硬件中最重要的,同时也是 Lenix 系统中没有纳入统一设备管理的设备。

5.3.1 中断控制器模型

Lenix 定义的计算机模型中的中断控制器模型(Interrupt Controller Model,简写为 ICM)用于接入外部设备的中断源。

ICM 包含中断屏蔽寄存器(Interrupt Mask Register,简写为 IMR)和中断向量表(Interrupt Vector Table,简写为 IVT)两个部分。

IMR 用于控制硬件允许哪个中断接入。Lenix 定义的 IMR 为一个字(16 位)的长度,这表明 Lenix 总共可以接入 16 个中断源。IMR 的每一位与 16 个中断源相对应,当 IMR 的相应位为 1 时,表示禁止该中断源的中断接入 CPU;为 0 时,表示允许该中断源接入 CPU。

IVT 包含 16 个中断处理程序(Interrupt Service Procedure,简写为 ISP),它实际上是一个 ISP 的数组,IVT 的每一项与中断源一一对应。例如当 0 号中断源出现中断时,调用 IVT 中的 0 号中断服务程序。

(1) 数据类型

Lenix 为 ICM 引入了两个新的数据类型,一个用来表示 IMR,另一个用来表示 ISP,在 include\type. h 中定义为:

-- include\type. h --

```
typedef unsigned short imr_t;
typedef void ( * isp_t)(int param1,int param2);
```

IMR 的长度是 16 位,因此使用 16 位无符号整型数据表示。Lenix 定义的 ISP 有 2 个参数,提供了一定的灵活性。

(2) 全局变量

中断控制器管理引入了虚拟的 IVT。Lenix 用一个 ISP 类型的数组来实现 IVT,其定义为:

-- include\machine\machine. h --

```
#define IRQ_SRC_MAX 16
```

-- src\machine\machine. c --

```
isp_t machine_ivt[IRQ_SRC_MAX];
```

IVT 实际上是每一个中断处理的第二阶段。

引入 IVT 后,提供了可以使用 C 语言来编写中断处理程序的统一模式。在具体的中断处理程序中,在完成了寄存器的保存后,只须完成基本的参数获取即可通过 IVT 转入由 C 语言编写的中断处理程序。

(3) 功能 API

Lenix 定义了 6 个与中断控制器相关的 API,包含 IMR 操作和 IVT 操作等,这些 API 的原型为:

```
imr_t  Machine_imr_get(void);
imr_t  Machine_imr_set(imr_t imr);

isp_t  Machine_ivt_get(uint_t ivtid);
isp_t  Machine_ivt_set(uint_t ivtid,isp_t isp);

void   Machine_interrupt_mis(void);
uint_t Machine_interrupt_mis_get(void);
```

Machine_imr_get

功　能:获得中断控制器的 IMR 数据。

返回值:当前的 IMR。

参　数:无。

说　明:通过这个接口来判断计算机可以响应哪些中断。

Machine_imr_set

功　能:设置 IMR。

返回值:更新前的 IMR。

参　数:一个 imr_t 类型的数据。

说　明:用参数值更新 IMR。

Machine_ivt_get

功　能:获得具体的 ISP。

返回值:该 IVT 索引对应的 ISP。

参　数:一个用无符号整数表示的 IVT 索引。

说　明:Lenix 会对参数进行调整,保证不会因为参数不合适而导致结果不可预料。

Machine_ivt_set

功　能:设置 IVT 中的 ISP。

返回值:更新前的 ISP。

参　数:接受两个参数,即用无符号整数表示的 IVT 号,以及 isp_t 类型的数据。

说　明:用参数提供的 ISP 更新 IVT 号对应的 ISP。

Machine_interrupt_mis

功　能:递增 INC。

返回值:无。

参　数：无。

Machine_interrupt_mis_get

功　能：设置IVT中的ISP。

返回值：超过最大中断嵌套限制的次数。

参　数：无。

(4) IVT分类

Lenix对IVT进行保留或者预定义。Lenix将0～7号共8个IVT项保留了下来，用于后续的扩展，即表示这些IVT项已经被系统占用，在Lenix后续的升级中将会直接使用这些IVT项，而不通知用户。

同时对于部分保留的IVT项进行了预定义，例如0号IVT项用于系统时钟，1号IVT项用于键盘。

如果某些应用需要使用IVT项，则请使用8号及以后的IVT项，这样最大限度地保证了系统自身的扩展性，也最大限度地保证了应用程序对于中断使用的兼容性。

(5) ISP编程

对于具体的ISP，Lenix定义了一套编程的规范，称为ISP编程框架(ISP Programming Frame，ISPPF)。在说明ISPPF之前，先引入一个8位的计数器，用于统计中断的嵌套层数，称为中断嵌套计数器(Interrupt Nest Counter，INC)，其定义为：

-- src\machine\machine.c --

```
uint8_t interrupt_nest;
```

这个中断嵌套层数是所有中断共享的，并不用于特定的某个中断嵌套。Lenix规定中断嵌套层数不能超过IRQ_NEST_MAX，这个常数在machine\machine.h中定义，Lenix的默认值为196，其具体定义为：

-- include\machine\machine.h --

```
#define IRQ_NEST_MAX 196
```

ISPPF分为几个步骤：

① 保存运行环境。

② 递增INC。Lenix要求在保存运行环境后立即对INC加1。

③ 执行第一阶段的中断处理。通常是获取ISP的参数，完成后如果系统需要手工允许中断，则在这一步中允许中断。

④ 判断中断嵌套是否超出范围，如果没有超出，则转入IVT的中断处理。如果超出，则仅仅统计超出最大中断嵌套层数的次数，而并不转入IVT的中断处理。

⑤ 递减INC。在完成中断处理程序后，要立即对INC减1。

⑥ 进行系统调用处理。

⑦ 恢复运行环境。

用伪代码表示为：

```
irq_handle
{
    保存运行环境
    ++ interrupt_nest;
    第一阶段中断处理,形成 ISP 的参数
    if(interrupt_nest < IRQ_NEST_MAX)
        machine_ivt[中断号](参数 1,参数 2);
    else
        ++ mis_count;
    -- interrupt_nest;
    系统调用处理
    恢复运行环境
    中断返回
}
```


编写 ISP 时需要注意一点，就是不要在 ISP 中调用那些有可能放弃 CPU 的系统调用，例如 Mutex_get。

5.3.2 系统时钟

Lenix 定义的系统时钟的功能较为单一，即只有按一定频率向 CPU 发出中断的功能。这个频率称为时钟频率(Clock Frequence，简写为 CF)，而且这个频率可编程进行修改。Lenix 将每一次时钟中断称为一个时钟节拍(tick)。

功能 API

Lenix 提供的系统时钟管理 API 包含时钟频率的获取和设置，以及毫秒与时钟节拍之间的转换 API，它们的原型为：

-- include\machine\machine.h --

```
uint16_t Machine_clock_frequency_get(void);
uint16_t Machine_clock_frequency_set(uint16_t clkfrequency);

uint32_t Millisecond_to_ticks(uint32_t millisecond);
uint32_t Ticks_to_millisecond(uint32_t ticks);
```

Machine_clock_frequency_get

功　能：获得系统当前的时钟频率。

返回值：当前系统的时钟频率。

参　数：无。

Machine_clock_frequency_set

功　能：设置系统的时钟频率。

返回值：更新前的时钟频率。

参　数：一个 16 位无符号整数。

说　明：用参数来重新设置系统频率。

Millisecond_to_ticks

功　能：将毫秒数转换为时钟节拍数。

返回值：一个 32 位无符号整型数据表示的时钟节拍数。

参　数：一个 32 位无符号整数表示的毫秒数。

Ticks_to_millisecond

功　能：将时钟节拍数转换为毫秒数。

返回值：一个 32 位无符号整型数据表示的毫秒数。

参　数：一个 32 位无符号整数表示的时钟节拍数。

Machine_clock_frequency_set 的参数是 16 位无符号整数，这引出一个事实，就是 Lenix 定义的时钟频率最大只能是 64 kHz。出于性能的考虑，默认情况下，Lenix 将系统时钟的最大频率限定在 10 000 Hz，可以根据需要修改这个限制。最大频率由 TIMING_ACCURACY 常数来定义，这个常数的定义为：

-- include\config. h --

```
#define TIMING_ACCURACY 10000
```

Millisecond_to_ticks 和 Ticks_to_millisecond 两个 API 提供了毫秒与时钟节拍之间转换的功能。在编程时，程序大多使用毫秒作为计时单位，而计算机系统的最小计时单位是一个时钟节拍，因此一些涉及时间的功能要对时间进行换算。当遇到这样的情况时，需要使用这些 API 来完成换算。

5.3.3　计算机初始化

计算机的初始化要完成两部分的工作。首先对 Lenix 的硬件模型进行初始化，然后对具体的计算机硬件进行初始化。具体的硬件初始化由钩子函数完成。源代码见程序 5.4。

程序 5.4

-- src\machine\machine. c --

```
1 void Machine_initial(void)
2 {
3     int i;
4
5     for(i = 0;i<IRQ_SRC_MAX;i ++ )
6         machine_ivt[i] = Machine_isp_default;
7
8     clk_frequency              = DEFAULT_CLOCK_FREQUENCY;
```

```
 9      interrupt_nest            = 0;
10      pic_lock                  = 0;
11      disable_interrupt_nest    = 0;
12      interrupt_mis_count       = 0;
13      machine_imr               = -1;
14
15      Machine_clock_frequency_set(clk_frequency);
16
17      Machine_initial_hook();
18 }
```

语句(5～6)将 Lenix 的中断向量表设置为默认的中断处理函数,以确保不出现调用程序错误。

语句(8)将系统时钟频率设置为默认值,Lenix 默认这个值为 1 000。

语句(9)设置中断嵌套计数器的初始值为 0,表示没有中断嵌套。

语句(10)设置中断控制器锁。

语句(11)设置禁止中断嵌套计数器为 0,表示没有禁止中断嵌套。

语句(12)设置中断丢失计数器为 0,表示没有发生中断丢失。

语句(13)设置中断屏蔽寄存器为不允许任何中断接入。

语句(15)设置计算机的时钟频率。

语句(17)调用计算机初始化钩子。钩子通常用于对具体的计算机硬件做初始化。

内容回顾

➢ 介绍了 Lenix 定义的 CPU 模型,模型中包含 PSW 操作、中断操作、I/O 操作、TaS 操作和停机操作。

➢ 介绍了 Lenix 定义的计算机模型,计算机模型包含中断控制器和系统时钟。

➢ 介绍了计算机的初始化过程。

通过本章,读者可以了解 Lenix 的设计基础,对 Lenix 的整体情况有更深入的理解。

第6章 进程管理

Lenix的进程对象包含了程序运行所需要的全部数据,因此进程可以认为是Lenix内核中最重要的对象。从功能模块的角度来看,进程管理功能是其他系统功能的基础,所以进程管理模块是Lenix中最重要的功能模块。

Lenix设计为多任务的实时内核,因此相关的调度算法和数据结构都与其相适应。系统提供了用于管理进程的API,通过这些API,可以完成与进程控制有关的任务。本章就对Lenix进程管理模块的基本情况、API及其具体的实现进行介绍。

6.1 需求与设计

通常意义上,计算机系统中最重要的资源是CPU的运行时间。也就是,在计算机系统硬件已经确定的情况下,其处理能力也随之固定下来,因此关键的需求就是如何分配CPU的处理能力,通常的说法是CPU的管理。所以,操作系统最基本、最核心的任务是CPU的管理。

6.1.1 需求分析

虽然计算机的处理能力是确定的,但是计算机需要面对的工作却是变化的,有可能在一段时间内只需处理一个工作,也有可能在一段时间内需要同时处理几个工作。在计算机发展的初期,CPU的性能较弱,并不适合同时处理多个工作。但是随着CPU性能的发展,计算机已经具备了同时处理多个工作的能力。因此很自然地要求系统能够提供同时执行多个工作的能力。要求同时执行多个工作,也就需要将各个工作表示出来,通常会将其表示为进程(任务、线程),然后以进程为单位来分配CPU的运行时间。

就单项的工作来说,有其开始和结束的时候,在工作中,有时会暂时停止,等待某种条件,甚至可能永久性停止。与此对应,进程也需要表达出这样的行为。

在计算机系统中存在多个进程时,就引出了在某个时刻CPU应该运行哪个进程,也就是如何选择进程的问题,通常把这个选择进程的过程称为进程调度。在日常工作中,人们通常按照工作的重要程度来安排自己的工作时间,这也可以作为进程调度的依据,即用进程表示出其重要程度。

具体的进程调度方法需要根据具体的应用领域进行设计。确定了调度方法之后，还要根据调度方法设计对应的支持数据结构，才能达到较高的调度效率。下面按照自顶向下的顺序，从系统设计、调度算法、单个进程管理以及实现这些功能所需的数据表四个方面介绍 Lenix 的设计。

6.1.2 系统设计

系统要根据其预计的应用领域及特定的需求进行设计。Lenix 定位于嵌入式领域，而嵌入式领域对系统的实时性有较高的要求。这一需求模型的实质是以重要程度安排工作的顺序，先做重要的工作。在这样的安排下，就要考虑一种特殊情况。假设当前已经在做一项工作，如果有一项新的且更重要的工作到达，那么就应该放下当前的工作，转去做更重要的工作。这种情况对应于计算机系统，就是在有更重要的进程出现时，CPU 优先执行更重要的进程。如果此时有其他进程在 CPU 上运行，从现象上看，就是重要的进程抢占了 CPU。

即使是按重要性来安排工作，也不可避免地有重要性相同的情况。此时，只能采取公平的方式来分配 CPU 时间。但这并非要求绝对的公平，也有重要程度相同，但可以分配不同的运行时间的情况。

根据上面的需求，Lenix 设计为以时间片分配 CPU 运行时间为基础的多进程、可抢占、兼顾公平且运行时间可控的系统。

(1) 以时间片为基础

将 CPU 运行时间分为一个个相等的片段，进程每次只能占用 CPU 一个片段，在这个时间片用完后，就要重新挑选进程进入 CPU 运行。

(2) 多进程

系统中允许同时存在多个正在运行的进程。现在几乎没有单进程的操作系统了。

(3) 可抢占

系统要优先执行重要的进程。通过可抢占这一特性，可以保证重要的进程优先运行，但不能保证有足够快的响应时间。如果需要足够快的响应时间，比如毫秒级响应、纳秒级响应，就涉及具体的调度算法、程序结构和编程方式了。

(4) 兼顾公平

系统对于重要性相同的进程，以公平的方式分配 CPU 的运行时间。

(5) 运行时间可控

允许系统分配 CPU 时间，使同一优先级的某些进程能够获得更多的运行时间。

6.1.3 调度算法

多个进程的管理实际上就是调度管理，也就是决定将哪个进程放入 CPU 运行。要完成调度的任务，一个基本条件就是挑选出合适的进程，这个挑选进程的方法通常

被称为调度算法。有了调度算法后，自然要明确在什么时候应执行调度这个动作，也就是调度的时机。

系统基本的要求确定后，就要按照基本的要求来确定调度算法。按照系统的设计，已经有了一个调度的框架，即首先要保证重要的进程能够优先运行，其次才考虑相同优先级条件下的公平和运行时间可控。

1. 两级调度

根据调度的框架，Lenix引入了两级调度算法。要实现两级调度算法，需要为进程引入优先级和调度因子的概念，用优先级来表示进程的重要程度，用调度因子来表示公平。在引入优先级和时间片后，两级调度算法可表示为：先依据优先级挑选进程，然后再按调度因子轮转挑选进程。先依据优先级挑选进程，可以保证先挑选出优先级高的进程，从而实现可抢占这一要求。如果按照优先级挑选出了多个进程，则按照时间片轮转的方式分配CPU时间，从而实现兼顾公平的要求。在按照时间片轮转进行调度时，挑选进程的依据是调度因子，通过控制调度因子变化的快慢，即可实现控制分配CPU时间的要求。

为了实现两级调度算法，Lenix为进程引入了三个属性，分别为优先级、优先数和调度因子。

(1) 优先级

优先级(priority level)是Lenix进程的一个属性，它决定了进程获得运行的先后顺序。优先级按高低次序排列，Lenix规定优先级高的进程总是可以先获得CPU。进程的优先级相对固定，且允许多个进程拥有相同的优先级。

Lenix默认设置64个优先级，0级为最高优先级，63级为最低。

(2) 优先数

优先数(priority number)是Lenix进程的一个属性，调度算法并不直接使用这个属性，优先数仅用于计算进程的调度因子。优先数决定了进程获得CPU的概率，优先数越大的进程，获得CPU的概率越高，从而实现对CPU时间的分配。

(3) 调度因子

调度因子(sched factor)是Lenix进程的一个属性，该属性同样决定了进程获得运行的先后顺序，但它仅在多个进程拥有相同优先级时发挥作用。调度因子按大小排列，调度因子大的进程可以先获得CPU。

调度因子是个可变化的属性，在每次调度前都会对系统内所有进程的该属性重新进行计算。在进程获得CPU后，系统将已获得CPU的进程的调度因子清0。

计算调度因子的方法为：

新调度因子 ＝ 当前调度因子 ＋ 进程优先数

从算法可以看出，调度因子的计算依赖于调度因子本身。从算法还可以看出，优先数的不同，会导致调度因子变化速度不同。Lenix将调度因子变化速度的快慢称为调度因子变化率(Sched Factor Change Rate，SFCR)。SFCR不同也就导致了进程获得CPU概率的不同，从而实现对CPU时间的分配。

要注意，优先数可以使进程获得更多的运行时间，但是不能保证进程可以立即获得CPU。

2. 调度时机

现在需要考虑何时调度的问题，这是实现可抢占的关键，因为系统要随时根据当前进程优先级分布的情况来确定CPU的使用。从优先级的角度来看，只要系统在进程优先级可能发生变化的时候进行调度，就可以保证高优先级的进程优先获得CPU。

经过分析，系统中进程优先级分布可能发生变化的情况有三种：进程状态发生变化、进程时间片耗尽和每次出现了硬件中断之后。因此，只要在这三种情况下尝试调度，就可实现优先级的要求。这里的说法是尝试调度，表示并不是一定会执行调度。

(1) 进程状态变化

当系统中的进程出现状态变化时，有可能是高优先级的进程转变为运行态，因此需要尝试调度。

(2) 进程时间片耗尽

Lenix实际上是按照时间片来分配CPU时间的，因此在进程的时间片用完后，就必须重新进行调度，以确定下一个CPU时间片分配给哪个进程。

(3) 硬件中断

在发生硬件中断后，有可能导致高优先级的进程转变为运行态。但由于在中断处理程序中尽量不要安排进程调度，但又要保证尽快进行调度，因此需要在每次中断处理完成后立即尝试调度。

对于保证在这些情况下都能尝试调度，并没有高效、完美的解决方案，只能依靠完整详细的分析，找出所有可能出现调度需求的地方，然后再进行处理。

确定了在什么情况下需要调度之后，还要确定不调度的情况。Lenix不能调度的情况只有一种，就是进程抢占标志被置位的时候。因为当进程的抢占标志置位时，表示进程将占用CPU，此时系统不会把进程换出CPU，对于单核心系统来说，就是不调度。

由于规则的原因，在实际应用中会存在需要调度但不能调度的情况。例如有一个进程占用了自旋锁，在此期间发生硬件中断，导致一个高优先级的进程进入运行态，此时就会出现需要调度而不能调度的情况。为了解决这一问题，Lenix引入了调度请求标志，在这个标志置位的情况下，系统会在条件允许的时候立即执行调度。

3. 调度流程

在具体执行调度时，Lenix将调度流程分为三步。首先刷新调度因子，重新计算所有进程的调度因子。然后挑选进程，决定哪个进程可以运行。最后完成进程切换，将进程放入 CPU 运行。

(1) 刷新调度因子

调度因子是系统挑选进程的依据之一，而且根据系统设计，调度因子需要动态更新。这时就要考虑何时刷新调度因子，如果刷新的频率过高，会导致系统效率降低，如果频率过低，又会造成进程间的不平衡。经过综合考虑，Lenix 采用了在调度之前刷新调度因子的方式，认为这既可以保证调度因子得到及时更新，也可以避免频繁地计算调度因子，造成无谓的 CPU 消耗。

在某些响应速度要求高的情况下，在调度时应该不刷新调度因子，以提高系统的响应速度。

(2) 进程挑选

这是整个调度的核心。挑选进程的顺序是，先挑选出优先级最高的进程，如果这时存在多个优先级相同的进程，则在其中挑选出调度因子最高的进程，如果调度因子也相同，系统则会选出相同调度因子的第一个。按照这个方式来挑选进程，即可挑选出当前优先级最高、调度因子最大的进程，从而实现了设计目标中的可抢占要求。

(3) 进程切换

这是调度的最后一步。在系统挑选出下一个需要运行的进程之后，就要让 CPU 转去执行相应进程的程序。习惯上将进程需要使用的寄存器等同于 CPU 中所有的寄存器，合称为进程运行环境（process running environment），因此进程切换也称为环境切换（environment switch）。

进程切换要保存当前进程需要使用的全部寄存器值，以便在下一次运行时，进程可以恢复到切换之前的状态。在系统做完一定的系统维护工作后，用新进程的数据填写寄存器。通常的做法是将寄存器值保存在栈中，这样可以通过简单的栈操作来完成寄存器的保存和设置，而不需要使用额外的寄存器。

从 CPU 执行流程的角度来看，进程切换是改变 CPU 的执行流程，实际上是执行了一个跳转；从 CPU 寄存器的角度来看，进程切换就是改变了寄存器的值。

6.1.4 单个进程的管理

进程是整个 Lenix 管理的基本单位，所有的功能都建立在进程之上。就某个特定进程来说，都会有一个生成和消失的过程，在这个过程中会存在特征不同的时期。因此对于单个进程的管理来说，其内容主要就是管理这个过程。

1. 生命周期

进程是一个动态的概念，其中一个原因是它要么由开发人员手工构造，要么通过系统提供的方法创建。另一个原因是进程并非永远存在于系统中，在完成其任务后，进程应该退出，不再占用系统的资源。这一过程与生物的出生和死亡非常相似，故 Lenix 将其称为生命周期。

Lenix 定义的进程生命周期包含三个阶段：从创建开始，到进程运行，最后退出结束。根据这一划分,进程生命周期管理的主要内容是进程的创建和退出,而运行阶段则需要采用另一种方式进行管理。

(1) 创建进程

有两种方式可以创建进程,一种是手工构造,也就是手工填写进程对象中的各个字段。一般不提倡手工创建进程,原因很简单,就是适应性差,而且编程烦琐。必须手工创建的进程是系统的初始化进程。另一种是使用系统提供的功能来创建进程。

创建进程的基本要素,也就是进程运行需要的最基本条件有两个:运行的起点和独立的栈空间。运行的起点解决了从什么地方开始运行的问题,独立的栈空间解决了进程之间互不干扰的问题。

在 Lenix 中,出于调度设计以及管理方面的需要,还要在具备了进程名称、优先级和优先数等因素后,才能创建进程。

(2) 进程退出

Lenix 进程的退出是指进程不会再参与竞争 CPU。Lenix 存在两种进程退出方式,即主动退出和被动退出。主动退出是进程在执行过程中按照自己的意愿退出。简单来说就是程序中安排了相应的退出代码。被动退出是指不是进程自身需要退出,而是被其他进程终止运行。

2. 状态管理

在进程生命周期的运行阶段内,会存在一些特征明显不同的时期。对进程的这些不同时期进行区分,将有助于对运行阶段管理。

Lenix 用进程状态(process status)来表示进程的这些不同时期。这些状态之间可以互相转换。

(1) 状态定义

Lenix 定义了 3 个进程状态,分别为运行态、睡眠态和等待态。

- 运行态。这个状态表示进程随时可以进入 CPU 运行。每个进程在创建后都处于运行态,即进程的初始状态是运行态。这个状态与许多教科书定义的运行态有所不同,Lenix 定义的运行态合并了大多数教科书上的运行态与就绪态,但这并不影响进程的管理,而且在时间片轮转调度的情况下,传统的运行态并没有实际的意义。
- 睡眠态。这个状态表示进程不参与 CPU 竞争,随时可以转变为运行态。使用睡眠态这个词是由于进程的这个状态与人们的睡眠可以被中途唤醒的状态相似。
- 等待态。这个状态表示进程不参与 CPU 竞争,也不能随时转变为运行态。使用等待态这个词与人们在等待某种东西时,通常不能随意离开的状态相似,需要等待某种条件成立后才能转变为运行态。通常在等待某种系统资源时,进程才会进入这个状态。

(2) 状态转换

进程状态之间存在一定的转换关系。运行态可以转换为睡眠态和等待态,睡眠态和等待态也可以转换为运行态。睡眠态和等待态不能直接转换。它们之间的转换关系可以用图 6.1 表示。

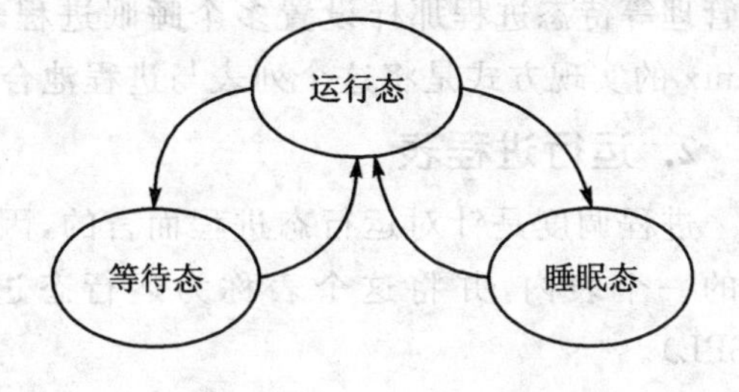

图 6.1 Lenix 进程状态变迁图

进程由运行态转换为睡眠态或者等待态,只能由进程主动转入;而由睡眠态或者等待态转入运行态,则只能由其他进程完成。

6.1.5 进程管理的数据表

进程管理涉及的数据较多,而且变化频繁,因此各种数据都需要以适当的形式来保存,以达到较高的操作效率。Lenix 对进程采取了分类管理的办法,将进程按状态分别保存在不同的列表中。通过分类,各类中的进程数量会少很多,这样可以有效提高查找的速度,从而提高了系统的效率。在这样的原则下,并且根据实际需要,系统设置了 4 个数据表,分别为进程池、睡眠进程表、运行进程表、等待进程表和延时进程表。由于进程池和睡眠进程表可以合并,因此实际上只有 4 个数据表。

1. 进程池和睡眠进程表

Lenix 对进程采用了动态的方式进行管理,在需要时才创建进程,不需要时则可以销毁进程。如果采用动态内存来支持这一管理方式,则创建和销毁的性能都可能较低,而且可能导致内存分割成多块。为了避免出现这样的情况,也就是为了保证系统性能和内存连续,Lenix 引入了进程池。进程池一是提供了一片连续的内存空间来满足进程对象所需,二是可以控制系统中进程的数量。设置了进程池之后,系统中所有的进程对象都要从这个池中进行分配;进程退出后,则要将进程对象归还给进程池。因为这种方式对于管理需要动态创建的对象比较方便,因此系统中的其他模块也采用了池的管理方式。其管理过程如图 6.2 所示。

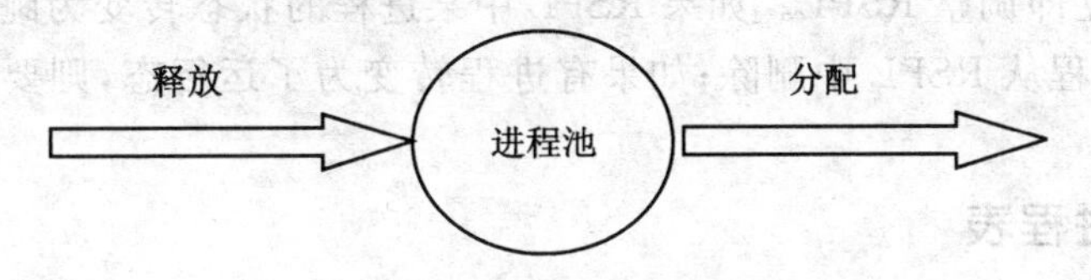

图 6.2 进程池管理示意图

对于睡眠态的进程,系统需要将其保存在一个系统表内。由于未使用的进程对象和处于睡眠态的进程对象的操作可以分开,但又合用数据,因此可以将这两类对象的列表合并。对于睡眠态进程的管理,由于睡眠态的进程随时可以被唤醒,因此不能像管理等待态进程那样设置多个睡眠进程表,而只能存在一个单独的睡眠进程表。Lenix 的实现方式是将这个列表与进程池合并。

2. 运行进程表

进程调度是针对运行态进程而言的,因此 Lenix 将处于运行态的进程保存在单独的一个表内,并将这个表称为运行态进程列表(Running Status Process List, RSPL)。

由于 Lenix 采用了两级调度法,因此 RSPL 的结构被设计为二级列表,第一级列表按优先级组织,而且是按优先级的高低进行组织,第二级列表不分类。从数据结构的角度来看,RSPL 是一个以优先级为模的散列表。其结构形式如图 6.3 所示。

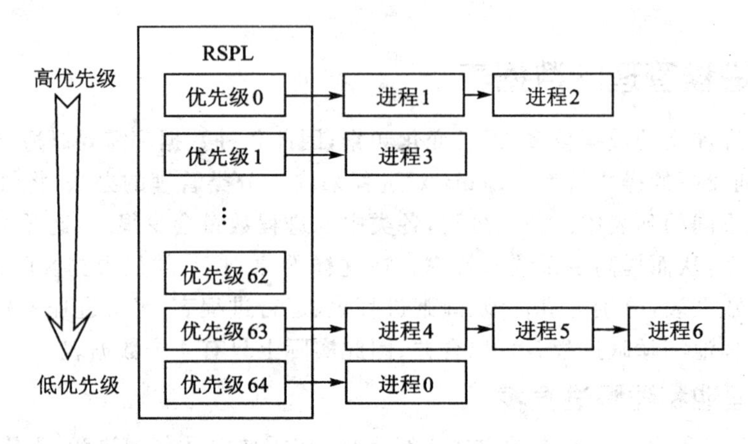

图 6.3 RSPL 结构示意图

采用了这个结构以后,挑选进程的算法就会变得比较简单且高效。首先在一级列表中查找存在进程的表项,采用顺序遍历的方式进行查找,就可以实现按优先级查找进程,并且可以保证找到的第一个进程的优先级就是当前系统中的最高优先级。然后在二级列表中找出调度因子最大的进程,即可完成进程的挑选。

Lenix 的进程管理基本上是围绕 RSPL 展开的,所以可以认为 RSPL 是 Lenix 最重要的系统表,因此对于 RSPL 的维护就显得极其重要,需要保证在系统中有进程状态发生变化时立即调整 RSPL。如果 RSPL 中某进程的状态转变为睡眠态或者等待态,则要将该进程从 RSPL 中删除;如果有进程转变为了运行态,则要立即将其加入 RSPL 中。

3. 等待进程表

等待进程表(Wait Status Process List, WSPL)从名称上可以看出是用于保存等待态进程的列表。但这是指一种表的类型,并不是指特定的某个表,这种表在进程转入等待状态时使用。由于系统中存在多种需要等待的情况,所以会有多个具体用途的 WSPL。每个从运行态转变为等待态的进程,都要从 RSPL 中删除,然后插入到具体的 WSPL 中。而每个从等待态转变为运行态的进程，又要从具体的 WSPL 中删除后，放回 RSPL 中。因此 RSPL 和 WSPL 是一对多的关系。其对应关系可以用图 6.4 表示。

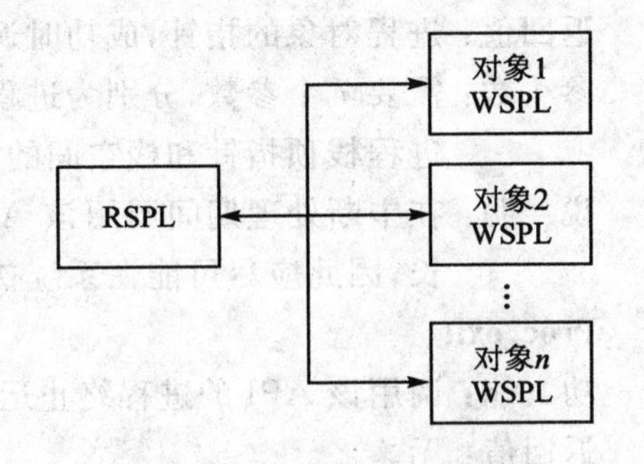

图 6.4 等待进程列表示意图

从数据结构来看，WSPL 是一个双向链表，这样可以获得较好的插入和删除性能。由于 WSPL 的操作更多的是插入和删除，而通常情况下，等待同一资源的进程不会太多，因此采用遍历的方式不会造成性能的下降，因此主要是关注插入和删除的性能。

Lenix 为每个可能有进程等待的对象都设置了一个 WSPL，在进程等待某对象时，就将进程插入到该对象的 WSPL 中。在该对象可用时，将进程从其 WSPL 中删除，加入到 RSPL 中。

4. 延时进程表

延时进程表(Delay Process List，DPL)是 WSPL 的一个实例，用于保存因延时进入等待态的进程。DPL 仅在系统时钟中断时进行处理，每次时钟中断都会重新计算 DPL 中每个进程的延时时间，当延时时间为 0 时，系统将进程从 DPL 中删除，加入 RSPL 中，进程就可以恢复运行。

6.2 功能应用

本节介绍进程管理功能的基础用法，主要是对 API 及其功能和参数等内容进行说明，具体的例子可以参阅第 1 章的演示程序。以下按生命管理、调度管理和状态管理的顺序介绍进程管理模块的主要 API。

6.2.1 生命管理 API

进程的生命管理提供了创建、退出和强制退出 3 个 API。它们的原型为：

-- include\kernel\proc.h --

```
proc_t * Proc_create(const char * name, byte_t priority ,
                     byte_t prionum,proc_entry_t entry,
                     void * param,void * stack,
                     int stacksize);
void     Proc_exit(int code);
result_t Proc_kill(int pid);
```

Proc_create

功　能：创建进程。

返回值：进程对象的指针，成功时返回非NULL值，失败时返回NULL。

参　数：需要7个参数，分别为进程名称、优先级、优先数、进程入口、进程参数、进程栈顶指针和栈空间的大小。

说　明：在中断处理期间调用该API会返回失败。该API的执行时间可能较长，因此应尽可能在系统初始化期间完成进程的创建。

Proc_exit

功　能：调用该API的进程终止运行，属于进程主动退出。

返回值：无。

参　数：一个退出代码。通常用0表示无错误。

说　明：进程退出前应保证释放了所有占用的资源。

Proc_kill

功　能：杀死进程，即强制进程退出。

返回值：成功时返回RESULT_SUCCEED，失败时返回RESULT_FAILED。

参　数：进程编号。

说　明：如果对应编号的进程存在，则终止相应的进程。也可以杀死自身，但不能杀死处于等待状态的进程。

6.2.2 调度管理API

调度管理包含6个API，用于对进程优先级和优先数的处理，以及向系统发出调度请求。Lenix将进程延时划入调度管理的范畴。其原型为：

-- include\kernel\proc.h --

```
byte_t Proc_get_priority(int pid);
byte_t Proc_set_priority(int pid, byte_t priority);
byte_t Proc_get_prio_num(int pid);
byte_t Proc_set_prio_num(int pid, byte_t prionum);
void   Proc_need_schedule(void);

void   Proc_delay(uint32_t millisecond);
```

Proc_get_priority

功　能：获得进程的优先级。

返回值：成功时返回进程的优先级，失败时返回PROC_INVALID_PRIORITY。

参　数：进程编号。

Proc_set_priority

功　能：设置进程的优先级。

返回值：成功时返回进程的原优先级，失败时返回PROC_INVALID_PRIORITY。

参　数：需要两个参数，一个是进程编号，另一个是新的优先级。

Proc_get_prio_num

功　能：获得进程的优先数。

返回值：成功时返回进程的优先数，失败时返回 PROC_INVALID_PRIONUM。

参　数：进程编号。

Proc_set_prio_num

功　能：设置进程的优先数。

返回值：成功时返回进程的原优先数，失败时返回 PROC_INVALID_PRIONUM。

参　数：需要两个参数，一个是进程编号，另一个是新的优先数。

Proc_need_schedule

功　能：向系统发出调度请求。

返回值：无。

参　数：无。

说　明：调用该 API 后，系统会在条件允许的情况下执行调度。正常情况下会在下一个中断之后进行调度。

Proc_delay

功　能：当前进程延时等待。

返回值：无。

参　数：延时时间，以毫秒为单位。

说　明：如果进程在延时等待期间收到信号，系统会恢复进程运行。

6.2.3 状态管理 API

状态管理包含 7 个 API，用于处理运行态、等待态和睡眠态之间的转换，其原型为：

-- include\kernel\proc.h --

```
void Proc_sleep(void);
void Proc_wakeup(void);
void Proc_wait_on(proc_list_t * proclist);
void Proc_resume_on(proc_list_t * proclist);
void Proc_resume_max_on(proc_list_t * proclist);
void Proc_wait(proc_t ** proc);
void Proc_resume(proc_t ** proc);
```

Proc_sleep

功　能：调用 API 的进程进入睡眠态。

返回值：无。

参　数：无。

Proc_wakeup

功 能：唤醒所有处于睡眠态的进程。

返回值：无。

参 数：无。

说 明：该 API 不是唤醒一个进程，而是多个进程，因此应小心使用该 API。

Proc_wait_on

功 能：调用 API 的进程在列表上等待。

返回值：无。

参 数：一个等待进程列表的指针。

说 明：该函数仅仅是将进程从 RSPL 中删除，然后插入列表，并未执行调度。需要在调用此 API 后，手动调用调度函数。

Proc_resume_on

功 能：恢复列表上所有的进程。

返回值：无。

参 数：一个等待进程列表的指针。

说 明：该函数仅仅是将列表中的进程插入 RSPL 中，并未执行调度。需要在调用此 API 后，手动调用调度函数。

Proc_resume_max_on

功 能：恢复列表上优先级最高的进程，如果同一优先级存在多个进程，则恢复其中调度因子最大的进程。

返回值：无。

参 数：一个等待进程列表的指针。

说 明：该函数仅仅是将进程插入 RSPL 中，并未执行调度。需要在调用此 API 后，手动调用调度函数。

Proc_wait

功 能：用于在指定对象上等待。

返回值：无。

参 数：一个进程对象指针的指针。

说 明：在某些情况下，最多只有一个等待资源的进程。此时不需要采用在进程列表上等待的方式，而可以采用简单等待的方式。如果进程对象指针已经有进程在等待，则将会导致进程无法恢复。

Proc_resume

功 能：恢复调用了 Proc_wait 进入等待态的进程。

返回值：无。

参 数：一个进程对象指针的指针。

6.3 实现解析

在实现具体的功能时，通常会引入新的数据类型、全局变量和函数。这些新引入的元素大多与模块本身的功能息息相关，因此本书对于各个模块的解析，都以这些新引入的元素作为重点。

在实现进程管理模块的过程中，引入了 5 个数据类型、6 个全局变量和 16 个函数。本节对这些引入的元素进行详细说明。在对数据类型说明时将介绍引入它的目的，对于结构体，将会说明其每个成员的作用。对于全局变量，将说明其主要用途。对于函数，则列出其代码，简要介绍其主要流程，并对代码中关键的部分进行标注和说明，函数中用到的宏将随函数一起说明。本书后面的章节都采用这一方式。

6.3.1 数据类型

进程管理模块引入的 5 个数据类型分别为进程入口、信号位图、信号处理、进程对象和进程列表对象。

1. 进程入口

这个数据类型表示进程的入口函数，引入这个数据类型是为了使代码简化且容易阅读，其定义为：

-- include\kernel\proc. h --

```
typedef void (* proc_entry_t)(void *);
```

进程入口是一个函数，如果在类型定义中直接使用函数来定义成员，会使类型定义变得晦涩难懂。但是将其定义为一个数据类型后，就可以大幅提高程序的可读性，也能够达到简化编程的目的。

2. 信号位图

由于 Lenix 只处理 16 种信号，因此实际上只需要用 16 位的数据类型来表示信号位图即可。但不同字长的 CPU，情况会有所不同。对于字长是 16 位的 CPU 来说，不存在任何问题。但是对于 32 位或者 64 位的 CPU 来说，使用 16 位的数据就有可能降低 CPU 访问数据的效率，同时也可能导致内存不对齐的问题，造成进一步的性能损失。对于 8 位的 CPU，由于编译器的原因，可能造成类型长度的不同。因此需要引入一个数据类型来表示信号位图，以避免出现以上问题。新数据类型的具体定义为：

-- include\kernel\proc. h --

```
#ifdef _CFG_WORD_ >8
typedef uint_t sig_map_t;
#else
```

```
typedef uint16_t sig_map_t;
#endif
```

通过条件编译来确定使用什么数据类型表示信号位图。在16位以上的CPU上，整型数据都能够保证大于或等于16位，且与CPU字长相等。在8位的CPU上，则明确使用16位整型数据来表示信号位图，以避免因编译器不同造成的类型长度的不同。

3. 信号处理

这个数据类型表示信号处理函数，引入这个数据类型是为了使代码简化，且容易阅读，其定义为：

-- include\kernel\proc.h --

```
typedef void (* sig_handle_t)(void);
```

进程的信号处理需要特定的函数，如果直接使用函数原型来定义，代码会晦涩难懂，也不美观。将信号处理函数的原型定义为一个数据类型后，代码的可读性和可维护性都有了明显提高。

4. 进程对象

这个数据类型是一个结构体，称为进程对象(本书将结构体的数据类型都称为对象)，用于表示系统进程。这一结构在教科书中称为进程控制块(Process Control Block，简写为PCB)，或者任务控制块(Task Control Block，简写为TCB)。进程对象中包含了进程所需的全部信息，Lenix的进程对象目前包括调度信息、管理信息、运行环境信息等，其具体的定义为：

-- include\kernel\proc.h --

```
struct _proc_list_t;

typedef struct _user_ext_t
{
    uint_t ue_data[16];
}user_ext_t;

typedef struct _proc_t
{
    struct _proc_t          * proc_sched_prev,
                            * proc_sched_next;
    struct _proc_list_t     * proc_wait;
    char                      proc_name[12];
    void                    * proc_stack_bottom;
    uint_t                    proc_stack_size;
```

```
    void                    * proc_sp;
    proc_entry_t            proc_entry;
    int                     proc_pid;
    uint32_t                proc_run_time;
    uint_t                  proc_last_err;
    sig_map_t               proc_signal_map;
#ifdef _CFG_SIGNAL_ENABLE_
    sig_handle_t            proc_signal_handle[16];
#endif /* _CFG_SIGNAL_ENABLE_ */
    uint32_t                proc_alarm;
    uint32_t                proc_sched_factor;
    volatile uint_t         proc_seize;
    byte_t                  proc_prio_num;
    byte_t                  proc_priority;
    byte_t                  proc_stat;
    byte_t                  proc_pad;
    int                     proc_cpu_time;
#ifdef _CFG_PROC_USER_EXT_
    user_ext_t              proc_user_ext;
#endif /* _CFG_PROC_USER_EXT_ */
}proc_t;
```


proc_sched_prev,proc_sched_next

链接字段。在挂接到各种进程列表中时使用,例如挂接到 RSPL 或等待进程列表中。

proc_wait

等待进程列表。当进程在某个列表上等待时,将对应的列表对象保存在这个字段中,以备在其他地方使用。

proc_name

进程名称。以0结尾的字符串,包含字符串结尾的0。只提供12字节的空间,对于嵌入式系统来说已足够。系统允许进程重名。

proc_stack_bottom

进程栈底部。用于进程的栈越界检查,例如在进程切换时进行进程栈越界检查。

proc_stack_size

进程栈的大小。用于进程的栈越界检查。

proc_sp

栈指针。这个指针是进程换出 CPU 后的栈指针,而不是运行时的栈指针。系统依靠这个字段恢复进程的运行环境。

proc_entry

进程入口地址。这个字段的主要作用是标志进程对象是否可用，同时可以保存进程实际的入口地址。这个字段如果为 NULL，则说明对象可用，可以分配给新创建的进程；如果不为 NULL，则表示对象已经被占用。

proc_pid

进程编号。用于在系统中唯一标识进程。Lenix 保证该编号在运行着的系统中是唯一的，但编号存在重复使用的可能。这是由于该字段是一个有符号整型变量，对于 16 位系统来说，可用编号只有 32 K 个，如果有 32 K 次以上的进程创建和退出，则将会出现编号重复使用的情况，但运行着的系统中的进程编号不会出现重复。因此，使用保存 PID 来跟踪进程的方式，可能会导致不可预料的结果。但通常情况下不会产生影响。

proc_run_time

进程运行时间。这是一个统计字段，用来记录进程已经使用了多少 CPU 时间，以时钟节拍为单位。如果系统在运行中改变了时钟频率，则会导致这个数值不准。

proc_last_err

最后错误代码。用于记录最近调用的 API 发生的错误代码，以便判断 API 发生的错误。

proc_signal_map

信号位图。标记进程已经收到多少信号，Lenix 只标记是否有信号，而不记录同一个信号到达的次数，如果某个信号到达后，在没有处理前又重复出现，则 Lenix 只处理一次。

proc_signal_handle

信号处理程序。每个信号对应于一个处理程序。

proc_alarm

定时闹钟。使用该字段记录进程延时的时间。

proc_sched_factor

调度因子。用于进程的调度，调度因子越大，进程越容易获得 CPU。

proc_seize

抢占标志。用于标志进程是否抢占了 CPU。如果这个标志被置位，则表示进程抢占了 CPU，也就是不能换出 CPU。调度程序在检测到这个标志后将不执行调度。

proc_prio_num

进程优先数。用于计算调度因子。

proc_priority

进程优先级。用于进程的第一级调度。

proc_stat

进程状态。标示进程的当前状态。

proc_pad

填充字段,保证各个字段4字节对齐。

proc_cpu_time

进程剩余的 CPU 时间,以时钟节拍为计算单位,Lenix 默认将其换算为大约 50 ms,也就是一个默认的时间片为 50 ms。

proc_user_ext

用户扩展字段。给用户自行定义提供了一个扩展的接口。

5. 进程列表对象

进程列表对象(Process List Object,简写为 PLO)用于将进程组织为列表,它提供了统一的进程组织方式,其定义为:

-- include\kernel\proc.h --

```
typedef struct  _proc_list_t
{
    proc_t  * pl_list;
}proc_list_t;
```

pl_list

列表头。通过这个表头可以遍历整个列表。

6.3.2 全局变量

进程管理模块引入了7个全局变量,分别用于进程调度、生命管理以及进程延时功能。进程调度引入的全局变量包含系统进程、运行进程列表、进程优先数表、当前进程和调度请求标志,生命管理引入的是进程对象池,进程延时引入的是延时进程列表。

1. 系统进程

Lenix 本身也是进程,因此需要引入一个表示系统自身的全局变量。其定义为:

-- src\kernel\proc.c --

```
static proc_t  * proc_idle;
```

系统进程是系统中固定存在的一个进程,并且一直处于运行状态。这个进程是系统中唯一手工构造的进程对象,其余进程都是通过调用系统功能创建的。其主要作用是使调度器总能找到一个可运行的进程。另外一个作用是,在系统没有其他进程运行时,系统进程就会进入 CPU,如果 CPU 具有停机类的指令,则能自动实现减少系统能耗的功能。

2. 运行进程列表

这个全局变量就是 RSPL 的具体实现,它被定义为一个进程对象指针的数组,具体的定义为：

-- src\kernel\proc.c --

```
static proc_t * proc_rspl[PROC_PRIORITY_MAX + 1];
```

数组的每一项都表示一个优先级，且由于进程对象本身就可以形成链表，因此可以实现 RSPL 的两级管理方式。数组的长度为 PROC_PRIORITY_MAX + 1 个，PROC_PRIORITY_MAX 默认定义为 64，即表示系统中有 65 个优先级，比定义多了一个优先级。这个多出来的优先级是为了提高性能和简化程序而增加的。将系统进程设置为第 65 个优先级，也就是系统中最低的优先级，可以保证当系统中存在其他进程时，系统进程不会参与 CPU 的竞争。而当系统中没有可运行的程序时，调度程序又总能找到一个可以运行的程序。

3. 进程优先数表

在计算进程的调度因子时，需要使用进程的优先数。根据实际测试的情况来看，随意设置进程的优先数无法达到分配 CPU 时间的效果，因此系统对进程的优先数进行了预定义，并将其定义为一个常数数组，具体的定义为：

-- src\kernel\proc.c --

```
const static byte_t proc_priority_number[6] = {3,3,7,15,31,63};
```

定义中的优先数列表含有 6 个表项，但是 Lenix 只使用后 5 个，第一个表项视为无效，系统会自动略过。仔细观察这个列表，可以发现预定义的优先数是有规律的，可以用公式表示为：

$$N_1 = 3$$
$$N_n = 2 \times N_{n-1} + 1$$

4. 当前进程

对于每个 CPU，都会有一个正在其中运行的进程，这个进程称为 CPU 的当前进程。由于当前版本还未支持 SMP，故使用一个变量表示当前进程，其定义为：

-- src\kernel\proc.c --

```
proc_t * proc_current;
```

系统会在每次进程切换时维护这个变量，以保证其正确性。通过这个变量，系统可以提供大量有用的功能。

5. 调度请求标志

进程在运行过程中随时可能需要向系统发出调度请求，调度请求标志就是用于向系统发出要求调度的信号。其定义为：

-- src\kernel\proc.c --

```
volatile uint_t proc_need_sched;
```

如果调度请求标志不为 0,那么系统将会在尽可能快的情况下执行调度,通常是在下一次系统调用或者中断后进行调度。在系统执行调度后,该标志会被清 0。

6. 进程对象池

系统在创建进程对象时,需要为进程对象分配相应的内存。如果使用一般的内存分配方法,会使系统变得复杂,而且可能会出现内存碎片的情况。对于系统这种需要动态分配内存的情况,Lenix 引入了对象池(object pool)的概念,也就是为需要分配的对象预留一定空间,然后在这个空间内分配对象。引入对象池后,对于需要动态分配对象的模块,Lenix 都会提供相应的对象池。对于进程管理模块,Lenix 提供了进程对象池。具体的定义为:

-- src\kernel\proc. c --

```
static proc_t proc_pool[PROC_MAX];
```

Lenix 采用数组的形式来实现进程对象池,数组的长度为 PROC_MAX,默认定义为 256。具体定义为:

-- include\config. h --

```
#define PROC_MAX 256
```

程序开发者可根据需要对其进行调整。例如,在具体的应用不需要那么多进程时,可以缩减数组的数量,以减少对内存空间的需求。

7. 延时进程列表

系统中可能会存在多个因延时进入等待态的进程,因此引入了延时进程列表,用于保存这些进程。为了适应 SMP,为其配套了一个锁变量,其定义为:

-- src\kernel\proc. c --

```
static spin_lock_t proc_delay_lock;
static proc_list_t proc_delay;
```

系统将所有需要延时的进程都插入到这个列表中,然后在每次时钟中断时处理该列表。

6.3.3 函数说明

Lenix 进程管理模块的函数较多,这里仅列出其中的一部分。进程管理模块实现的函数除了对应的调度管理、生命管理和状态管理的 API 外,还有支持这些 API 的函数,Lenix 将这些函数称为内部函数,这些内部函数通常定义为静态函数。下面对这些函数进行详细说明。

1. 内部函数

内部函数包含了进程管理初始化、进程列表和 RSPL 的操作、延时进程处理、优先数变换、查找进程和信号处理函数初始化。

(1) 进程管理初始化

本函数建立起进程管理的基本环境。它包含两个任务，第一个是对进程管理相关的全局变量赋初值；第二个是构造系统进程，这是系统的第一个进程。其源代码见程序6.1。

程序6.1

-- src\kernel\proc.c --

```
1 void Proc_initial(void)
2 {
3     _memzero(proc_pool,PROC_MAX * sizeof(proc_t));
4     _memzero(proc_rspl,sizeof(proc_t * ) * (PROC_PRIORITY_MAX + 1));
5
6 #ifdef _CFG_SMP_
7
8     proc_rspl_lock  = 0;
9     proc_pool_lock  = 0;
10    proc_delay_lock = 0;
11
12 #endif
13
14    proc_need_sched = 0;
15    proc_current    = proc_pool;
16    proc_idle       = proc_pool;
17
18    _strcpy(proc_idle->proc_name,"idle");
19    proc_idle->proc_entry        = (proc_entry_t)main;
20    proc_idle->proc_stat         = PROC_STAT_RUN;
21    proc_idle->proc_stack_bottom = IDLE_DEFAULT_STACK_BOTTOM;
22    proc_idle->proc_stack_size   = IDLE_DEFAULT_STACK_SIZE;
23    proc_idle->proc_priority     = PROC_PRIORITY_MAX;
24
25    proc_rspl[PROC_PRIORITY_MAX]  = proc_lenix;
26 }
```

语句(3～16)初始化进程管理的全局变量，也就是对进程管理涉及的全局变量赋初始值。将RSPL和进程池全部置为0。如果定义了SMP，则对锁变量赋初值，将锁变量全部设置为可用的状态。将系统调度请求标志proc_need_sched置为0，表示系统不需要调度。系统将进程池的第一个对象用做系统进程对象，并把当前进程和系统进程都设置为该对象。

语句(18～23)构造系统进程，该进程由手工创建。在前面赋初值时，已经分配好

进程对象,现在要填写具体的进程信息。填写的信息包含6项:

- 将系统进程的名称设为idle;
- 将进程入口设置为main,表示这个进程对象已被占用;
- 将进程的状态设置为运行态;
- 填写栈信息,栈顶指针在系统运行时已经确定,现在是设置栈底指针和栈空间的大小;
- 将优先级设置为64级。

语句(25)将系统进程加入RSPL中优先级最低的进程列表。由于这时的列表中并没有进程,所以只需将列表头设置为系统进程。

本函数并不是提供给应用程序的API,它只能在系统初始化时运行一次。因此应用程序不能调用该函数,如果在其他程序中调用,将会使系统崩溃。

(2) 插入进程列表

本函数将进程添加到进程列表中,系统总是把进程插入到列表的表头。其源代码见程序6.2。

程序 6.2

-- src\kernel\proc.c --

```
1 static
2 void Proc_list_add(proc_list_t *pl,proc_t *proc)
3 {
4     if(NULL == pl->pl_list)
5     {
6         proc->proc_sched_prev = NULL;
7         proc->proc_sched_next = NULL;
8         pl->pl_list           = proc;
9     }
10    else
11    {
12        proc->proc_sched_prev          = NULL;
13        proc->proc_sched_next          = pl->pl_list;
14        pl->pl_list->proc_sched_prev = proc;
15        pl->pl_list                  = proc;
16    }
17    proc->proc_wait = pl;
18 }
```

语句(4~9)表示如果进程列表为空,则直接将进程置为进程列表的表头。在此之前,需要将进程对象的链接字段置为NULL。

语句(10~16)表示如果进程列表不为空,则首先维护列表,然后将进程设置为进程列表的表头。

语句(17)记录进程所在的进程列表。

(3) 从进程列表删除

本函数将进程从进程列表中删除。其源代码见程序6.3。

程序6.3

-- src\kernel\proc.c --

```
 1 static
 2 void Proc_list_del(proc_list_t *pl,proc_t *proc)
 3 {
 4     ASSERT(pl);
 5
 6     if(proc == pl->pl_list)
 7     {
 8         pl->pl_list = proc->proc_sched_next;
 9         if(pl->pl_list)
10             pl->pl_list->proc_sched_prev = NULL;
11     }
12     else
13     {
14         proc_t *prev = proc->proc_sched_prev,
15                *next = proc->proc_sched_next;
16
17         prev->proc_sched_next = next;
18         if(next)
19             next->proc_sched_prev = prev;
20     }
21
22     proc->proc_sched_prev = NULL;
23     proc->proc_sched_next = NULL;
24     proc->proc_wait       = NULL;
25 }
```


语句(6～11)表示如果需要删除的进程是进程列表的表头,则将进程列表的表头设置为表头的后续节点,如果后续节点存在,则将后续节点的前向指针设置为NULL。

语句(12～20)表示如果需要删除的进程不是进程列表的表头,则需要维护列表。在这样的条件下必然存在前向节点,而后向节点不一定存在。因此将前向节点的后向指针指向被删除进程的后向节点后,如果后向节点存在,则还需将后向节点的前向指针指向前向节点。

语句(22～24)将进程的链接字段和所在列表对象都置为NULL。

(4) 插入 RSPL

本函数将进程对象插入到 RSPL 中，且总是插入到对应优先级列表的表头。可以将这个操作理解为插入链表头的操作。其源代码见程序 6.4。

程序 6.4

-- src\kernel\proc.c --

```
 1 void Sched_add(proc_t * proc)
 2 {
 3     int prio = proc->proc_priority;
 4     CRITICAL_DECLARE(proc_rspl_lock);
 5
 6     CRITICAL_BEGIN();
 7
 8     if(NULL == proc_rspl[prio])
 9     {
10         proc_rspl[prio]        = proc;
11         proc->proc_sched_prev = NULL;
12         proc->proc_sched_next = NULL;
13     }
14     else
15     {
16         proc->proc_sched_next             = proc_rspl[prio];
17         proc->proc_sched_prev             = NULL;
18         proc_rspl[prio]->proc_sched_prev = proc;
19         proc_rspl[prio]                   = proc;
20     }
21
22     proc->proc_wait = NULL;
23     proc->proc_stat = PROC_STAT_RUN;
24
25     CRITICAL_END();
26 }
```

语句(8～12)表示如果对应优先级列表中没有进程，则直接将进程设置为表头，然后将链接字段设置为 NULL。

语句(14～20)表示如果进程不是表头，则在维护列表后才能将进程设置为表头。

语句(22)表示在 RSPL 中，最好将所属列表设置为 NULL。

语句(23)把进程设置为运行态。在 RSPL 中，进程必然处于运行态。

(5) 从 RSPL 中删除

本函数先将进程从 RSPL 中删除，然后维护进程的信息。这实际上是一个删除链表节点的操作。其源代码见程序 6.5。

程序 6.5

-- src\kernel\proc.c --

```
1 void Sched_del(proc_t * proc)
2 {
3     int prio = proc->proc_priority;
4     CRITICAL_DECLARE(proc_rspl_lock);
5 
6     CRITICAL_BEGIN();
7 
8     if(proc_rspl[prio])
9     {
10        if(NULL == proc->proc_sched_prev)
11        {
12            proc_rspl[prio] = proc->proc_sched_next;
13            if(proc_rspl[prio])
14                proc_rspl[prio]->proc_sched_prev = NULL;
15        }
16        elseif(NULL == proc->proc_sched_next)
17        {
18            proc->proc_sched_prev->proc_sched_next = NULL;
19        }
20        else
21        {
22            proc->proc_sched_prev->proc_sched_next = proc->proc_sched_next;
23            proc->proc_sched_next->proc_sched_prev = proc->proc_sched_prev;
24        }
25    }
26 
27    CRITICAL_END();
28 
29    proc->proc_sched_prev = NULL;
30    proc->proc_sched_next = NULL;
31    proc->proc_wait       = NULL;
32    proc->proc_stat       = -1;
33 }
```

语句(8)判断进程对应的优先级列表是否有元素。判断依据是列表表头是否为NULL,若表头不为NULL,则说明列表中有进程。

语句(10~15)表示如果需要删除的进程是列表的表头,则将表头设置为其后向节点。如果后向节点存在，则需要将后向节点的前向指针设置为 NULL。

语句(16～19)表示如果是列表尾，则只需将前向节点的后向指针设置为 NULL。

语句(20～24)表示如果是处于列表中间，则说明必然存在前向和后向节点，将这两个节点链接起来就可以完成删除操作。

语句(29～32)维护进程信息。将进程的链接字段和所在列表对象都置为 NULL，还要将进程的状态设置为未定义的状态，等待下一步的操作。

(6) 延时进程处理

本函数遍历延时进程表(DPL)，递减 DPL 中所有进程的延时时间。如果延时时间到或者有信号到达，则系统都会恢复进程运行。其源代码见程序 6.6。

程序 6.6

-- src\kernel\proc.c --

```
1 void Proc_ticks(void)
2 {
3     proc_t * proc = NULL,
4            * next = NULL;
5     CRITICAL_DECLARE(proc_delay_lock);
6
7     proc = proc_delay.pl_list;
8
9     CRITICAL_BEGIN();
10
11    while(proc)
12    {
13        next = proc->proc_sched_next;
14        if(--proc->proc_alarm <= 0 || proc->proc_signal_map)
15        {
16            Proc_list_del(&proc_delay,proc);
17
18            Sched_add(proc);
19
20            if(proc->proc_priority < proc_current->proc_priority)
21                PROC_NEED_SCHED();
22        }
23        proc = next;
24    }
25
26    CRITICAL_END();
27 }
```

语句(11)与语句(13)和(23)的代码共同完成遍历进程延时列表。

语句(14~22)首先递减进程的延时时间,然后检测延时时间与进程信号。如果进程延时时间到,或者有信号到达,则系统就将进程从 DPL 中删除而插入 RSPL 中。如果恢复运行的进程的优先级高于当前进程的优先级,则向系统发出调度请求。

(7) 优先数变换

本函数将优先数转换为对应的优先级序号。其源代码见程序 6.7。

程序 6.7

-- src\kernel\proc.c --

```
1 static
2 byte_t Proc_prio_num(byte_t prionum)
3 {
4     int i = 1;
5
6     for(; i <6; i ++)
7         if(prionum == proc_priority_number[i])
8             return i;
9
10    return PROC_INVALID_PRIONUM;
11 }
```

(8) 查找进程

本函数遍历进程池,查看是否存在指定编号的进程。其源代码见程序 6.8。

程序 6.8

-- src\kernel\proc.c --

```
1 static
2 proc_t * Proc_get(int pid)
3 {
4     register proc_t * proc = proc_pool;
5
6     for(; proc <&proc_pool[PROC_MAX];proc ++)
7     {
8         if(proc ->proc_entry && pid == proc ->proc_pid)
9             return proc;
10    }
11
12    return NULL;
13 }
```

(9) 信号处理函数初始化

本函数将进程的信号处理函数全部设置为默认的处理函数。其源代码见程序 6.9。

程序 6.9

-- src\kernel\proc.c --

```
1 #ifdef _CFG_SIGNAL_ENABLE_
2 static void Proc_signal_initial(proc_t * proc)
3 {
4     proc->proc_signal_handle[ 0] = Signal_kill;
5     proc->proc_signal_handle[ 1] = Signal_default;
6     proc->proc_signal_handle[ 2] = Signal_default;
7     proc->proc_signal_handle[ 3] = Signal_default;
8     proc->proc_signal_handle[ 4] = Signal_default;
9     proc->proc_signal_handle[ 5] = Signal_default;
10    proc->proc_signal_handle[ 6] = Signal_default;
11    proc->proc_signal_handle[ 7] = Signal_default;
12    proc->proc_signal_handle[ 8] = Signal_default;
13    proc->proc_signal_handle[ 9] = Signal_default;
14    proc->proc_signal_handle[10] = Signal_default;
15    proc->proc_signal_handle[11] = Signal_default;
16    proc->proc_signal_handle[12] = Signal_default;
17    proc->proc_signal_handle[13] = Signal_default;
18    proc->proc_signal_handle[14] = Signal_default;
19    proc->proc_signal_handle[15] = Signal_default;
20 }
21 #endif /* _CFG_SIGNAL_ENABLE_ */
```

2. 生命管理函数

生命管理函数包含创建进程、进程退出和进程强制退出三个 API。

(1) 创建进程

本函数创建一个新的进程对象。创建的过程主要分为三个步骤：首先从进程池中分配一个可用的进程对象；然后对这个进程对象进行初始化，包括填写进程的各种基本信息和运行栈的设置；最后将初始化完成的进程对象加入 RSPL 中。其源代码见程序 6.10。

程序 6.10

-- src\kernel\proc.c --

```
1 proc_t * Proc_create(const char      * name,
2                     byte_t            priority,
3                     byte_t            prionum ,
4                     proc_entry_t      entry,
5                     void            * param,
6                     void            * stack,
```

```
7                        int              stacksize)
8 {
9     static int    pid    = 0;
10    proc_t        * proc = FIRST_PROC;
11    uint_t        * sp   = NULL;
12    int           i      = 1;
13    CRITICAL_DECLARE(proc_lock);
14
15    ASSERT(name && entry && stack && stacksize);
16
17 #ifdef CHECK_PARAMETER
18    if(NULL == name || NULL == entry || \
19       NULL == stack || 0  == stacksize)
20       return NULL;
21 #endif
22
23    if(interrupt_nest)
24       return NULL;
25
26    CRITICAL_BEGIN();
27
28    for(; i < PROC_MAX; i ++,proc ++)
29    {
30        if(PROC_IS_FREE(proc))
31        {
32            proc->proc_entry = entry;
33            break;
34        }
35    }
36
37    if(i >= PROC_MAX)
38    {
39        CRITICAL_END();
40        return NULL;
41    }
42
43 create_pid:
44    if(++ pid <1) pid = 1;
45
46    for(i = 1; i < PROC_MAX; i ++)
47    {
48        if(PROC_IS_FREE(&proc_pool[i]))
```

```
49          continue;
50
51      if(pid == proc_pool[i].proc_pid)
52          goto create_pid;
53  }
54
55  proc->proc_pid = pid;
56
57  CRITICAL_END();
58
59  sp = Context_initial(entry,param,stack);
60
61  for(i = 0; name[i] && i <11; i ++)
62      proc->proc_name[i] = name[i];
63  proc->proc_name[i] = 0;
64
65  proc->proc_sched_prev   = NULL;
66  proc->proc_sched_next   = NULL;
67  proc->proc_wait         = NULL;
68  proc->proc_sp           = sp;
69  proc->proc_stack_size   = stacksize;
70  proc->proc_stack_bottom = STACK_BOTTOM(stack,stacksize);
71  proc->proc_stat         = PROC_STAT_RUN;
72  proc->proc_cpu_time     = proc_cpu_time;
73  proc->proc_priority     = PROC_SAFE_PRIORITY(priority) ;
74  proc->proc_prio_num     = PROC_SAFE_PRIONUM(prionum);
75  proc->proc_signal_map   = 0;
76
77 #ifdef _CFG_SIGNAL_ENABLE_
78  Proc_signal_initial(proc);
79 #endif /* _CFG_SIGNAL_ENABLE_ */
80
81 #ifdef _CFG_PROC_USER_EXT_
82  Proc_create_ue_initial(&proc->proc_user_ext);
83 #endif /* _CFG_PROC_USER_EXT_ */
84
85  Sched_add(proc);
86
87  PROC_NEED_SCHED();
88
89  return proc;
90 }
```

语句(23)检测是否在中断处理过程中创建进程,判断依据是中断嵌套计数器(INC)是否为0。如果INC不为0,则表示正在中断处理过程中,不能创建进程。因为创建进程属于较为耗时的操作,所以在中断处理过程中执行该操作将可能导致中断响应不及时,因此不能在中断期间创建进程。

语句(26)创建进程需要遍历进程池,是临界段,所以需要进行保护。

语句(28~41)在进程池中分配进程对象。遍历进程池,查找可用的进程对象。由于进程池的第一个对象已分配给系统进程,因此可以从第二个对象开始遍历。逐个检查进程对象是否可用,判断依据是进程对象的入口字段是否为NULL。如果入口字段为NULL,说明进程对象可用,则将对象的入口字段置为参数提供的地址,表示对象已经被使用。

语句(37)的代码判断进程对象是否分配成功,依据是循环算子是否越界,也就是是否超出进程池中对象的上限。使用这个判断依据是由于在进程池中如果能够找到可用的进程对象,则循环算子必然在进程对象池的上限以内。如果分配失败,则停止创建进程,退出临界段保护,函数返回NULL。

语句(43~55)分配进程编号。在获得进程对象之后,需要分配一个进程编号(Process ID,简写为PID)给进程对象,用以唯一表示进程。Lenix采用的分配算法是穷举法,系统设置了一个静态变量来保存最后生成的编号,在每次使用前对其加1,超出范围后,重新从1开始生成,这是因为0已经被空闲进程使用。生成了一个编号后,就与系统中所有进程对象的PID进行对比,检测生成的编号是否重复,如果编号已经存在,则重新生成编号,然后重复检测过程,直到生成的编号没有被使用。

出于算法的原因,在生成PID时有可能会消耗较长时间,最坏的情况是系统中的进程达到了规定的上限,且生成的编号都被占用,在这种情况下就要遍历256次进程池,最好的状态也要循环比较32 768次。由于整个过程都处于临界段保护的状态下,因此如果采用禁止中断的方式来保护,则禁止中断的时间会较长。基于这个原因,对于实时性能要求高的应用,创建进程应尽可能在系统初始化时完成。

语句(59)初始化进程栈,也就是构造进程初始运行环境。在进程首次进入CPU运行时,需要用初始化的环境来设置CPU的寄存器。

栈的初始化要使用Context_initial完成,该函数提供了一个处理不同CPU的接口,是移植Lenix的其中一个关键点。

语句(61~63)复制进程名称。最多只复制11个字符。

语句(65~79)填写进程对象信息。信息包括进程名称、栈指针、栈空间、信号处理程序、初始时间片,等等。

对于栈的处理有两种形式,一种是栈向高地址增长,另一种是栈向低地址增长,Lenix提供了一个用于处理这两种不同方式的宏,其定义为

-- include\kernel\proc.h --

```
#ifdef STACK_DIRECT_HIGH
```

```
#define STACK_BOTTOM(sp,size) (void *)((uint_t)(sp) + (size))
#else
#define STACK_BOTTOM(sp,size) (void *)((uint_t)(sp) - (size))
#endif /* STACK_DIRECT */
```

语句(82)表示如果启用了用户扩展字段，则要提供 Proc_create_ue_initial 的实现。

语句(85)将新创建的进程对象添加进 RSPL。

语句(87)通知系统需要调度。这里不能强制调度，如果当前进程已经设置了禁止调度，则强制调度有可能带来不可预测的错误。

(2) 进程退出

在进程完成其功能后，应终止其运行，使进程不会再获得 CPU。从 Lenix 的角度来看进程退出，只要调度程序无法找到该进程，就可达到进程无法获得 CPU 的目标。要说明的是，进程虽然不会再获得 CPU，但是其代码和数据仍有可能在内存中。进程退出的主要流程首先是将进程从 RSPL 中删除，然后回收进程对象。其源代码见程序 6.11。

程序 6.11

-- src\kernel\proc.c --

```
1 void Proc_exit(int code)
2 {
3     CRITICAL_DECLARE(proc_pool_lock);
4
5     CRITICAL_BEGIN();
6
7     Sched_del(proc_current);
8
9     _memzero(proc_current,sizeof(proc_t));
10
11    CRITICAL_END();
12
13    Proc_sched(0);
14
15    code = code;
16 }
```

语句(7)从 RSPL 中删除当前进程。删除后，进程对象就不在 RSPL 中了，调度程序也就无法找到进程，从而进程无法获得 CPU 而运行。

语句(9)回收进程对象，将进程对象置为空对象即可完成回收。

语句(13)强制调度，调度后自然切换到其他进程。

目前 Lenix 不支持自动释放进程占用的各种系统资源，因此在进程结束前，要确保释放所有占用的资源；否则将可能导致系统资源泄漏，最终耗尽。

(3) 进程强制退出

对于某些应用，需要终止某些进程的运行。强制退出的主要流程首先是找到进程，然后根据进程具体的状态进行处理：运行态的进程要从 RSPL 中删除，等待态的进程不能强制退出，睡眠态的进程可以直接回收进程对象。其源代码见程序 6.12。

程序 6.12

-- src\kernel\proc.c --

```
1 result_t Proc_kill(int pid)
2 {
3     proc_t      * proc      = FIRST_PROC;
4     result_t    result      = RESULT_SUCCEED;
5     int         i           = 1;
6     CRITICAL_DECLARE(proc_pool_lock);
7 
8     if(pid == proc_current->proc_pid)
9         Proc_exit(1);
10 
11    CRITICAL_BEGIN();
12 
13    for(; i < PROC_MAX; i ++,proc ++)
14    {
15        if(proc->proc_entry && pid == proc->proc_pid)
16            break;
17    }
18 
19    if(i >= PROC_MAX)
20    {
21        result = RESULT_FAILED;
22        goto proc_kill_end;
23    }
24 
25    switch(proc->proc_stat)
26    {
27    case PROC_STAT_RUN:
28        Sched_del(proc);
29        _memzero(proc,sizeof(proc_t));
30        break;
31    case PROC_STAT_WAIT:
32        result = RESULT_FAILED;
```

```
33           break;
34       case PROC_STAT_SLEEP:
35           _memzero(proc,sizeof(proc_t));
36           break;
37       }
38
39 proc_kill_end:
40       CRITICAL_END();
41       return result;
42 }
```

语句(8)表示如果是当前进程,也就是强制自身退出,则系统转为主动退出,并给出退出代码。

语句(13~17)查找需要退出的进程。根据参数在进程池中查找。

语句(19)检测是否找到进程。当循环算子超过进程池的上限时,说明找不到进程,跳转至函数结束处。

语句(27)处理运行态的进程。如果是运行态的进程,在单核心条件下必定没有在运行,可以直接将其从 RSPL 中删除,然后回收资源。目前未考虑 SMP 情况。

语句(31)处理等待态的进程。不做任何处理,将返回值设置为失败。由于处于等待态的进程通常已加入了某个等待进程表,因此强制退出后可能会造成系统崩溃。

语句(34)处理睡眠态的进程。对于睡眠态的进程可以直接回收资源,因为它不会影响到系统。

3. 调度管理函数

调度管理函数包含系统中最重要的进程调度函数,以及控制优先级、优先数的 API,还有进程延时等 API。

(1) 进程调度

进程调度的作用是挑选出下一个进入 CPU 运行的进程。本函数可以认为是系统中最重要的函数。调度首先根据参数刷新进程的调度因子;然后在 RSPL 中按优先级和调度因子两个条件挑选出进程;最后,设置完进程新的 CPU 时间片后,将进程放入 CPU 运行。其源代码见程序 6.13。

程序 6.13

-- src\kernel\proc.c --

```
1 void Proc_sched(int refresh)
2 {
3     proc_t    * proc   = NULL,
4               * next   = NULL;
5     proc_t   ** rspl   = proc_rspl;
6     int         i      = 0;
```

```
7      CRITICAL_DECLARE(proc_rspl_lock);
8
9      if(interrupt_nest || proc_current->proc_seize)
10     {
11         PROC_NEED_SCHED();
12         return;
13     }
14
15     CRITICAL_BEGIN();
16
17     if(PROC_REFRESH_SCHED_FACTOR == refresh)
18         Proc_refresh_sched_factor();
19
20     for(i = 0; i <= PROC_PRIORITY_MAX; i ++,rspl ++)
21     {
22         if(NULL == *rspl)
23             continue;
24
25         next = *rspl;
26         proc = next->proc_sched_next;
27
28         while(proc)
29         {
30             if(proc->proc_sched_factor > next->proc_sched_factor)
31                 next = proc;
32
33             proc = proc->proc_sched_next;
34         }
35         break;
36     }
37
38     proc_need_sched = 0;
39
40     CRITICAL_END();
41
42     next->proc_sched_factor = 0;
43     next->proc_cpu_time     = proc_cpu_time;
44
45     if(next != proc_current)
46         PROC_SWITCH_TO(next);
47 }
```

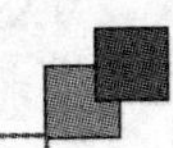

虽然该函数没有定义为静态函数,但建议应用程序不使用该函数。进程调度要做的工作在前文已经进行了详细的介绍,这里给出其具体的源代码。

语句(9)表示在中断处理期间或者进程的抢占标志置位时,不能执行调度。

语句(17)刷新调度因子。在刷新标志有效时,才进行调度因子的刷新。

语句(20～36)挑选进程,这是Lenix的灵魂。首先遍历RSPL,找到存在进程的优先级列表,判断优先级列表中是否存在进程的依据是表头是否为NULL。如果表头为NULL,则检测下一个优先级。由于Lenix将相同优先级的进程组织在相应的链表中,因此按优先级选择进程就可以转换为选择存在进程且优先级最高的进程列表。在设计RSPL的结构时,优先级就是按照从高到低进行排列的,因此从头开始遍历RSPL也就是从高到低检测相应的优先级。所以可以保证最先发现存在进程的优先级列表就是当前优先级最高的进程列表。

在找到存在进程的进程列表后,在其中查找调度因子最大的进程。将优先级列表的第一个进程设为已找到的下一个要运行的进程。然后遍历列表检测其他进程的调度因子,如果有进程的调度因子大于已经找到的,则将下一个要运行的进程设为新发现的进程,循环这一操作直至优先级列表扫描结束。遍历完成后,查找到的进程必定是系统中优先级最高且调度因子最大的进程。

语句(38)清调度请求标志。

语句(42)置调度因子为0,以降低获得CPU的概率。

语句(43)分配CPU时间。

语句(45)判断挑选出的进程是否为当前进程。如果是当前进程,则不需要执行进程切换。如果不是当前进程,则要执行进程切换操作。

1) 调度因子计算

调度因子的算法是将进程的优先数累加到当前调度因子上,因此调度因子是不断增大的。为了防止溢出,对于导致调度因子重新由0开始计算的情况,Lenix设置了调度因子的最大值(Max Sched Factor,简写为MSF),当调度因子小于MSF时,才更新调度因子。具体的计算由Proc_refresh_sched_factor函数完成。其源代码见程序6.14。

程序6.14

-- src\kernel\proc.c --

```
1 void Proc_refresh_sched_factor(void)
2 {
3     int        i       = 1;
4     proc_t  * proc    = FIRST_PROC;
5 #define PROC_SCHED_FACTOR_MAX 0xFFFFFF00
6
7     for(i = 1; i < PROC_MAX; i ++,proc ++)
8     {
```

```
 9         if(proc->proc_entry)
10         {
11             if(proc->proc_sched_factor < PROC_SCHED_FACTOR_MAX)
12                 proc->proc_sched_factor += proc->proc_prio_num;
13         }
14     }
15 }
```

2) 进程切换

进程切换的主要任务是保存当前进程的运行环境，恢复下一个进程的运行环境。其程序的主要框架为：

```
Proc_switch_to(next)
{
    保存当前运行环境，也就是寄存器的值到栈中

    做切换前的准备，更新当前进程，并获得其栈指针

    从新栈中恢复进程的运行环境
}
```


进程切换是高度CPU相关的一个操作，代码中使用Proc_switch_to宏来提供一个具体实现的接口，对于不同的CPU，需提供其具体的实现。

3) 切换前准备

这是Lenix定义的一个接口，便于使用C语言来编写相应的程序。其主要任务是保存当前进程的栈指针，维护当前进程，最后返回当前进程的栈指针。Lenix提供的实现见程序6.15。

程序6.15

-- src\kernel\proc.c --

```
1 void * Proc_switch_prepare(void * sp,proc_t * next)
2 {
3     proc_current->proc_sp = sp;
4
5     proc_current = next;
6
7     return proc_current->proc_sp;
8 }
```

这个接口要求进程切换程序向其传递当前进程的栈指针，以及下一个要运行的进程的指针。

4) 性能简析

由于调度过程中的进程查找是遍历式的算法，所以查找进程所需要的时间并不

是固定的。而实时系统关注的一个重要方面就是时效性，即能否在限定时间内做出响应，因此要对 Lenix 的调度时间进行明确分析。

从程序 6.13 可以看出，只有进程挑选代码(20～36)行的执行时间不确定，因此调度程序的性能分析就集中在这一段代码上。在具体分析前，需要建立一个分析的环境，这样能够比较直观地建立起性能的概念。下面给出性能分析的基本假设：

① CPU 的频率为 50 MHz，每条硬件指令需要 3 个周期，而且是执行完一条指令后，才继续执行下一条指令，也就是不考虑 CPU 流水线的情况。

② 根据假设①，可以得到程序运行时间的计算式为：

程序运行时间＝周期×周期数×指令数

整个进程挑选过程仅使用了赋值、判断和循环操作。通过分析编译生成的汇编代码(X86)，可将与这些功能相对应的汇编代码做以下假设：

① 赋值操作需要执行 2 条硬件指令。

② 判断操作包含了比较和跳转，需要执行 3 条硬件指令。

③ 循环操作包含了比较、跳转和修改循环条件，需要执行 5 条指令。

建立分析环境后，下面从最好情况、通常情况和最差情况三个方面对进程挑选程序的性能进行分析：

① 最好情况。最好情况是系统中只存在一个进程(不含系统进程，下同)，并且这个进程被设定为最高优先级。这样在挑选进程时只需比较 1 次即可确定优先级，再用 1 次判断就可以最后挑选出进程，总共需要 2 次判断，也就是执行 6 条硬件指令。因此需要的执行时间为

$$(1\div 50\ \text{MHz})\times 3\times 6=0.000\ 000\ 36\ \text{s}=0.36\ \mu\text{s}=360\ \text{ns}$$

② 通常情况。采用系统中存在 32 个运行态进程，平均分布在 8 个优先级中，每个优先级有 4 个进程来代表通常情况。假设进程设置的最高优先级为 4，最低优先级为 63。

➢ 挑选出最高优先级的进程需要循环判断 5 次才能确定优先级，再循环判断 3 次即可挑选出需要的进程。总共需要 8 次循环和判断操作及 3 次赋值操作。因此需要的执行时间为：

循环时间： $(1\div 50\ \text{MHz})\times 3\times 8\times 5=0.000\ 002\ 29\ \text{s}$

判断时间： $(1\div 50\ \text{MHz})\times 3\times 8\times 3=0.000\ 001\ 37\ \text{s}$

赋值时间： $(1\div 50\ \text{MHz})\times 3\times 3\times 2=0.000\ 000\ 36\ \text{s}$

合计时间为： $0.000\ 004\ 02\ \text{s}=4.02\ \mu\text{s}$

➢ 挑选出优先级为 16 的进程需要循环判断 17 次，然后再循环判断 3 次方可挑选出需要的进程。整个过程共需要 20 次循环和判断操作及 3 次赋值操作。因此需要的执行时间为：

循环时间： $(1\div 50\ \text{MHz})\times 3\times 20\times 5=0.000\ 005\ 00\ \text{s}$

判断时间： $(1\div 50\ \text{MHz})\times 3\times 20\times 3=0.000\ 003\ 60\ \text{s}$

赋值时间：　　(1÷50 MHz)×3×3×2=0.000 000 36 s

合计时间为：　　　　0.000 008 96 s=8.96 μs

➢ 挑选出最高优先级为32的进程需要循环判断33次，再循环判断3次即可挑选出需要的进程。总共需要36次循环和8次判断操作及3次赋值操作。因此需要的执行时间为：

循环时间：　　(1÷50 MHz)×3×36×5=0.000 010 80 s

判断时间：　　(1÷50 MHz)×3×36×3=0.000 006 48 s

赋值时间：　　(1÷50 MHz)×3×3×2=0.000 000 36 s

合计时间为：　　　　0.000 017 64 s=17.64 μs

➢ 挑选出最低优先级的进程需要循环判断64次，再循环判断3次即可挑选出需要的进程。总共需要67次循环和判断操作及3次赋值操作。因此需要的执行时间为：

循环时间：　　(1÷50 MHz)×3×67×5=0.000 020 10 s

判断时间：　　(1÷50 MHz)×3×67×3=0.000 012 06 s

赋值时间：　　(1÷50 MHz)×3×3×2=0.000 000 36 s

合计时间为：　　　　0.000 032 52 s=32.52 μs

③ 最差情况。这种情况是系统中进程达到了上限，以默认的255个进程为例(一共是256个进程，有一个空闲进程，在系统有其他进程时，不参与调度)。所有进程的优先级都处于63级。在这种情况下，要判断64次才能确定优先级，然后还要通过255次判断才能挑选出进程。总共需要319次循环和判断操作及128次赋值操作。因此需要的执行时间为：

循环时间：　　(1÷50 MHz)×3×319×5=0.000 095 70 s

判断时间：　　(1÷50 MHz)×3×319×3=0.000 057 42 s

赋值时间：　　(1÷50 MHz)×3×128×2=0.000 015 36 s

合计时间为：　　　　0.000 168 48 s=168.48 μs

从以上数据可以看出两个明显的特点：

一是Lenix完全可以保证关键进程获得足够快的响应速度。在最好的情况下，可以做到纳秒级的响应。在通常情况下，前16个优先级可以有接近纳秒级的响应速度。即使是优先级最低的进程，也可以有30 μs的响应速度。虽然在最差的情况下，进程的响应会接近毫秒级，但如果在实际应用中出现了这样的情况，就应重新考虑进程优先级的设置问题了。

二是系统进程越多，挑选进程所消耗的时间越长。但系统中的进程数量与挑选进程的时间并非线性关系，这从最好情况与最坏情况相差468倍可以看出。

要想发挥出Lenix的性能，在安排进程优先级时就要考虑挑选进程的这两个特点。笔者建议将重要、关键进程的优先级设置为16级或者更高，并且相同优先级的进程控制在4个以内。

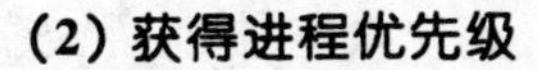

(2) 获得进程优先级

本函数获取指定进程的优先级，源代码见程序 6.16。

程序 6.16

-- src\kernel\proc.c --

```
1 byte_t Proc_get_priority(int pid)
2 {
3     byte_t   ret      = PROC_INVALID_PRIORITY;
4     proc_t  * proc    = FIRST_PROC;
5     int        i       = 1;
6     CRITICAL_DECLARE(proc_pool_lock);
7
8     CRITICAL_BEGIN();
9
10    for(; i < PROC_MAX; i ++,proc ++)
11    {
12        if(proc->proc_entry && pid == proc->proc_pid)
13        {
14            ret = proc->proc_priority;
15            break;
16        }
17    }
18
19    CRITICAL_END();
20
21    return ret;
22 }
```

语句(10)查找进程。采用遍历进程池的方式查找，跳过第一个进程对象，因为第一个进程对象是空转进程。

语句(12～16)检测是否为需要的进程，判断依据是对象有效且进程编号相等。如果是，则保存进程优先级后立即终止查找。

(3) 设置进程优先级

本函数设置指定进程的优先级。流程是首先找到参数所给的进程，然后根据进程状态再做处理。对于运行态的进程，修改优先级属性后还要调整 RSPL，其他的状态则直接修改优先级属性。其源代码见程序 6.17。

程序 6.17

-- src\kernel\proc.c --

```
1 byte_t Proc_set_priority(int pid, byte_t priority)
2 {
```

```
3     byte_t   pprio  = PROC_INVALID_PRIORITY;
4     proc_t  * proc  = FIRST_PROC;
5     int       i     = 1;
6     CRITICAL_DECLARE(proc_pool_lock);
7
8     CRITICAL_BEGIN();
9
10    for(; i < PROC_MAX;i ++,proc ++)
11    {
12        if(proc->proc_entry && pid == proc->proc_pid)
13            break;
14    }
15
16    if(i >= PROC_MAX)
17        goto set_priority_end;
18
19    pprio = proc->proc_priority;
20
21    if(pprio == priority)
22        goto set_priority_end;
23
24    switch(proc->proc_stat)
25    {
26        case PROC_STAT_RUN:
27            Sched_del(proc);
28
29            proc->proc_priority = PROC_SAFE_PRIORITY(priority);
30
31            Sched_add(proc);
32
33            if(proc->proc_priority < proc_current->proc_priority)
34                PROC_NEED_SCHED();
35            break;
36        default:
37            proc->proc_priority = PROC_SAFE_PRIORITY(priority);
38    }
39    set_priority_end:
40
41        CRITICAL_END();
42
43        SCHED(0);
44
```

```
45        return pprio;
46 }
```

语句(10)查找进程。采用遍历进程池的方式,跳过第一个进程对象,因为第一个进程对象是空闲进程。

语句(16)判断是否找到进程。以循环算子是否超过进程池上限为依据,如果找不到进程,则跳转至结束。

语句(21)表示如果进程的优先级与目标优先级相同,则不用设置,跳转至结束。

语句(26~35)处理运行态的进程。运行态的进程要调整 RSPL,即先从 RSPL 中删除进程,然后设置新的优先级,再将进程插入 RSPL 中。如果进程修改后的优先级高于当前进程的优先级,则需要发出调度请求。

语句(37)对于等待态和睡眠态的进程直接修改其优先级。在进程恢复运行时,其自然被加入 RSPL 中相应的优先级列表。

语句(43)如果需要,立即调度。

(4) 获得进程优先数

本函数在查找到指定进程后,返回其优先数,源代码见程序 6.18。

程序 6.18

-- src\kernel\proc.c --

```
1 byte_t Proc_get_prio_num(int pid)
2 {
3     byte_t   ret    = PROC_INVALID_PRIONUM;
4     proc_t * proc   = FIRST_PROC;
5     int      i      = 1;
6     CRITICAL_DECLARE(proc_pool_lock);
7
8     CRITICAL_BEGIN();
9
10    for(; i < PROC_MAX; i ++,proc ++)
11    {
12        if(proc->proc_entry && pid == proc->proc_pid)
13        {
14            ret = Proc_prio_num(proc->proc_prio_num);
15            break;
16        }
17    }
18
19    CRITICAL_END();
20
21    return ret;
```

```
22 }
```

语句(10)查找进程。采用遍历进程池的方式,跳过第一个进程对象,因为第一个进程对象是空闲进程。

语句(12～16)检测是否为需要的进程,判断依据是对象有效且进程编号相等。如果是,则保存进程优先级后立即终止查找。

(5) 设置进程优先数

本函数设置进程的优先数属性。流程是首先查找到进程,然后设置进程的优先数。其源代码见程序6.19。

程序 6.19

-- src\kernel\proc.c --

```
1 byte_t Proc_set_prio_num(int pid, byte_t prionum)
2 {
3     byte_t   ret    = PROC_INVALID_PRIONUM;
4     proc_t  * proc  = FIRST_PROC;
5     int       i     = 1;
6     CRITICAL_DECLARE(proc_pool_lock);
7 
8     CRITICAL_BEGIN();
9 
10    for(; i < PROC_MAX; i ++,proc ++)
11    {
12        if(proc->proc_entry && pid == proc->proc_pid)
13        {
14            ret = Proc_prio_num(proc->proc_prio_num);
15            proc->proc_prio_num = PROC_SAFE_PRIONUM(prionum);
16            break;
17        }
18    }
19 
20    CRITICAL_END();
21 
22    return ret;
23 }
```

语句(10)查找进程。采用遍历进程池的方式,跳过第一个进程对象,因为第一个进程对象是空闲进程。

语句(12～17)表示如果找到进程(判断依据是进程对象有效且编号相等),则保存原优先数,设置新的优先数。优先数的转换使用了PROC_SAFE_PRIONUM宏,具体为:

-- machine\machine. h --

```
#define PROC_SAFE_PRIONUM(pn) (proc_priority_number[(pn) % 6])
```

(6) 请求调度

本函数向系统发出调度请求，方法是将系统的调度请求标志置为有效。其源代码见程序 6.20。

程序 6.20

-- src\kernel\proc. c --

```
1 void Proc_need_schedule(void)
2 {
3     PROC_NEED_SCHED();
4 }
```

系统已经提供 PROC_NEED_SCHED 宏来实现调度请求标志的置位，因此可以用该宏来实现。

(7) 进程延时

本函数使进程等待一定的时间，到达设定的等待时间后，进程自动恢复运行。流程是首先将进程从 RSPL 中删除，然后将其插入延时进程列表。其源代码见程序 6.21。

程序 6.21

-- src\kernel\proc. c --

```
1 void Proc_delay(uint32_t millisecond)
2 {
3     CRITICAL_DECLARE(proc_delay_lock);
4
5     proc_current->proc_alarm = MILIONSECOND_TO_TICKS(millisecond);
6
7     if(proc_current->proc_alarm)
8     {
9         PROC_SEIZE_DISABLE();
10
11        Sched_del(proc_current);
12
13        CRITICAL_BEGIN();
14
15        Proc_list_add(&proc_delay,proc_current);
16
17        CRITICAL_END();
18
19        proc_current->proc_wait = &proc_delay;
20        proc_current->proc_stat = PROC_STAT_WAIT;
```

```
21
22          PROC_SEIZE_ENABLE();
23
24          Proc_sched(0);
25      }
26 }
```

语句(5)换算计时单位。将以毫秒为单位的参数换算成以时钟节拍为单位的警报值。Lenix提供了MILIONSECOND_TO_TICKS宏来实现这一功能。其定义为：

-- machine\machine.h --

```
#define MILIONSECOND_TO_TICKS(ms)    \
                (((ms) * Machine_clock_frequency_get()) / 1000)
```

语句(7)判断是否需要延时。经过换算后，得到的结果可能为0，因为参数提供的时间有可能不到一个时钟节拍。

语句(11)从RSPL中删除当前进程，不再参与CPU的竞争。

语句(15)加入延时进程列表。

语句(20)把当前进程状态置为等待状态。

语句(24)强制调度。当前进程已经是等待态，不能再继续运行，因此必须让其他进程进入CPU运行。

这个API的实现是以时钟节拍为计时单位的，由于单位换算以及函数调用时机的原因，不能保证延时时间与参数完全相等。如果需要更精确的延时，则可以通过提高系统时钟频率的方式来提高延时精度。但这样会使系统因处理大量时钟中断而降低系统的效率。

4. 状态管理函数

状态转换包含两个部分，分别为睡眠态与运行态的转换，以及等待态与运行态的转换。睡眠态与等待态不能直接转换。

Lenix提供了两种恢复方式，一种是恢复全部进程，另一种是恢复部分进程。

(1) 睡　眠

本函数将当前进程转换为睡眠态。也就是把当前进程从RSPL中删除，设置进程属性后，立即进行调度。其源代码见程序6.22。

程序6.22

-- src\kernel\proc.c --

```
1 void Proc_sleep(void)
2 {
3     if(proc_current == proc_idle)
4         Sys_halt("Lenix try to sleep.");
5
```

```
6      PROC_SEIZE_DISABLE();
7
8      Sched_del(proc_current);
9
10     proc_current->proc_stat = PROC_STAT_SLEEP;
11
12     PROC_SEIZE_ENABLE();
13
14     Proc_sched(0);
15 }
```

语句(3)表示空闲进程不能进入睡眠状态。如果出现空闲进程进入睡眠状态的情况,则系统肯定出现了问题,目前采用死机的方式进行处理。

语句(6)表示操作必须是连续的,禁止进程被抢占,这样可以保证进程连续执行。

语句(8)从 RSPL 中删除当前进程,不再参与 CPU 的竞争。从 RSPL 中删除进程对象后,使得系统调度程序找不到当前进程,于是在调度时,必然会将其他进程换入 CPU 运行,从而达到进程等待的效果。

语句(10)将进程状态置为睡眠态。

语句(14)强制调度。调度程序将使其他进程获得 CPU。

(2) 唤 醒

本函数将系统中所有处于睡眠态的进程全部转换为运行态。具体是通过遍历进程池,将所有处于睡眠态的进程全部插入 RSPL 中。其源代码见程序 6.23。

程序 6.23

-- src\kernel\proc.c --

```
1 void Proc_wakeup(void)
2 {
3      proc_t *proc = FIRST_PROC;
4      int      i    = 1;
5      CRITICAL_DECLARE(proc_pool_lock);
6
7      CRITICAL_BEGIN();
8
9      for(; i < PROC_MAX; i++,proc++)
10     {
11         if(proc->proc_entry && PROC_STAT_SLEEP == proc->proc_stat)
12         {
13             proc->proc_stat = PROC_STAT_RUN ;
14             Sched_add(proc);
15
16             if(proc->proc_priority < proc_current->proc_priority)
```

```
17                  PROC_NEED_SCHED();
18          }
19      }
20
21      CRITICAL_END();
22
23      SCHED(0);
24 }
```

语句(9～19)唤醒所有睡眠态的进程。系统遍历进程池，逐个检查进程的状态，仅处理有效且状态为睡眠态的进程。如果进程的状态是睡眠态，则将进程的状态设为运行态，并将其加入RSPL中。如果进程的优先级高于当前进程，则向系统发出调度请求。

语句(23)尝试调度。

需要注意的是，转入睡眠态时，只涉及一个进程，是单个操作。但是在执行进程恢复时，是将所有处于睡眠态的进程全部唤醒，是批量操作。因此，睡眠态的进程随时都可能被唤醒，这是由于唤醒操作是批量操作，任何进程调用了唤醒的API，都会唤醒所有的睡眠态进程。

(3) 等　待

本函数将当前进程放入进程列表中等待。流程是首先判断进程能否转为等待态，然后把当前进程从RSPL中删除，在设置进程的属性后，将其插入等待进程列表。其源代码见程序6.24。

程序6.24

-- src\kernel\proc.c --

```
1 void Proc_wait_on(proc_list_t * proclist)
2 {
3     if(proc_current == proc_idle)
4         Sys_halt("Lenix try to wait.");
5
6     ASSERT(proclist);
7
8     Sched_del(proc_current);
9
10    proc_current->proc_wait = proclist;
11    proc_current->proc_stat = PROC_STAT_WAIT;
12
13    Proc_list_add(proclist,proc_current);
14 }
```

语句(3)表示系统进程不能进入等待状态。如果系统进程进入了等待状态，则程序必定存在错误。目前的处理方式是给出提示后死机。

语句(8)从 RSPL 中删除当前进程,不再参与 CPU 的竞争。

语句(11)将进程状态置为等待状态。

语句(13)将当前进程加入等待进程列表。

(4) 全部恢复

本函数将进程等待列表中的所有进程恢复为运行态。函数遍历进程等待列表,逐个把进程从列表中删除,并设置为运行态,最后加入到 RSPL 中。其源代码见程序 6.25。

程序 6.25

-- src\kernel\proc.c --

```
1 void Proc_resume_on(proc_list_t * proclist)
2 {
3     proc_t * proc    = NULL,
4            * wakeup = NULL;
5
6     ASSERT(proclist);
7
8     proc = proclist->pl_list;
9
10    while(PROC_IS_VALID(proc))
11    {
12        wakeup = proc;
13        proc   = proc->proc_sched_next;
14
15        wakeup->proc_sched_next = NULL;
16        wakeup->proc_stat       = PROC_STAT_RUN;
17
18        Sched_add(wakeup);
19
20        if(wakeup->proc_priority < proc_current->proc_priority)
21            PROC_NEED_SCHED();
22    }
23
24    proclist->pl_list = NULL;
25 }
```

语句(8)获得进程等待列表的表头。

语句(10~22)唤醒列表中的所有进程。遍历进程等待列表,将进程的状态调整为运行态,然后加入 RSPL 中。如果有进程的优先级高于当前进程的优先级,则向系统发出调度请求。

语句(24)清空进程等待列表。在遍历时,已经完成从进程等待列表中删除进程的操作，因此只需将列表的头指针置为 NULL 即可完成清空的工作。

(5) 恢复最高优先级

本函数恢复进程列表中优先级最高的进程，如果存在多个相同优先级的进程，则恢复其中调度因子最大的进程。其源代码见程序 6.26。

程序 6.26

-- src\kernel\proc.c --

```
1 void Proc_resume_max_on(proc_list_t * proclist)
2 {
3     proc_t * proc = NULL,
4            * next = NULL;
5
6     ASSERT(proclist);
7
8     proc = proclist->pl_list;
9
10    if(NULL == proc)
11        return;
12
13    next = proc->proc_sched_next
14    for(; next; next = next->proc_sched_next)
15    {
16        if(next->proc_priority > proc->proc_priority)
17            continue;
18
19        if(next->proc_priority < proc->proc_priority)
20        {
21            proc = next;
22            continue;
23        }
24
25        if(next->proc_sched_factor > proc->proc_sched_factor)
26        {
27            proc = next;
28            continue;
29        }
30    }
31
32    Proc_list_del(proclist,proc);
33
34    Sched_add(proc);
```

```
35
36     if(proc->proc_priority < proc_current->proc_priority)
37         PROC_NEED_SCHED();
38 }
```

语句(14)遍历进程列表。

语句(16)跳过优先级低的进程。

语句(19)记录优先级高的进程。

语句(25)到达这里说明进程优先级相等。对于优先级相等的进程,要记录调度因子大的进程。

语句(32)从进程列表中删除挑选出来的进程。

语句(34)将挑选出的进程插入 RSPL。

语句(36)如果挑选出的进程的优先级高于当前进程的优先级,则向系统发出调度请求。

(6) 单一等待

本函数将进程的状态转换为等待状态,但并不是在等待列表上等待,而是在单独的变量上等待。具体实现方法是将当前进程从 RSPL 中删除,然后保存到参数中。其源代码见程序 6.27。

程序 6.27

-- src\kernel\proc.c --

```
1 void Proc_wait(proc_t ** proc)
2 {
3     if(NULL == proc || * proc)
4         Sys_halt("parameter error or has process waited on!");
5
6     * proc = proc_current;
7
8     PROC_SEIZE_DISABLE();
9
10    Sched_del(proc_current);
11
12    proc_current->proc_stat = PROC_STAT_WAIT;
13
14    PROC_SEIZE_ENABLE();
15
16    Proc_sched(0);
17 }
```

语句(3)表示参数已经被占用,肯定存在错误,目前采用提示后死机的处理方式。

语句(6)将当前进程保存到对象中。唤醒进程时要依靠这个保存的进程指针,因此要注意保护。

语句(10)从RSPL中删除当前进程,不再参与CPU的竞争。

语句(12)调整当前进程的状态为等待态。

语句(16)立即调度。当前进程已经处于等待态,必须立即执行调度,系统将使其他进程获得CPU运行。

(7) 单一恢复

本函数将处于单一等待状态的进程恢复为运行态。只需将参数提供的进程对象插入RSPL中即可。其源代码见程序6.28。

程序6.28

-- src\kernel\proc.c --

```
1 void Proc_resume(proc_t ** proc)
2 {
3     register proc_t * p = NULL;
4 
5     if(NULL == proc || NULL ==  * proc)
6         Sys_halt("process resume error!");
7 
8     p =  * proc;
9     if(PROC_STAT_WAIT != p->proc_stat || p->proc_wait)
10        return;
11
12    PROC_SEIZE_DISABLE();
13
14    Sched_add(p);
15
16    p->proc_stat = PROC_STAT_RUN;
17
18    PROC_SEIZE_ENABLE();
19
20    if(p->proc_priority < proc_current->proc_priority)
21        PROC_NEED_SCHED();
22
23    * proc = NULL;
24
25    SCHED(0);
26 }
```

语句(9)判断是否可以恢复。如果进程不是等待态，或者在等待进程列表上，则不能恢复非等待态以及在其他对象上等待的进程。

语句(12)占用 CPU，也就是禁止其他进程抢占，以确保对进程本身和 RSPL 的操作不间断。

语句(14)将进程加入 RSPL，参与 CPU 的竞争。

语句(16)把进程状态设置为运行态。

语句(20)如果恢复的进程的优先级高于当前进程的优先级，则提示系统需要调度。

语句(23)清空等待对象。

语句(25)如果系统允许，则立即执行调度。

内容回顾

- 引入了生命周期概念，并定义了生命周期内的状态以及状态变迁方式。
- Lenix 采用了两级调度算法，第一级按优先级调度，第二级按调度因子调度。所有处于运行态的进程都保存在 RSPL 中。
- 进程池与睡眠进程表合并。
- Lenix 为每个可能存在进程等待的对象配备了 WSPL。
- 进程可以随时发出调度请求。

通过本章，读者可以了解 Lenix 进程管理的设计思路和实现方式，具体可以了解进程的两级调度算法和支持这一算法的数据结构。还可以较全面地了解与进程相关的 API 用法和具体实现，以帮助读者更好地使用 Lenix。

第7章

时间管理

在实际应用中，很多任务是与时间相关的，例如间隔一定的时间测量设备的温度和定时提醒，等等，这些功能都需要操作系统提供时间管理的功能。而且 Lenix 本身的调度也需要计算进程的时间片，同样需要系统具备时间管理功能。本章就 Lenix 的时间管理模块进行说明。

7.1 需求与设计

时间管理是为进程提供一个相对的时间标尺，使进程可以根据时间来执行相应的动作。时间管理模块是 Lenix 的基本模块，因为系统的进程调度需要时间管理功能的支持。从第 6 章可以知道，进程调度分为两个部分，首先按照优先级进行调度，然后对具有相同优先级的进程按照时间片轮转调度。这个时间片就需要依靠时间管理模块来确定。

要想实现时间管理，就需要同时具备硬件和软件两个方面的支持，硬件提供了基本的计时单位，而软件则提供了使用上的方便。本节从硬件和软件这两个方面简要说明 Lenix 的时间管理模块。

7.1.1 硬件基础

时间管理的硬件基础是硬件模型定义的系统时钟，系统时钟按一定频率向 CPU 发出中断请求，Lenix 通过这个时钟中断来实现时间管理。

7.1.2 软件支持

时钟管理的软件支持是一个统计时钟中断发生次数的计数器，称为时钟中断计数器。这个计数器在每次时钟中断时都会加 1，通过这个计数器可以记录系统自运行以来发生的时钟中断次数。因为时钟中断的频率相对固定，所以就可以通过计数器计算出系统运行的时间。

利用时钟中断和计数器，可以实现更多、更有用的功能。Lenix 按照功能与时钟中断的关系，划分出基础和高级两类功能。直接与时钟中断相关的功能称为基础功能，在基础功能之上发展的功能称为高级功能，例如定时器功能。这些功能都需要在

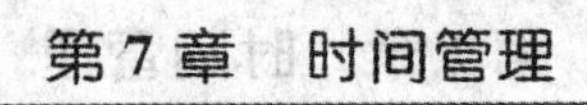

时钟中断处理程序内完成，因此时钟中断处理程序也是Lenix唯一指定的硬件中断处理程序。

7.2 基础功能

在实际应用中，系统对于时间管理最基本的要求是能获取系统已运行的时间和不依赖于进程模块的延时，等等。Lenix根据这些需求提供了相应的功能。

Lenix实现记录系统已运行时间的方式是设置一个用于统计时钟中断次数的计数器，称为时钟中断计数器(Clock Interrupt Counter，简称CIC)。由于时钟中断之间的间隔是固定的，因此只要统计了时钟中断的次数，就可以计算出系统已经运行的时间。

本节将对这些基础功能的用法和实现进行说明。

7.2.1 功能应用

本小节介绍时钟管理模块的基础功能用法，主要是对API及其功能、参数等内容进行说明，并用具体的演示程序说明API的用法。

1. API简介

时间管理的基本功能包含4个API，对应于获得开机时间、时钟延时和时钟钩子处理(获得时钟中断钩子和设置时钟中断钩子)。这些API的原型为：

-- include\kernel\clock.h --

```
uint32_t   Clk_get_ticks(void);
void       Clk_delay(uint32_t millisecond);
void      * Clk_ticks_hook_get(void);
void      * Clk_ticks_hook_set(ticks_hook_t tickshook);
```

Clk_get_ticks

功　能：获得开机时间，用开机后发生的时钟中断次数表示。

返回值：一个32位无符号数，表示自系统运行以来发生的时钟中断次数。

参　数：无。

说　明：中断次数达到32位无符号数的上限后会溢出，之后从0开始计数。按每秒1 000次中断的频率计算，32位无符号数会在开机49.7天后溢出。

Clk_delay

功　能：时钟延时。

返回值：无。

参　数：一个32位的无符号整数，表示需要延时的时长，参数以毫秒为单位。

说　明：函数在运行参数给定的延时时长后返回，从进程行为的角度来看，进程等待了一定时间。函数的延时属于忙等待，也就是这个函数会一直占用 CPU，直到延时结束，或者有更高优先级的进程抢占 CPU。

Clk_ticks_hook_get

功　能：获得时钟中断钩子。

返回值：空类型的指针，成功时为非 NULL，失败时为 NULL。

参　数：无

说　明：返回值实际上是系统当前的时钟中断钩子。

Clk_ticks_hook_set

功　能：设置时钟中断钩子。

返回值：空类型的指针，成功时为非 NULL，失败时为 NULL。

参　数：时钟钩子函数。

说　明：返回值实际上是系统原来的时钟中断钩子。

2. 应用演示

这个演示程序展示了如何使用 Clk_get_ticks 进行大致的性能分析。具体的方法是在需要进行性能分析的程序段前先获得一个开机时间，在程序段结束处再获得一个开机时间，两个数值相减即可得到程序段的运行时间，最后利用这个运行时间做相应的性能分析。其源代码见程序 7.1。

程序 7.1

```
 1 #include<lenix.h>
 2
 3 #define TIMES (1000000l)
 4 #define SIZE  10000
 5 byte_t buf[SIZE];
 6
 7 void Process(void * param)
 8 {
 9     uint32_t i     = 0;
10     uint32_t start = 0;
11
12     param = param;
13     start = Clk_get_ticks();
14
15     for(; i < TIMES; i ++ )
16         _memzero(buf,SIZE);
17
18     _printf("use time: %ld\n",Clk_get_ticks() - start);
19 }
```

演示程序需要对_memzero函数做性能分析，由于函数单次运行耗时很少，所以通过循环多次运行来获得其运行时间。

语句(13)在测试开始前记录开机时间。

语句(15～16)为具体测试的代码段。

语句(18)获得测试结束时的开机时间，减去测试前记录的开机时间，就可以得到测试代码段运行的时间。

7.2.2 实现解析

Lenix的时钟管理基础功能引入了1个数据类型，2个全局变量，并且实现了7个函数。本小节对这些数据类型和全局变量进行说明，并对函数的实现进行解析。

1. 数据类型

在实现基础功能的过程中，多处都需要使用时钟钩子函数的原型，为了简化代码，提高代码的可读性，Lenix将时钟钩子函数的原型定义为一个数据类型，具体的定义为：

-- include\kernel\clock.h --

```
typedef void (*ticks_hook_t)(void);
```

2. 全局变量

时钟管理的基础功能引入了两个全局变量，分别为时钟中断计数器和时钟中断钩子指针。

(1) 时钟中断计数器

时钟中断计数器是系统时间功能的基础，用于统计系统时钟中断发生的次数，具体定义为：

-- src\kernel\clock.c --

```
volatile uint32_t ticks;
```

Lenix将这个计数器定义为32位无符号整数，这就意味着它存在统计范围，即32位无符号整数的上限，超出这个范围后就会溢出，从0开始计数。它的计时范围在时钟频率为1 000 Hz的条件下，可以使用49.7天，也就是会在49.7天后溢出，重新从0开始计数。如果时钟频率为200 Hz，那么将可以使用248天。具体的时钟频率需根据应用要求的计时精度来选择。

系统默认的时钟频率由DEFAULT_CLOCK_FREQUENCY定义，其默认值为1 000，可以根据需要对其进行调整。具体的定义为：

-- include\config.h --

```
#define DEFAULT_CLOCK_FREQUENCY 1000
```

(2) 时钟中断钩子指针

对于一些应用，需要在每次时钟中断时进行一些特定的工作。因此 Lenix 设置了一个钩子，让开发者可以设置自己的处理函数。为了使时钟中断钩子可以调整，Lenix 没有采用硬编码的方式，而是通过使用一个函数指针来完成时钟中断钩子的调用，这样就可以在运行时进行替换，其定义为：

-- src\kernel\clock.c --

```
static ticks_hook_t clk_ticks_hook;
```

这个钩子函数指针由系统保证其不为空，确保不会发生调用错误的现象。

3. 函数说明

时钟管理的基础功能实现了 7 个函数，包含 4 个 API 和 3 个内部函数。

(1) 系统时钟初始化

本函数建立时间管理的基础环境。最关键的任务是设置默认的时钟中断钩子和 Lenix 定义的 IVT，源代码见程序 7.2。

程序 7.2

-- src\kernel\clock.c --

```
 1 void Clk_initial(void)
 2 {
 3 #ifdef _CFG_SMP_
 4     timer_lock = LOCK_STATUS_FREE;
 5 #endif
 6
 7     ticks = 0;
 8     _memzero(timer_pool,TIMER_MAX * sizeof(timer_t));
 9     clk_ticks_hook = Clk_default_ticks_hook;
10     Machine_isr_set(ISR_CLOCK,Clk_do_clock);
11 }
```

语句(3～4)将锁变量置为释放状态。这在 SMP 条件下才会启用。

语句(7)置时钟中断计数器为 0。这时系统还没有开启中断，并且只有一个进程，不会发生临界段问题，所以不需要使用临界段保护。

语句(8)清空定时器对象池。

语句(9)设置时钟中断钩子。Lenix 的时钟中断处理程序默认这个钩子指针有效，因此必须为其提供一个默认的钩子函数。

语句(10)设置时钟中断处理程序。使用 Lenix 硬件模型提供的接口来完成设置工作。

(2) 默认时钟中断钩子函数

Lenix 提供的钩子函数是一个空函数，源代码见程序 7.3。

程序 7.3

-- src\kernel\clock.c --

```
1 void Clk_default_ticks_hook(void)
2 {
3 }
```

提供这个函数是为了使系统提供的时钟中断处理程序能够正常运行。

(3) 时钟中断处理程序

系统在每次发生时钟中断时都要调用这个函数。系统中所有与计时相关的工作都在这个函数中完成,包括进程延时、时钟中断钩子和定时器处理,以及系统实现时间片轮转调度,源代码见程序 7.4。

程序 7.4

-- src\kernel\clock.c --

```
 1 static
 2 void Clk_do_clock(int notuse1,int notuse2)
 3 {
 4      -- proc_current - >proc_cpu_time;
 5      ++ proc_current - >proc_run_time;
 6
 7      Proc_ticks();
 8      clk_ticks_hook();
 9      Timer_handle();
10
11      if(proc_current - >proc_cpu_time <1)
12      {
13          proc_current - >proc_cpu_time = 0;
14          proc_need_sched = 1;
15      }
16 }
```

语句(4)减少分配给进程的 CPU 时间。

语句(5)增加进程的运行时间的计数器,它用来统计进程获得的运行时间。

语句(7)是处理延时的进程。

语句(8)调用时钟节拍钩子。

语句(9)处理系统定时器。

语句(11～15)判断进程的时间片是否耗尽。如果进程的时间片已经耗尽,则向系统发出调度请求,从而实现按时间片轮转调度。这里将进程的 CPU 时间强制设置为 0,是为了保证这个字段不会出现溢出,尽管这种可能性极小。

(4) 获得系统时钟中断次数

本函数返回系统时钟中断计数器,源代码见程序 7.5。

程序 7.5

-- src\kernel\clock.c --

```
1 uint32_t Clk_get_ticks(void)
2 {
3 #if _CPU_WORD_ == 8 || _CPU_WORD_ == 16
4     uint32_t ret;
5     CRITICAL_DECLARE(NULL);
6
7     CRITICAL_BEGIN();
8
9     ret = ticks;
10
11    CRITICAL_END();
12
13    return ret;
14 #else
15    return ticks;
16 #endif
17 }
```

实现这个函数需要考虑 8 位和 16 位 CPU 对 32 位数据的访问方式产生的影响。

语句(3～11)表示对于 8 位和 16 位 CPU,32 位整数的访问会被分成几个硬件指令来执行,因此需要对其使用临界段保护,将数据保存到局部变量后,利用局部变量返回中断计数器的值。Lenix 在这里做了一个认定,就是在 2010 年后,8 位、16 位的 CPU 只有单核心,同时不会用来组建 SMP 系统。在这个认定下,临界段保护的方式就可以确定为使用关闭中断或者不进行调度,因此可以在 CSPF 的声明中使用 NULL 作为参数。

语句(15)表示对于 32 位或者 64 位系统,CPU 本身可以保证访问 32 位数据的原子性和互斥性。所以可以直接返回时钟节拍计数器。

(5) 时钟延时

本函数使进程延时。实现的方式是首先获得一个开始时间,然后反复检测当前的系统运行时间与开始时间之差,直到两者之差超出参数给定的时间。其源代码见程序 7.6。

程序 7.6

src\kernel\clock.c --

```
1 void Clk_delay(uint32_t millisecond)
2 {
3     uint32_t start;
4
```

```
 5     millisecond = MILIONSECOND_TO_TICKS(millisecond);
 6
 7     start = Clk_get_ticks();
 8
 9     while(Clk_get_ticks() - start < millisecond)
10         Cpu_hlt();
11 }
```

语句(5)调整参数。API 得到的参数是以毫秒为单位的,所以需要转换为以时钟节拍为单位的参数。从毫秒转换为时钟节拍使用了系统提供的 MILIONSECOND_TO_TICKS 宏,具体定义为:

-- include\machine\machine. h --

```
#define MILIONSECOND_TO_TICKS(ms) (((ms) * Machine_clock_frequency_get())/1000)
```

由于时钟节拍的换算使用了整数的除法,所以有可能导致延时时限缩短。

语句(7)获得开始时间。

语句(9)检测时间间隔是否达到。反复地检测当前时间与开始时间之差,直至两者之差超过参数给定的延时时间。

由于机理的原因,这个定时方式并不十分准确,而且该 API 在延时期间会一直占用 CPU,对 CPU 时间有一定的浪费。

(6) 获得时钟节拍钩子函数

这个 API 只是简单地返回时钟中断的钩子函数指针,源代码见程序 7.7。

程序 7.7

-- src\kernel\clock. c --

```
1 void * Clk_ticks_hook_get(void)
2 {
3     return clk_ticks_hook;
4 }
```

(7) 设置时钟节拍钩子函数

本函数用新的时钟节拍钩子函数替换现有的时钟节拍钩子函数,源代码见程序 7.8。

程序 7.8

-- src\kernel\clock. c --

```
1 void * Clk_ticks_hook_set(ticks_hook_t tickshook)
2 {
3     void * ret = clk_ticks_hook;
4
5     if(NULL == tickshook)
```

```
6           return NULL;
7
8       clk_ticks_hook = tickshook;
9
10      return ret;
11 }
```

语句(3)保存当前的钩子函数。

语句(5)校验参数。系统已经将时钟中断钩子初始化,保证其不为NULL,因此在替换时也要保证其有效。

语句(8)设置新的钩子函数。

7.3 定时器

Lenix的定时器提供了一种在一定时间间隔后触发事件的机制,这是时间管理模块的高级功能,其主要特点是灵活性高,且可以存在多个定时器。

7.3.1 需求和设计

从计算机系统的硬件来看,通常没有定时器,只有一个系统时钟。而在实际应用中,会存在需要定时器的情况。例如每隔1分钟检测一次温度,或者类似闹钟那样,到了指定时间就会发出某些信号,等等。如果应用只需要一个定时器,则可以简单地通过替换时钟中断钩子的方式来实现。但如果应用需要多个定时器,就需要通过软件的方式来模拟出多个定时器。

对于这些常见的功能,如果都需要应用开发者自行开发,就会降低Lenix的可用性。为了提高可用性,Lenix提供了定时器管理功能。通过定时器,可以实现更加灵活的定时功能,进而满足开发者更多方面的需求。

1. 需　求

现实中对定时有相对定时和绝对定时两种要求。

(1) 相对定时

相对定时指无论何时启动定时器,都是以间隔相同的时间触发操作。也可以理解为从启动定时器到触发操作的时间间隔是固定的,但触发操作的绝对时间并不固定。例如设定10分钟后闹铃,则这时闹铃的时间与起点、终点无关,而只与时间间隔有关。

(2) 绝对定时

绝对定时指无论何时启动定时器,都是在一个确定的时刻触发操作。也就是从启动定时器到触发动作之间的时间间隔是不确定的。例如设定10点闹铃,这时设置闹铃的时间与间隔无关,而只与终点有关。这一功能需要额外的硬件支持,Lenix目前还不支持绝对定时,在以后的版本中将会加入绝对定时的支持。

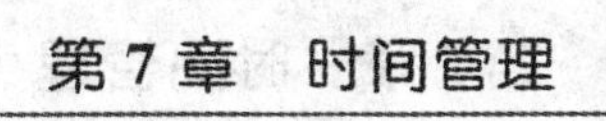

对于单个定时器,基本的功能类似于闹钟,在设定的时间间隔后发出信号。这只是一次性的提示,但某些特殊的应用会需要重复这一过程。因此需要定时器可以设置重复定时,甚至无限重复。

对于多个定时器,首先要求可以同时存在多个定时器,这是显而易见的要求;其次是定时器之间要相互独立,不能出现互相干扰的情况。

2. 设 计

Lenix 的定时器采用软件的方式来模拟,其原理是设置一个计数器,然后给这个计数器设置一个值,在每次时钟中断时,由系统递减这个计数器,当计数值为0时,执行给定的程序。如果需要多个定时器,则设置多个计数器即可。

根据定时器的原理,且为了保存系统中活动的定时器,Lenix 引入了系统定时器表(System Timer Table,STT)。系统中活动的定时器都保存在 STT 中,以便于系统操作定时器。系统在时钟中断处理期间对 STT 进行遍历,检测是否有到时的定时器。通过 STT,系统很容易遍历所有的定时器。

创建定时器后,系统在每次时钟中断时都会对定时器的定时时间进行检测,到达定时时间后,系统会调用定时器的处理函数,完成相应的功能。

3. 限 制

Lenix 定时器的功能虽然比较丰富和强大,但若使用不当,就会带来一定的性能问题。因此 Lenix 对定时器做了一定的限制,确保系统性能不受影响。限制主要通过定时器数量和时限要求来完成。

(1) 数量限制

由于在每次时钟中断里都要处理定时器,如果系统中存在过多的定时器,则系统性能将可能受到影响。因此,出于对系统性能的考虑,Lenix 对系统中可以同时存在的定时器数量做了限制,以保证不会因为系统中同时存在过多的定时器而造成性能下降。

(2) 时限限制

系统是在时钟中断的 ISP 内调用定时器的处理函数的,因此在使用定时器时,应避免定时器的处理函数执行时间过长。

7.3.2 功能应用

定时器只有创建和删除两个操作,本小节主要对定时器 API 的原型、功能、参数等内容进行说明,并用具体的例子说明 API 的用法。

1. API 简介

定时器管理包含创建定时器和删除定时器两个 API,其原型为:

-- include\kernel\clock.h --

```
int      Timer_create(uint32_t millisecond,int repeat,
```

```
                void( * handle)(void * ),void * param);
result_t Timer_delete(int id);
```

Timer_create

功　能：创建定时器。

返回值：成功时返回的正值，表示定时器的编号；失败时返回负值。

参　数：四个参数，第一个为触发间隔，以毫秒为单位；第二个为重复次数；第三个为定时器处理程序；第四个为定时器处理程序的参数。

说　明：定时器一旦创建就立即开始计时。

Timer_delete

功　能：删除定时器。

返回值：成功时返回 RESULT_SUCCEED，失败时返回 REUSLT_FAILED。

参　数：一个用整数表示的定时器编号。

2. 应用演示

这个演示程序展示了定时器的用法和行为。程序创建了两个无限重复的定时器，且两个定时器的定时间隔不同。每个定时器在触发时，都在屏幕上输出一串字符，用以表示定时器在运行。其源代码见程序 7.9。

程序 7.9

-- demo\pc\timer\demo.c --

```
1 #include<lenix.h>
2
3 void Clk_msg(void);
4
5 void Timer1(void * param)
6 {
7     static long i    = 0;
8     char   msg[40]  = {0};
9
10    param = param;
11    _sprintf(msg,"timer 1 : %ld",i++);
12
13    Con_write_string(40,14,msg,(int)i);
14 }
15
16 void Timer2(void * param)
17 {
18    static long i    = 0;
19    char   msg[40]  = {0};
20
```

```
21     param = param;
22     _sprintf(msg,"timer 2 : %ld",i++);
23
24     Con_write_string(40,12,msg,(int)i);
25 }
26
27
28 void User_initial(void)
29 {
30     Clk_ticks_hook_set(Clk_msg);
31
32     Timer_create(300, -1,Timer1,NULL);
33     Timer_create(500, -1,Timer2,NULL);
34 }
35
36 void main(void)
37 {
38     Lenix_initial();
39     User_initial();
40     Lenix_start();
41 }
```

演示结果如图 7.1 所示。

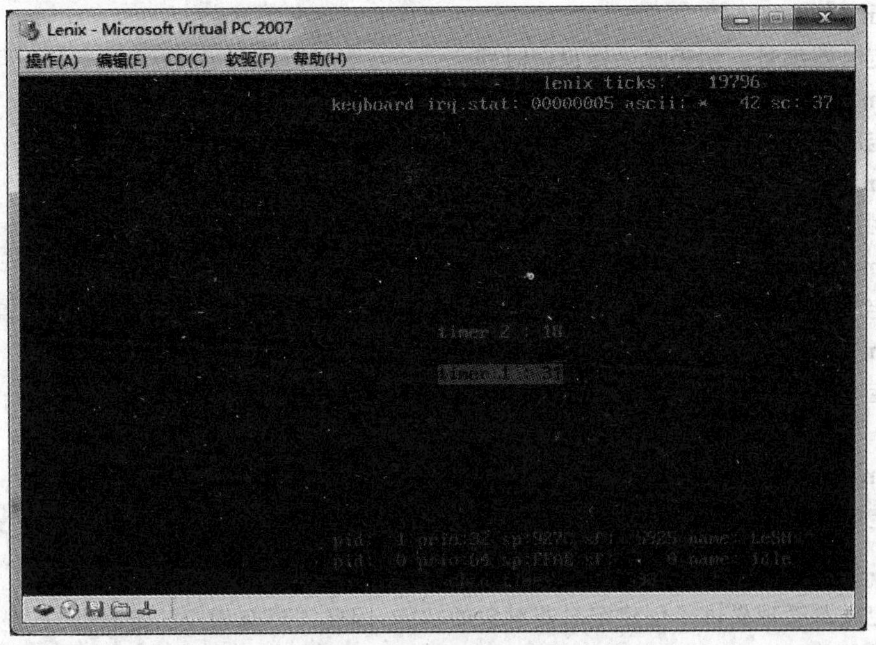

图 7.1 定时器演示程序

7.3.3 实现说明

定时器管理模块引入了1个数据类型、1个全局变量和3个函数。下面对这些数据类型、变量和函数分别进行说明。

1. 数据类型

引入定时器数据类型要考虑查找、定时和处理的问题。能够找到定时器,需要有标志,Lenix采用编号来代表定时器。要达到定时的功能,需要一个记录剩余时间的计数器,为了达到重复的功能,还要记录重复次数以及原始的定时时限。处理定时器,则要有相应的处理函数,为了具备更高的实用性,还提供了一个处理函数的参数。综合以上需求,定时器的定义为:

-- include\kernel\clock.h --

```
typedef struct _timer_t
{
    int      tm_id;
    int      tm_ticks;
    int      tm_left;
    int      tm_repeat;
    void   * tm_param;
    void  ( * tm_handle)(void * );
}timer_t;
```

tm_id

定时器编号。用于唯一标识定时器。

tm_ticks

定时时限。以时钟节拍为单位,需要从毫秒换算而来。

tm_left

触发定时器的剩余时间。以时钟节拍为单位。

tm_repeat

定时重复次数。Lenix规定了重复次数的上限。如果该值为负,表示无限重复。

tm_param

定时器处理函数的参数。在系统调用定时器处理函数时,将该参数传递给处理函数。

tm_handle

定时器处理函数。每次触发定时器时,系统将调用该函数。

2. 全局变量

定时器管理提供了创建定时器对象的功能,因此需要有相应的定时器池,提供系统所需的定时器对象空间。Lenix使用数组来实现定时器池,同时为了保护定时器

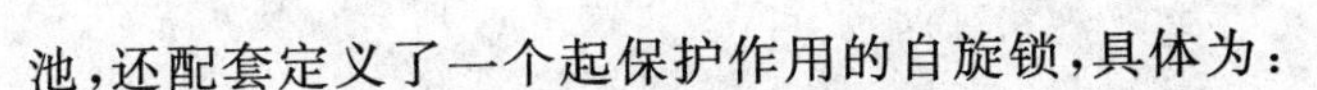

池,还配套定义了一个起保护作用的自旋锁,具体为:

-- src\kernel\clock.c --

```
static timer_t timer_pool[TIMER_MAX];

#ifdef _CFG_SMP_
static spin_lock_t timer_lock;
#endif /* _CFG_SMP_ */
```

定时器池的容量为 TIMER_MAX,Lenix 默认为 8。应用程序可以根据需要修改,但是建议改为更小,而不要更大。

定时器池还有其特殊的地方,Lenix 还将其作为系统定时器列表使用,也就是记录系统有效的定时器,以便在每次时钟中断时都要扫描一遍系统定时器列表,查找有效的定时器。

3. 函数说明

定时器管理实现了 3 个函数,包括 1 个内部函数和 2 个 API 函数。

(1) 定时器处理

本函数处理系统中的定时器。这是一个内部函数,只在时钟中断的 ISP 中调用,因此将其定义为静态函数。处理的方式是遍历系统定时器列表,处理其中有效的定时器。源代码见程序 7.10。

程序 7.10

-- src\kernel\clock.c --

```
1 static
2 void Timer_handle(void)
3 {
4     static int  watch = 0;
5     timer_t    * tm    = NULL;
6     int          i     = 0;
7
8     if(Cpu_tas(&watch,0,1) == 0)
9         return;
10
11    for(; i < TIMER_MAX; i ++ )
12    {
13        tm = timer_pool + i;
14
15        if(!TIMER_IS_VALID(tm) || -- tm -> tm_left > 0)
16            continue;
17
18        tm -> tm_handle(tm -> tm_param);
```

```
19
20          if(TIMER_IS_INFINITE(tm))
21          {
22              tm->tm_left = tm->tm_ticks;
23              continue;
24          }
25
26          if(TIMER_CAN_REPEAT(tm))
27          {
28              tm->tm_left = tm->tm_ticks;
29              --tm->tm_repeat;
30          }
31          else
32              TIMER_ZERO(tm);
33      }
34
35      watch = 0;
36 }
```


语句(8)检测是否可以处理定时器。由于系统定时器有多个,且处理程序由应用程序提供,所以其执行时间无法确定。为了防止重复处理定时器,Lenix设置了一个看门狗。在进入定时器处理后,将其置位,如果出现定时器未处理完,另一个时钟中断又需要处理定时器,则后一个将被忽略。

语句(11)遍历系统定时器列表。

语句(15~26)略过无效的定时器。使用TIMER_IS_VALID判断定时器是否有效,其定义为:

-- include\kernel\clock.h --

```
#define TIMER_IS_VALID(tm) ((tm)->tm_handle)
```

如果定时器有效,则减少其剩余时间。如果剩余时间大于0,则说明未到定时时限,转去处理下一个定时器。

语句(18)到达这里说明定时器的定时时限已到,执行定时器的处理程序。调用处理程序时,要将创建定时器附带的参数传递给处理程序。

语句(20~32)根据定时重复参数设置定时器。

如果定时器是无限重复,则在恢复定时时限后,转去处理下一个定时器。使用系统提供的TIMER_IS_INFINITE宏来判断是否无限重复,其定义为:

-- include\kernel\clock.h --

```
#define TIMER_IS_INFINITE(tm) ((tm)->tm_repeat < 0)
```

如果定时器可以重复,则递减重复次数,恢复定时时限后,转去处理下一个定时

器。使用系统提供的 TIMER_CAN_REPEAT 宏判断是否可以重复,其定义为:

-- include\kernel\clock.h --

```
#define TIMER_CAN_REPEAT(tm) ((tm)->tm_repeat)
```

如果重复次数为0,则系统清空定时器对象,回收资源。相当于自动删除定时器。使用系统提供的 TIMER_ZERO 宏清空定时器对象,其定义为:

-- include\kernel\clock.h --

```
#define TIMER_ZERO(tm) _memzero(tm,sizeof(timer_t))
```

在这个检测顺序下,系统不会错误地处理定时器类型。

语句(35)允许系统处理定时器。

由于在处理定时器时设置了看门狗,这反而引入了一个问题,就是定时器的定时时限有可能存在误差。特别是当定时器处理函数执行时间过长时,更容易出现这样的情况,因此这也要求定时器的处理函数必须快速执行。

(2) 创建定时器

本函数创建定时器对象。流程是首先在定时器对象池中找到可用的定时器,然后为其分配一个唯一的编号,最后才对其进行初始化。其源代码见程序 7.11。

程序 7.11

-- src\kernel\clock.c --

```
1 int Timer_create(uint32_t millisecond,int repeat,
2                  void( * handle)(void * ),void * param)
3 {
4     static int   tmid  = 0;
5     timer_t      * tm  = NULL;
6     int          i     = 0;
7     CRITICAL_DECLARE(timer_lock);
8
9 #ifdef CHECK_PARAMETER
10    if(NULL == handle)
11        return 0;
12 #endif / * CHECK_PARAMETER * /
13
14    CRITICAL_BEGIN();
15
16    for(i = 0; i < TIMER_MAX; i ++)
17    {
18        if(TIMER_IS_FREE(timer_pool + i))
19        {
20            tm = timer_pool + i;
```

```
21              tm->tm_handle = handle;
22              break;
23          }
24      }
25
26      if(tm)
27      {
28          create_timer_tmid:
29          tmid++;
30          if(tmid <= 0) tmid = 1;
31          for(i = 0; i < TIMER_MAX; i++)
32          {
33              if(!TIMER_IS_VALID(timer_pool + i))
34                  continue;
35
36              if(timer_pool[i].tm_id == tmid)
37                  goto create_timer_tmid;
38          }
39
40          tm->tm_id       = tmid;
41          tm->tm_ticks    = (int)MILIONSECOND_TO_TICKS( millisecond & 0x7FFFFFFF);
42          tm->tm_left     = (int)tm->tm_ticks;
43          tm->tm_repeat   = MIN(repeat,TIMER_REPEAT_MAX);
44          tm->tm_param    = param;
45
46      }
47      CRITICAL_END();
48
49      return tm?tm->tm_id: -1;
50  }
```


语句(16～24)分配定时器对象。采用遍历定时器对象池的方式，在池中查找没有被占用的定时器。判断依据是定时器处理函数字段是否为NULL，具体检测使用了系统提供的TIMER_IS_FREE宏，其定义为：

-- include\kernel\clock.h --

```
#define TIMER_IS_FREE(tm) (NULL == (tm)->tm_handle)
```

找到可用的定时器对象后，立即设置定时器处理函数，表示定时器对象已经使用，然后退出查找。

语句(26)检测是否找到可用的定时器。

语句(28～38)生成定时器编号。采用穷举的方式，系统首先生成一个编号，然后

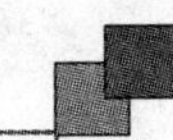

在有效的定时器对象中逐个比较,如果发现有重复的编号,则生成一个新的编号后再重新比较,直到生成的编号没有重复。由于系统限制了定时器的数量,因此采用穷举法不会造成性能损失。

语句(40～44)对定时器对象进行初始化。填写定时器对象的初始信息。

(3) 删除定时器

本函数删除定时器。流程是首先检测定时器是否存在,然后清空定时器对象。其源代码见程序7.12。

程序7.12

-- src\kernel\clock.c --

```
 1 result_t Timer_delete(int id)
 2 {
 3     result_t ret = RESULT_FAILED;
 4     int      i   = 0;
 5     CRITICAL_DECLARE(timer_lock);
 6 
 7     CRITICAL_BEGIN();
 8 
 9     for(; i < TIMER_MAX; i ++)
10     {
11         if(timer_pool[i].tm_id == id)
12         {
13             TIMER_ZERO(timer_pool + id);
14             ret = RESULT_SUCCEED;
15             break;
16         }
17     }
18 
19     CRITICAL_END();
20 
21     return ret;
22 }
```

语句(9～17)遍历定时器池,查找编号与参数相同的定时器,找到后将定时器对象清空。

内容回顾

➢ 时钟管理提供的基础功能包含时钟中断处理程序、获取开机时间和设置时钟中断钩子等。应用程序可以通过设置时钟中断钩子的方式来实现特殊的功能。

➢ 定时器提供了任意频率触发的能力。

➢ 引入了系统定时器表，但出于性能的考虑，限制了定时器的数量。

通过本章的介绍，读者可以了解到时钟中断的ISP做了什么工作，了解系统处理定时器以及时钟中断钩子的方式，了解时间管理中基本功能的用法，以及定时器的创建与删除。

第8章 内存管理

内存保存了程序在运行时所需要的代码和数据。对于嵌入式系统来说,其配置的内存通常较少,因此需要合理地使用内存。从静态内存布局来看,Lenix 通常把系统紧凑地安排在内存的低地址区域,尽量留下大块的高地址区域给应用程序使用。对于预留的内存需要使用动态的方式来管理,以满足多样的应用需求。

8.1 概 述

在计算机系统中,除了 CPU 的运行时间以外,另外一项重要的资源就是内存。内存虽然重要,但是由于价格等原因,在计算机系统中配置并不多。特别是嵌入式系统,配置的内存更少。因此在实际应用中,内存经常无法完全满足应用程序的需要。解决内存不足的问题,有硬件和软件两种解决方式。硬件就是增加内存的配置,但是出于成本的考虑,能够增加的内存有限,因此主要还是采用软件的解决方式。

软件的解决方案是内存复用,也就是内存通常只在一段时间上使用,因此同一块内存,在不同的时候可以分配给不同的程序使用。

内存管理也称为动态内存管理,是 Lenix 的核心模块,主要提供分配和回收内存的功能。通常在一块较大且连续的内存空间上,按需要划分出一定长度的内存空间供应用程序使用,究其根本是通过内存复用的方式,在事实上达到扩大可用内存空间的效果。由于内存的分配和回收需要消耗一定时间,因此这是一种用时间换空间的做法。

在使用动态内存管理时,需要关注内存的利用率。因为动态内存管理都是自管理结构,也就是管理内存同样需要一定的内存空间,而这部分管理用的内存包含在可分配的内存空间中。因此使用动态内存管理后,可用的内存空间会少一点。这要求在具体的应用中必须对利用率进行评估,根据评估的结果来使用动态内存管理。

8.1.1 管理方案

为了适应不同的需求,Lenix 提供了定长内存管理和变长内存管理两种方案。定长内存管理能够提供时间复杂度为 $O(1)$ 的分配性能,适用于对性能要求高的场合。变长内存管理的优点是适应性好,适用于对内存需求变化大的场合。

定长内存管理是指分配的内存空间长度是固定的。由于Lenix定位于嵌入式领域,因此这是最基本的内存管理方案。

变长内存管理是指系统可以分配长度不同的内存空间。变长内存管理通常也称为堆内存管理,Lenix沿用了堆内存管理这一说法。

8.1.2 使用规范

Lenix定义了内存管理的使用规范。这个规范可以分为三个步骤:初始化,分配内存,回收内存。初始化可以视为格式化内存空间,使之易于分配和回收。分配内存是指从已经格式化的大块内存中划分出可用的小空间给应用程序。回收内存指的是系统将已分配的内存变成可以重新分配。

8.2 定长内存管理

实时系统对程序的执行时间有严格的要求,特别是关键的程序段,需要知道程序执行所需要的时间上限。如果想在关键的程序段中使用动态内存管理,则需要提供一种性能可以满足程序要求的内存管理方式。对于这一情况,Lenix提供的定长内存管理服务可以满足要求。

8.2.1 设 计

定长内存管理是指按固定长度管理内存的方式,这是Lenix为满足高效内存管理需求而设计的。其具有效率高、执行时间确定的特点。另外,Lenix为了使其具备更优秀的可用性,还增加了内存长度可变的特性,用以满足对不同大小内存的需求。需要注意的是,粒度可变并不是指在分配期间可变,而是指系统可以提供不同大小的分配方法。

(1) 效率高

无论管理多大的内存,只需要几步操作就可以完成内存的分配和回收。从算法的角度来看,分配和回收的时间复杂度均为$O(1)$。

(2) 时间确定

时间复杂度为$O(1)$,也就意味着程序的执行时间确定。

(3) 粒度可变

Lenix提供了8种分配粒度。粒度以64字节为基本单位,乘以1～8之间的一个整数。因此最小粒度为64字节,最大粒度为512字节。

1. 定长内存管理链表

从定长内存分配的行为就可以看出其特点,其需要管理的对象是完全相同的,而且每次分配和回收的数量只有一个。因此只要将可分配的内存组成一个链表,就可以通过链表头的删除和插入操作实现内存的分配和回收,由于链表头的删除和插入

可以达到 $O(1)$ 的时间复杂度，所以内存的分配和回收也就可以达到 $O(1)$ 的时间复杂度。

因此根据这一分析，Lenix 引入了定长内存管理链表（Fixed Size Memory Manager List，FSMML）。由于对 FSMML 的操作只涉及链表的头和尾，因此将 FSMML 设计为单向链表。FSMML 中的节点称为定长内存节点（Fixed Size Memory Node，FSMN）。FSMN 包含头部和存储空间两部分，头部用于 FSMML 的管理，存储空间用于分配给程序使用。FSMML 在逻辑上的结构如图 8.1 所示。

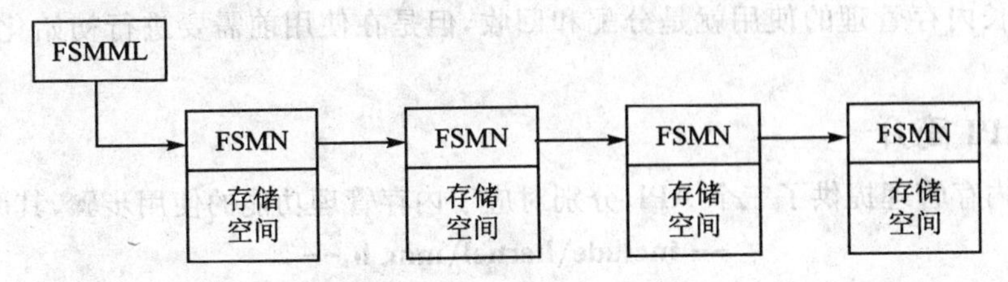

图 8.1 FSMML 示意图

为了避免反复使用同一位置的内存，Lenix 规定，分配内存时从 FSMML 头开始，释放内存时插入 FSMML 尾，这样可以保证内存的各个位置都得到平均的使用。

2. 内存布局

要想组成 FSMML，就要将内存划分成多个 FSMN，每个 FSMN 在内存空间上自然不能重叠。由于 Lenix 要求分配粒度可变，也就是 FSMN 的存储空间部分可变，因此不能采用整体式的内存布局，也就是不能采用将 FSMN 的头部和存储空间连续存放的布局方式。

为了支持分配粒度可变，Lenix 采用了将 FSMN 头部与存储空间分离的内存布局。也就是 FSMN 只在逻辑上是一个整体，但在实际内存中是不连续的。具体的做法是将需要管理的内存空间分为两个部分，低地址的部分称为管理空间，用于存放 FSMN 头部列表；高地址部分称为用户空间，分配给应用程序使用。这两个部分都是可变的，管理空间向高地址增长，用户空间向低地址增长，但两个部分不能重叠，其结构如图 8.2 所示。

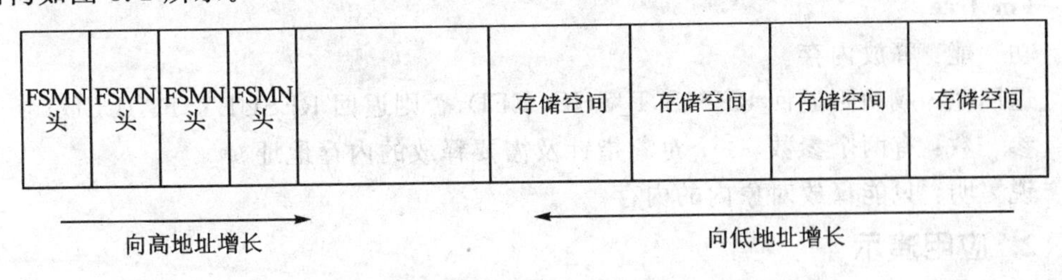

图 8.2 FSMN 实现示意图

采用分离式的内存布局并不会影响逻辑上的整体性，因为 FSMN 头的长度是固定的，而分配粒度在初始化时也已经固定，并且 FSMN 头与用户内存块的排列顺序相同，因此它们在内存中的位置关系可以通过计算得出，也就是可以确保 FSMN 头与用户内存块是一一对应的关系，这样就可以通过 FSMN 头的位置计算出应该分配的用户内存地址，同样也可以通过用户内存地址反算 FMSN 头的位置。

采用这样的内存布局有两个好处，一是可以适应各种长度的分配需求，二是可以实现管理与使用分离，如果出现了内存访问越界，也不会破坏整个 FSMML。

8.2.2 功能应用

对定长内存管理的使用就是分配和回收，但是在使用前需要进行初始化，以确定分配粒度。

1. API 简介

定长内存管理提供了三个 API，分别对应于内存管理功能的使用步骤，其原型为：

-- include\kernel\mm.h --


```
result_t   Fm_initial (fixed_mm_t * fm,void * buffer,uint_t size,int grain);
void      * Fm_alloc   (fixed_mm_t * fm);
result_t   Fm_free     (fixed_mm_t * fm,void * m);
```

Fm_initial

功　能：初始化定长内存管理对象。

返回值：成功则返回 RESULT_SUCCEED，否则返回 RESULT_FAILED。

参　数：共四个参数，包括一个对象指针，需要管理的内存空间首地址和长度，以及分配粒度。分配粒度参数须在 1～8 之间选择，如果采用其他值，则 Lenix 会对其调整。

Fm_alloc

功　能：分配内存。

返回值：空类型指针，分配成功则返回非 NULL，失败则返回 NULL。

参　数：一个对象指针，由于分配的内存长度是固定的，因此无须提供分配长度作为参数。

Fm_free

功　能：释放内存。

返回值：成功则返回 RESULT_SUCCEED，否则返回 RESULT_FAILED。

参　数：有两个参数，一个对象指针及需要释放的内存地址。

说　明：只能释放对象内的内存。

2. 应用演示

程序演示了 API 的用法。首先需要提供用于分配的内存空间，然后系统在初始化时对定长内存管理对象进行初始化，最后在进程中才能使用定长内存管理对象进行分配。演示程序的源代码见程序 8.1。

程序 8.1

```
1 #include <lenix.h>
2
3 #define USER_APP_STACK 2048
4 define SIZE            (12 * 1024)
5
6 byte_t      app_stack1[USER_APP_STACK];
7 byte_t      buf[SIZE]; /* 定义用于分配的空间 */
8 fixed_mm_t fm;
9
10 void Process(void * param)
11 {
12     void * m = NULL;
13
14     param = param;
15     /* 分配内存 */
16     m = Fm_alloc(&fm);
17
18     /* 使用内存 */
19     if(m)
20         _memzero(m,8);
21
22     /* 释放内存 */
23     Fm_free(&fm,m);
24 }
25
26 void User_initial(void)
27 {
28     /* 初始化定长内存管理对象 */
29     if(RESULT_SUCCEED != Fm_initial(&fm,buf,SIZE,2))
30         return;
31
32     Proc_create("app1",60,3,Process,0,
33         MAKE_STACK(app_stack1,USER_APP_STACK),
34         STACK_SIZE(app_stack1,USER_APP_STACK));
35 }
36
37
38 void main(void)
39 {
40     Lenix_initial();
```

```
41      User_initial();
42      Lenix_start();
43 }
```

8.2.3 实现解析

定长内存模块要管理的对象是 FSMML 和 FSMN，因此 Lenix 引入了 2 个数据类型来表示这两个对象。引入的函数就是 3 个 API 接口。

1. 数据类型

模块引入的 2 个数据类型用于表示定长内存节点头和定长内存管理对象。

(1) 定长内存节点头

Lenix 在实现 FSMN 时，采用了头部与存储空间分离的方法，但定长内存节点头还是可以整体表示 FSMN 的。因此只需为 FSMN 头部引入一个数据类型即可。由于 FSMML 是单向链表，因此只需要一个存储后向指针的空间。这个空间除了可以用于存储后向指针外，Lenix 还将这个空间用于释放的校验。结合这两个需求，Lenix将 FSMN 定义为联合体，具体定义为：

-- include\kernel\mm.h --

```
typedef union _fsmnh_t
{
    union _fsmnh_t  * fsmnh_next;
    void            * fsmnh_ptr;
}fsmnh_t;
```

fsmnh_next

链接字段。在 FSMML 中作为链接字段，用于构造 FSMML。

fsmnh_ptr

校验字段。在分配内存空间后，保存已分配内存的地址，在释放内存时，检测该字段。

(2) 定长内存管理对象

定长内存管理对象的关键是 FSMML。而 FSMML 最核心的数据是链表的头、尾节点和用户空间的首地址。除了这些核心数据外，为了提高程序效率，还需要有相应的辅助信息。这些辅助信息包括最大可用内存块数量、可用内存块数量、粒度和缓冲区长度。结合这些需求，将 Lenix 的定长内存管理对象定义为：

-- include\kernel\mm.h --

```
typedef struct _fixed_mm_t
{
    fsmnh_t  * fm_head;
    fsmnh_t  * fm_tail;
```

```
    int         fm_max;
    int         fm_free;
    int         fm_grain;

    fsmnh_t   * fm_fehead;
    uint_t      fm_size;
    void      * fm_buffer;
}fixed_mm_t;
```

fm_head

FSMML 头指针。分配内存时,从这里获得可用内存块的信息。

fm_tail

FSMML 尾指针。回收内存时,将内存块连接到该字段。

fm_max

最大可用数量。这是一个状态字段,在初始化时设置,并且不会变化。用于检测正确性。

fm_free

可分配节点数量。这是一个用于统计的字段,使用该字段能使代码更清晰、易读。

fm_grain

分配内存的粒度。以字节为单位,为 64 的整数倍。

fm_fehead

FSMN 列表头,也是缓冲区头。

fm_size

缓冲区长度。用于保存提供给定长内存管理对象的缓冲区长度。

fm_buffer

用户空间的首地址,用于分配的地址与 FSMN 转换的计算。

2. 函数说明

定长内存管理引入的 3 个函数,对应于内存管理功能的使用规范,即初始化、分配和释放。

(1) 初始化对象

函数建立 FSMML,可以将其视为一个格式化内存空间的过程。做法首先是计算主要参数,确定各部分所占区域的大小,然后填写定长内存管理对象信息,最后构造 FSMML。其源代码见程序 8.2。

程序 8.2

-- src\kernel\mm.c --

```
1 result_t Fm_initial(fixed_mm_t * fm,void * buffer,
2                     uint_t size,int grain)
```

```
 3 {
 4     fsmnh_t * fe    = NULL;
 5     byte_t  * buf   = NULL;
 6     int       i     = 0;
 7
 8     if(size <1024)
 9         return RESULT_FAILED;
10
11     FM_ZERO(fm);
12
13     grain = (( grain & 7) + 1) * 64;
14
15     fe  = buffer;
16     buf = (byte_t * )buffer + size;
17     buf = (byte_t * )((uint_t)buf & ~7);
18
19     for(; (uint_t)(fe + 1) < (uint_t)(buf - grain); fe ++,buf -= grain)
20         fm->fm_max ++;
21
22     fe = buffer;
23     fm->fm_head   = fe;
24     fm->fm_tail   = fe;
25     fm->fm_free   = fm->fm_max;
26     fm->fm_grain  = grain;
27
28     fm->fm_fehead = fe;
29     fm->fm_buffer = buf;
30     fm->fm_size   = size;
31
32     for(fe ++,i = 1; i < fm->fm_max; i ++,fe ++)
33     {
34         fm->fm_tail->fsmnh_next = fe;
35         fm->fm_tail             = fe;
36         fe->fsmnh_next          = NULL;
37     }
38
39     return RESULT_SUCCEED;
40 }
```

语句(8)对管理的内存空间进行限制。对于过小的空间，不推荐使用动态内存管理。若确实需要使用，则可以修改此参数。

语句(13)计算分配粒度。将参数调整为1～8，粒度保证为64的整数倍，最大为

512 字节,最小为 64 字节。

语句(15~17)计算缓冲区的末尾,确保 8 字节对齐。因为用户空间是从缓冲区末尾开始,向前倒推计算的。

语句(19~20)计算缓存区可以划分出的用户内存块数量。FSMN 头从低地址向高地址增长,用户内存块从高地址向低地址发展,在两者重叠时停止。

语句(22~30)填写定长内存管理对象信息。

语句(32~37)构造 FSMML,形成一个单向链表。

(2) 分配内存

函数尝试从 FSMML 中获得一个 FSMN,然后根据 FSMN 计算出应返回的地址。定长内存的分配方法是删除 FSMML 的头节点,将其存储空间分配后返回。其源代码见程序 8.3。

程序 8.3

-- src\kernel\mm.c --

```
1 void * Fm_alloc(fixed_mm_t * fm)
2 {
3     fsmnh_t * fe = NULL;
4
5     if(fm->fm_free <1)
6         return NULL;
7
8     fe = fm->fm_head;
9
10    fm->fm_head = fe->fsmnh_next;
11    fm->fm_free--;
12
13    if(0 == fm->fm_free)
14    {
15        fm->fm_head = NULL;
16        fm->fm_tail = NULL;
17    }
18
19    fe->fsmnh_ptr = FM_FETOA(fm,fe);
20
21    return fe->fsmnh_ptr;
22 }
```

语句(5~6)判断 FSMML 中是否还有可用的内存块,判断的依据是定长管理对象的可分配节点数量是否小于 1。如果小于 1,说明已经没有可分配的内存块,分配失败,返回 NULL。

语句(8)分配内存空间，即取 FSMML 中的第一个 FSMN。

语句(10)维护 FSMML，调整其头节点。将原头节点的后续节点作为新的头节点。

语句(11)减少可用内存块数量。

语句(13～17)表示在减少可用内存块数量后，FSMML 中可能已经没有可用内存块。如果没有，则显式清空 FSMML，也就是将 FSMML 的头、尾节点置为 NULL。

语句(19)计算并保存分配到的用户内存地址。用户内存地址通过 FM_FETOA 宏计算得到。该宏的定义为：

-- include\kernel\mm.h --

```
#define FM_FETOA(fm,fe) ((fsmnh_t *)((byte_t *)((fm)->fm_buffer) + \
                        ((fe) - (fm)->fm_fehead) * (fm)->fm_grain))
```


计算出用户内存地址后，将其保存在 FSMN 的头部，留待释放时做校验使用。

(3) 释放内存

释放的过程首先判断参数提供的内存能否释放，如果可以，则将内存插入 FSMML 中。其源代码见程序 8.4。

程序 8.4

-- src\kernel\mm.c --

```
1 result_t Fm_free(fixed_mm_t * fm,void * m)
2 {
3     fsmnh_t * fe = NULL;
4
5     if(NULL == fm || NULL == m)
6         return RESULT_FAILED;
7
8     fe = FM_ATOFE(fm,m);
9
10    if(fe->fsmnh_ptr != (fsmnh_t *)m)
11        return RESULT_FAILED;
12
13    if(0 == fm->fm_free)
14    {
15        fm->fm_head = fe;
16        fm->fm_tail = fe;
17    }
18    else
19    {
20        fe->fsmnh_next = NULL;
```

```
21          fm->fm_tail->fsmnh_next = fe;
22          fm->fm_tail             = fe;
23      }
24
25      fm->fm_free ++;
26
27      return RESULT_SUCCEED;
28  }
```

语句(8)根据内存地址计算出 FSMN 头的指针。换算通过 FM_ATOFE 宏完成。该宏的定义为：

-- include\kernel\mm.h --

```
#define FM_ADDR_DIST(fm,addr) ((uint_t)(addr) + (fm)->fm_grain - 1 - \
                               (uint_t)((fm)->fm_buffer))

#define FM_ATOFE(fm,addr) ((fm)->fm_fehead + FM_ADDR_DIST(fm,addr)/ \
                           (fm)->fm_grain)
```

语句(10)校验所提供的地址是否有效，若无效，则返回 RESULT_FAILED，释放失败。

语句(13～23)通过校验后，将释放的内存回收，也就是插入 FSMML 中。分为两种情况，如果 FSMML 为空，则直接将 FSMML 的头、尾指针设置为刚释放的 FSMN；如果 FSMML 不为空，则将 FSMN 插入到 FSMML 的末尾，并调整 FSMML 的尾指针。

语句(25)维护定长内存管理对象，具体是增加其可用内存块数量。

8.3 堆内存管理

在应用中，会存在一些实时性要求不高，而灵活性要求较高的任务。若在这样的任务中使用动态内存管理，则关注的焦点在于内存分配的灵活性，也就是要求分配大小不同的内存。对于这种情况，Lenix 提供的堆内存管理可以满足其要求。

Lenix 的堆内存管理与常见的堆内存管理类似，可以简单地理解为：从一大堆内存中取出所需的内存。

堆内存管理属于变长内存管理，因此也具有变长内存管理自身的优缺点。优点是灵活性好，可以分配不同长度的内存给应用程序使用。缺点是长期运行后会产生内存碎片。根据这些特点，Lenix 的堆内存管理设计为按节点方式管理，即节点长度可变，Lenix 为了减少内存碎片的产生，将堆内存管理设计为可以自动合并可用的内存及分配粒度可变，从而减少了内存碎片产生的概率。

8.3.1 设 计

堆内存管理有两个关键需求，首先是分配长度可变，其次是可用内存合并。

(1) 分配长度可变

理论上，只要申请的长度在缓冲区的长度范围内，就可以分配到内存。

(2) 可用内存合并

变长内存管理在长时间运行后都会出现内存碎片的问题。为了减少内存碎片的出现，通常的做法是合并可用的内存块。Lenix堆内存管理方案支持空闲内存块合并。

分配粒度可调。通过调整分配粒度，也可以在一定程度上减少内存碎片的出现。Lenix的分配粒度以内存分配单元为单位，乘以2的整数次幂，最小0次幂，最大8次幂，也就是分配粒度最小为一个分配单元，最大为256个分配单元。例如，在分配单元为8字节的条件下，堆内存管理的最小粒度是8字节，最大粒度是2 048字节。

要想实现变长内存管理，需要完成两个工作。一个是记录每一个已分配或者未分配内存块的信息，特别是长度信息，以备使用。另一个是随时遍历所有内存块的信息。对此，Lenix引入可变长内存节点，称为堆内存节点(Heap Memory Node, HMN)，用来记录内存块的信息，然后将这些HMN链接起来，形成堆内存管理链表(Heap Memory Manager List, HMML)，这样就可以随时遍历所有的内存块了。

1. 堆内存节点

为了实现对可变长内存分配和可用内存合并的需求，将HMN设计为由节点头和存储空间两部分组成。节点头用于系统管理，这部分设计为固定的长度。存储空间用于给应用程序使用，这部分又划分为已用区域和可用区域，这两个区域的长度是可变的，因此HMN是一个可变长度的结构。HMN的结构如图8.3所示。

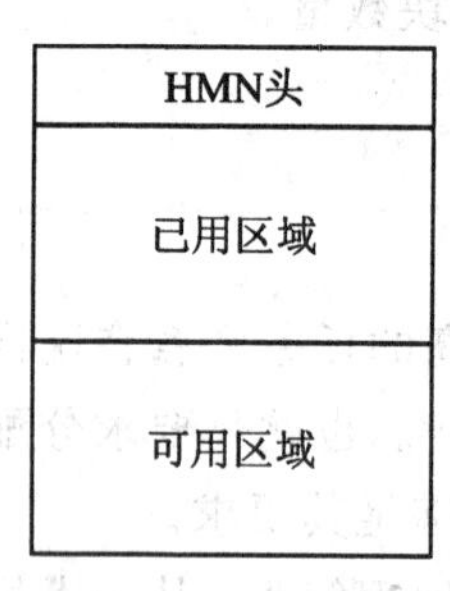

图8.3 HMN结构图

动态内存分配除了考虑要提供足够的空间外，还要考虑其他的需求，例如管理需要、内存利用率和内存对齐等。综合考虑各种因素后，Lenix采用以4倍字长的空间作为分配单位，每个单位称为内存分配单元(Memory Alloc Unit, MAU)。这个长度正好与实际的HMN头的长度相同。这样就可以使每个MAU既是最小的内存分配单位，又是管理节点。

采用MAU后，简化了构造HMN的方法。

内存对齐的需求。Lenix为了保证堆内存中的空间分配，采用了增大分配单元的做法，也就是不采用以字节为单位的分配方法，而是以MAU为分配单元。

2. 堆内存管理链表

将HMN链接起来后就形成了堆内存管理链表，其逻辑结构如图8.4所示。

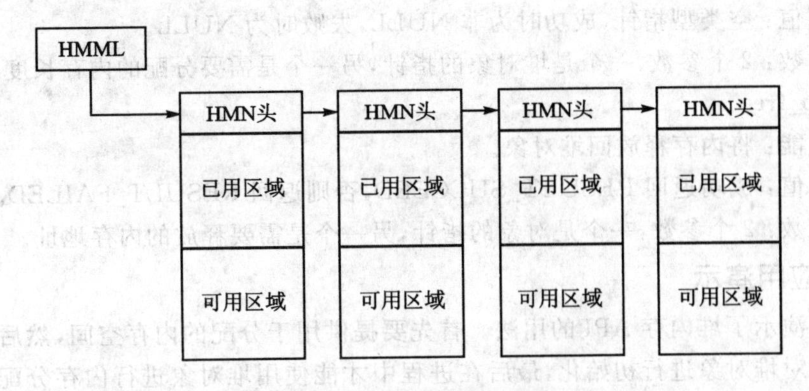

图 8.4 HMML 逻辑结构图

在分配内存时遍历 HMML,查找可用区域大于需求的 HMN,因为需要一个额外的 HMN 头的空间。如果有,则在找到的 HMN 中生成一个新的 HMN,并将新的 HMN 加入 HMML 中,这样就完成了内存的分配。

在回收内存时先找到对应的 HMN,随后将当前的已用区域和可用区域合并到前一个 HMN 的可用区域上,这样就可以在回收内存时合并释放空间前后的可用空间。

8.3.2 功能应用

使用堆内存时首先要初始化堆对象,然后才能在堆对象上进行内存的分配和回收。因此,Lenix 堆内存管理提供了初始化、分配和释放 3 个 API。

1. API 简介

堆内存管理包含 3 个操作,分别为初始化、分配和释放,其原型为:

-- include\kernel\mm.h --

```
result_t   Heap_initial(heap_t * heap,void * buffer,uint32_t leng,uint_t grain);
void      * Heap_alloc(heap_t * heap,size_t size);
result_t   Heap_free(heap_t * heap,void * m);
```

Heap_initial

功　能:初始化堆对象。

返回值:成功则返回 RESULT_SUCCEED,否则返回 RESULT_FAILED。

参　数:共 4 个参数,包括一个堆对象的指针、缓冲区指针、缓冲区长度和分配粒度。分配粒度参数须在 1~8 之间选择,如果不是,Lenix 则对参数进行调整。

说　明:在提供缓冲区时,推荐其首地址按 4 倍 CPU 字长对齐。

Heap_alloc

功　能:在堆对象中分配内存。

返回值：空类型指针，成功时为非 NULL，失败时为 NULL。

参　数：2个参数，一个是堆对象的指针，另一个是需要分配的内存长度。

Heap_free

功　能：将内存释放回堆对象。

返回值：成功返回 RESULT_SUCCEED，否则返回 RESULT_FAILED。

参　数：2个参数，一个是对象的指针，另一个是需要释放的内存地址。

2. 应用演示

程序演示了堆内存 API 的用法。首先要提供用于分配的内存空间，然后系统在初始化时对堆对象进行初始化，最后在进程中才能使用堆对象进行内存分配。演示程序的源代码见程序 8.5。

程序 8.5

```
1 #include<lenix.h>
2
3 #define USER_APP_STACK 2048
4 #define SIZE            (12 * 1024)
5
6 byte_t app_stack1[USER_APP_STACK];
7 byte_t buf[SIZE]; /* 定义用于分配的内存空间 */
8 heap_t heap;
9
10 void Process(void * param)
11 {
12     void * m = NULL;
13
14     param = param;
15     /* 分配内存 */
16     m = Heap_alloc(&heap,128);
17
18     /* 使用内存 */
19     if(m)
20         _memzero(m,128);
21
22     /* 释放内存 */
23     Heap_free(&heap,m);
24 }
25
26 void User_initial(void)
27 {
28     /* 初始化堆内存管理对象 */
```

```
29      if(RESULT_SUCCEED != Heap_initial(&heap,buf,SIZE,2))
30          return;
31
32      Proc_create("app1",60,3,Process,0,
33          MAKE_STACK(app_stack1,USER_APP_STACK),
34          STACK_SIZE(app_stack1,USER_APP_STACK));
35 }
36
37
38 void main(void)
39 {
40      Lenix_initial();
41      User_initial();
42      Lenix_start();
43 }
```


8.3.3 实现解析

Lenix 在堆内存管理模块中引入了 2 个数据类型，实现了 3 个函数。本节对这些数据类型和函数分别进行解析说明。

1. 数据类型

Lenix 引入了 2 个数据类型来表示堆内存节点头和堆对象。

(1) 堆内存节点头

HMN 是一个可变的结构，因此不能将其定义为一个固定的结构。通过将可变信息抽象以后，可以确保 HMN 的头部是固定的，因此可以为 HMN 的头部引入一个数据类型。根据设计，HMN 要能组成 HMML，因此需提供链表的节点空间，还要提供保存 HMN 已用数量和可用数量这两个可变信息的空间。综合这些需求，HMN 头的定义为：

-- include\kernel\mm.h --

```
typedef struct  _hmnh_t
{
    struct _hmnh_t * hmnh_next;
    struct _hmnh_t * hmnh_prev;
    int              hmnh_used;
    int              hmnh_free;
}hmnh_t;

typedef hmnh_t       mau_t;
```

hmnh_next,hmnh_prev

链接字段。用于将 HMN 链接入 HMML。这里定义了一个前向指针和一个后向指针,可以将 HMML 链接成双向链表。

hmnh_used

已用的内存分配单元数,包含 HMN 头部占用的内存分配单元数量。

hmnh_free

可用的内存分配单元数,这是在分配内存时重点关注的内容。

(2) 堆对象

堆对象的关键是 HMML,为了提高内存的使用效率,还需要一个分配粒度信息。为了提高分配效率,引入了一个当前 HMN。综合以上,堆对象的定义为:

-- include\kernel\mm.h --

```
typedef struct _heap_t
{
    hmnh_t * heap_hmml;
    hmnh_t * heap_current;
    size_t   heap_grain;
}heap_t;
```

heap_hmml

HMML 头节点,也是堆的缓冲区首地址。虽然 HMML 组织成环形链表,但其存储空间并不是环形,所以需要保存其起始 HMN。如果在初始化时提供的空间就是动态分配而来的,则使用完毕后需要将其释放,故也需要保存堆空间的首地址。

heap_current

堆的当前 HMN。在分配或释放后,将最后操作的 HMN 设置为当前的 HMN,用于提高堆管理的性能。

heap_grain

堆的分配粒度。粒度以字节为单位,且为 MAU 的整数倍,其计算公式为:

$$粒度 = \text{MAU 长度} \times 2^x$$

2. 函数说明

堆内存管理引入的 3 个函数对应于内存管理功能的使用规范,即初始化、分配和释放。

(1) 初始化堆对象

本函数设置堆对象的基本参数,并建立 HMML,可以将其视为格式化缓冲区,源代码见程序 8.6。

程序 8.6

-- src\kernel\mm.c --

```
1 result_t Heap_initial(heap_t * heap,void * buffer,
2                       uint32_t leng,uint_t grain)
3 {
4     if(heap == NULL || buffer == NULL || leng < MIN_HEAP_SIZE)
5         return RESULT_FAILED;
6
7     if(grain >8)
8         grain = 8;
9
10    heap->heap_grain               = MAU_SIZE * (1 << grain);
11    heap->heap_hmml                = buffer;
12    heap->heap_current             = heap->heap_hmml;
13    heap->heap_hmml->hmnh_next     = heap->heap_hmml;
14    heap->heap_hmml->hmnh_prev     = heap->heap_hmml;
15    heap->heap_hmml->hmnh_used     = 1;
16    heap->heap_hmml->hmnh_free     = leng / MAU_SIZE - 1;
17
18    return RESULT_SUCCEED;
19 }
```

构造堆对象的主要任务是建立HMML,以及填写对象的基本信息。

语句(4)对参数进行校验,如果提供的缓冲区小于MIN_HEAP_SIZE,则Lenix将缓冲区定义为8 192,且不能创建堆对象,对于这个空间范围,不建议使用堆对象,而应该使用固定长度的内存。如果实际应用有特殊要求,则可对其进行调整。

语句(7)限制分配粒度。分配粒度过大会影响内存的使用效率。

语句(10)计算分配粒度。分配粒度的算法是:

$$粒度 = \text{MAU长度} \times 2^{参数}$$

其中MAU_SIZE的定义为:

-- include\kernel\mm.h --

```
#define MAU_SIZE (sizeof(mau_t))
```

以16位CPU为例,分配粒度将控制在8~2 048字节之间。

语句(11~16)构造HMML。在初始状态时,将所有空间作为第一个节点,因此直接将参数提供的内存起始处作为头内存节点。

语句(12)将当前内存节点设置为头节点。因为堆对象刚初始化,所以这两个节点是相同的。

语句(13~14)将内存节点组织成环。

语句(15)设置内存节点占用的内存单元。这个内存节点的管理信息占用了1个内存单元。

语句(16)设置可用的内存单元数。计算了总的内存单元数量后,减去1个已经占用的内存单元,即可得到可用的内存单元数。

Lenix没有提供销毁堆对象的方法,因为Lenix的堆对象并不是系统创建的,而是由程序员自行定义的。

(2) 分配堆内存

本函数使用最先适应法分配堆内存。首先在HMML中查找到第一个满足需求的堆内存节点,从其中分配内存,并建立一个新的堆内存节点,然后把新建立的堆内存节点加入到HMML中。其源代码见程序8.7。

程序8.7

-- src\kernel\mm.c --


```
1 void * Heap_alloc(heap_t * heap,size_t size)
2 {
3     size_t   use      = 0;
4     hmnh_t  * hmn     = NULL;
5     hmnh_t  * nhmn    = NULL;
6 
7     use = HEAP_GRAIN_ALIGN(size,heap) / MAU_SIZE;
8 
9     for(hmn = heap->heap_current;
10        hmn->hmnh_next != heap->heap_current && hmn->hmnh_free <= use;
11        hmn = hmn->hmnh_next)
12        ;
13 
14    if(hmn->hmnh_free <= use)
15        return NULL;
16 
17    nhmn               = hmn + hmn->hmnh_used;
18    nhmn->hmnh_used    = 1 + use;
19    nhmn->hmnh_free    = hmn->hmnh_free - 1 - use;
20    hmn->hmnh_free     = 0;
21 
22    nhmn->hmnh_next              = hmn->hmnh_next;
23    nhmn->hmnh_prev              = hmn;
24    hmn->hmnh_next->hmnh_prev    = nhmn;
25    hmn->hmnh_next               = nhmn;
26 
```

```
27      return nhmn + 1;
28 }
```

语句(7)计算需占用的内存单元数。将要分配的长度向上调整为按分配单元对齐,然后除以内存分配单元长度。调整采用 HEAP_GRAIN_ALIGN 宏实现,该宏的定义为:

-- include\kernel\mm. h --

```
#define HEAP_GRAIN_ALIGN(size,heap) ((size + heap->heap_grain - 1) & \
                                     (~(heap->heap_grain - 1)))
```

语句(9~12)查找可以用于分配的内存节点。采用遍历 HMML 的方式,从当前内存节点开始查找,在发现回到当前 HMN 或者 HMN 的可用空间大于需求数时,停止查找。

语句(14)判断是否找到可用的 HMN,依据是 HMN 的可用空间大于需求。如果可用空间小于需求,则分配失败,返回 NULL。由于在查找空间时,无论找到与否都会运行到这里,所以需要进行检测。

语句(17)创建新的内存节点。位置就在找到的 HMN 的可用位置起始处创建,计算的方式是内存节点加上占用的内存单元数。

语句(18)填写新内存节点占用的内存单元。占用的内存单元包含 1 个信息头和需要分配的内存单元。

语句(19)填写新内存节点的可用内存单元数。计算方法是将原内存节点的可用数量减去新节点占用的内存单元数。

语句(22~25)维护 HMML,将新的内存节点加入内存节点链表中。

(3) 释放堆内存

本函数释放堆内存,过程是首先根据需要释放的内存地址计算出 HMN,然后查找该 HMN 是否存在,最后合并释放内存块前后的可用空间。其源代码见程序 8.8。

程序 8.8

-- src\kernel\mm. c --

```
1 result_t Heap_free(heap_t * heap,void * m)
2 {
3     hmnh_t * hmn          = NULL;
4     hmnh_t * hmnh_prev = NULL;
5     hmnh_t * hmnh_free  = (hmnh_t *)m - 1;
6
7     if(NULL == heap || NULL == m)
8         return RESULT_FAILED;
9
10    hmnh_prev = heap->heap_hmml;
```

```
11     hmn         = hmnh_prev->hmnh_next;
12
13     for(;hmn != heap->heap_hmml; hmnh_prev = hmn,hmn = hmn->hmnh_next)
14     {
15         if(hmn == hmnh_free)
16             break;
17     }
18
19     if(hmn != hmnh_free)
20         return RESULT_FAILED;
21
22     hmnh_prev->hmnh_free        += hmn->hmnh_free + hmn->hmnh_used;
23     hmnh_prev->hmnh_next         = hmn->hmnh_next;
24     hmn->hmnh_next->hmnh_prev = hmnh_prev;
25
26     heap->heap_current          = hmnh_prev;
27
28     return RESULT_SUCCEED;
29 }
```

语句(5)将需要释放的内存地址转换为HMN。因为设计上就将用户内存空间安排在HMN头部之后，因此在转换时，将需要释放的内存地址减去HMN头部的长度，即可得到HMN。

语句(13～17)在HMML中查找对应的HMN。如果发现需要释放的HMN，则退出循环。

语句(19)无论是否找到需要释放的HMN，程序都会执行到此。在这里检测是否找到了需要释放的HMN，如果没有找到，则返回失败。

语句(22)将释放的HMN与其前向HMN合并。

语句(23～24)维护HMML。由于删除了一个节点，因此需要将被删除节点的前、后节点重新链接起来。由于HMML是一个环形链表，因此可以保证被删除节点之后必定存在后续节点。

语句(26)重新设置当前HMN。由于释放过后可能会形成比较大的可用空间，因此将新的HMN设置为当前的HMN后，在下一次分配时，首次找到空间的概率会增大，从而起到提高性能的作用。

内容回顾

➢ 定长内存管理提供了粒度可设置的分配能力，且内存分配和回收的效率较高。

➢ 定长内存管理采用单向链表的方式管理内存空间。

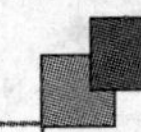

➢ 堆内存管理采用的管理结构可以合并前后的空闲内存。

本章对 Lenix 的定长内存管理和堆内存管理的设计、API 的使用方法和具体实现进行了说明。读者可以从中了解定长内存管理的关键是节点结构和内存布局的设计，也可以了解到堆内存管理的核心是内存节点结构的设计。通过具体的例子，读者可以掌握这两种内存管理方式的使用方法。

第9章

进程间通信

人与人之间有沟通的需求，大到工程项目中的各个部门需要通过沟通来确保进度协调推进，小到日常生活中出行游玩，都需要通过沟通来保证多人能够共同行动。从信息的角度来看沟通，可以认为沟通是传递信息。信息的传递不仅存在于人与人之间，对于多进程系统而言，进程之间也存在沟通的需求。

9.1 概　述

在多进程系统中，经常会把一项工作分成几个部分，每个部分由一个单独的进程来处理。例如对于一个加热控制系统，从检测到温度异常，到控制燃料添加，最后到记录日志，可以将这些步骤分成三个进程来完成，即由一个进程负责检测温度，然后将检测到的温度数据发送给控制进程，最后控制进程将处理的过程和结果数据发送给日志记录进程。从这个例子可以看出，进程之间就有互相共享和传递数据的需求。在习惯上，将这些进程之间传递数据的行为称为进程间通信（Inter Process Communication，IPC）。对于多进程系统，IPC 功能是必备功能，因此 Lenix 也提供了相应的功能。

9.1.1 IPC 的核心

IPC 就是在进程间传递数据，它有两个核心要素：一个是数据的传递方式，另一个是传递的数据量。

1. 传递方式

从行为上来看，IPC 有两种形式：一种是共享，进程共同操作同一个数据；另一种是传递，一个进程向另一个进程发送数据副本。究其根本，这两种形式都是使用公共内存来实现的。因为进程间要传递数据，所以需要有一个可以使相关进程都能访问的位置，这个位置就是公共内存。

公共内存一般指物理内存，也就是每个进程都能访问的一段内存。如果系统直接运行在物理地址空间上，那么公共内存可以采用全局变量的方式来实现。如果系统运行在虚拟地址空间上，则要通过地址映射的方式，将各进程地址空间的内存段映射到同一段物理内存上。

2. 数据量

IPC 数据量的大小直接影响到所使用数据的访问方法,也关系到数据传递的正确性。

在数据量小的情况下,例如一个字节,或者一个 CPU 字长,可以采用直接访问数据的方式。因为在通常情况下,CPU 在处理一个字节或者一个 CPU 字长的数据时,可以保证操作的原子性和互斥性。

但当数据量较大时,比如说超过了 CPU 字长,就要分成几步来完成数据传递。这种情况下就可能带来数据正确性的问题。例如数据需要 10 个操作才能传递完毕,如果在数据传递期间发生了外部中断,导致数据传递停止,而中断处理程序又在此时修改了需要传递的数据,则会出现数据传递的错误。因此在数据量较大时,需要采用高级的数据传递方式。

9.1.2 IPC 的应用

IPC 最基本的用途是实现进程间的同步,然后利用进程间的同步机制实现更方便、安全的 IPC 应用。

1. 进程同步

可以认为同步机制是 IPC 最重要的应用,而进程间的同步则是多进程系统中一个极端重要的核心功能。Lenix 提供的同步机制包含锁和信号量两种。

(1) 锁

锁是操作系统中常见的概念,指的是控制进程执行的机制。这是对生活中锁的特点的抽象。生活中,人们用锁来控制是否允许通过,例如家里的门锁,在锁打开时人们才能进入,否则只能等待。对于表示是否允许进程继续执行,只需要两个状态即可。而锁正好可以表示两个状态,因此锁的概念可以很好地实现进程执行的控制。

锁在进程间传递的是状态信息,并且只有两种状态。因此,Lenix 用 0 和非 0(通常是 1)表示锁的两种状态,将 0 称为释放(free)状态,将非 0 称为锁定(locked)状态。基于这两个状态,Lenix 定义了锁的行为,具体为:

➢ 通过。在释放状态时,进程可在锁定锁以后通过锁。

➢ 等待。在锁定状态时,进程要等待。

基于锁的行为,通常用锁来实现对资源的独占访问,也就是互斥,如图 9.1 所示。

由于锁只有两种状态,故在进程间传递的数据量很小。可以认为,所有 CPU 都可以提供硬件级的原子操作支持。因此锁机制是所有 IPC 应用的基础,特别在 SMP 系统下更是如此。

锁的基本实现方法是反复测试一个锁变量,直到锁变量变为释放状态后,程序才可以结束测试,以便执行其他操作。Lenix 提供了三种锁的实现,分别为自旋锁、普通锁和互斥对象。实现的功能类似,但是其性能和行为略有不同。自旋锁属于占用

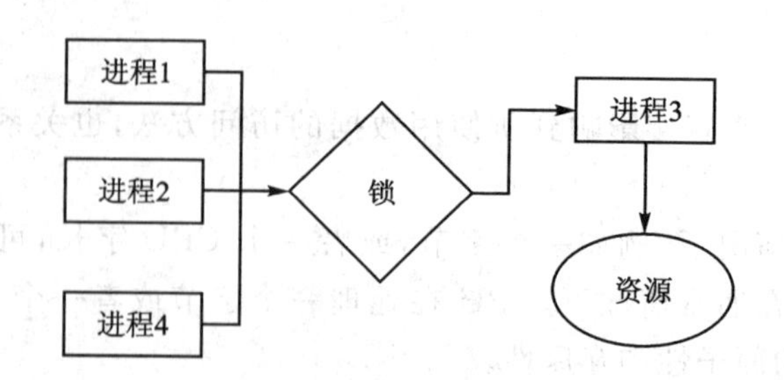

图 9.1　通过锁实现互斥

型的锁，也就是在等待锁期间，进程会一直占用 CPU，自旋锁只能用在 SMP 系统中。普通锁属于放弃型的锁，即在等待锁期间，进程会放弃 CPU。互斥对象与普通锁行为相同，但是底层实现有所不同，性能会比普通锁好一些。

为了便于以后说明，这里先引入一些表达方式，这些表达可以使说明更加简单明了。当进程将锁设置为锁定状态时，称为获得锁。当进程将锁设置为释放状态时，称为释放锁。类似说法也应用在普通锁和互斥对象上。

(2) 信号量

信号量是依据数量信息采取行动的机制。例如停车场，由于停车场的位置有限，因此需要根据剩余的位置来决定是否允许车辆进入停车场，其判断的依据就是剩余位置的数量。Lenix 沿用了操作系统常用的名称，将这个数量信息称为信号计数。基于数量信息，Lenix 定义了信号量的行为，具体是：

➢ 通过。在数量信息大于 0 时，进程可以通过。

➢ 等待。在数量信息小于或者等于 0 时，进程需要等待。

基于信号量的特点，通常将信号量用于控制资源的分配。利用信号计数来表示可用的资源数量，当信号计数大于 0 时，说明还有可用的资源，这时可使进程获得资源；当信号计数小于或者等于 0 时，说明资源已经耗尽，这时进程就需要等待，如图 9.2 所示。

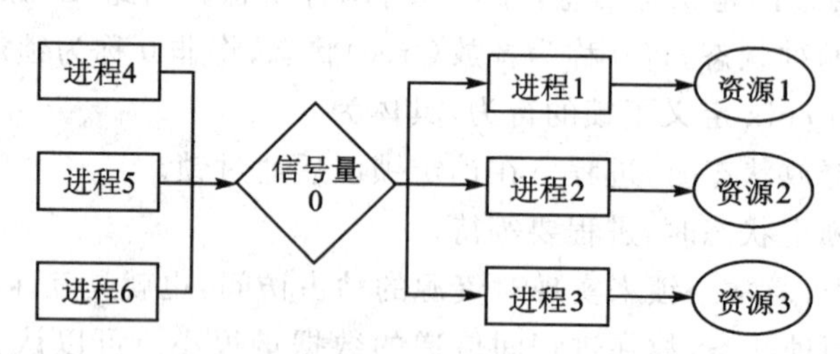

图 9.2　通过信号量实现资源分配

当数量信息为 1 时，信号量的行为与锁的行为基本相同，因此有些资料将锁称为二值信号量。虽然存在这样的事实，但不能认为锁和信号量可以互相替代，因为信号量的底层实现需要依靠锁机制。

2. 高级 IPC

Lenix 将需要多步操作才能完成的 IPC 称为高级 IPC。如本章前面所述，在 IPC 的数据量较大时，数据的传递将会被分成多个操作来执行，这会带来数据不安全的问题。

从底层实现的机制来看，高级 IPC 需要依赖同步机制。利用同步机制可以为进程创造一个互斥访问公共内存的环境，从而保证大数据量操作的安全。

本书采用的版本只提供了一种高级 IPC 方式，称为消息机制，该设计用于进程间传递少量信息。从功能上看，消息机制符合原始的 IPC 概念，它关注于数据传递。

9.2 自旋锁

自旋锁是 Lenix 锁机制的一个实现，同时也是 Lenix 最基本的同步机制。本节就自旋锁的原理、特点等基本情况，以及 API 和具体实现进行说明。

9.2.1 简 述

自旋锁可以说是最纯粹的锁，因为其完全按照锁机制的原理来工作。以下就自旋锁的实现方式和特点进行简要的讨论。

1. 实现方式

自旋锁就是反复对锁变量进行测试，直至锁变量变为释放状态。这一过程可以用伪代码表示为：

```
while(lock != FREE)
    ;
lock = LOCK;
```

伪代码中的测试与设置分成了两步，这是从易于理解的角度出发来表示其工作的过程。在实际编码中，需要使用 TaS 指令来实现相应的功能。

从伪代码可以看出，其工作过程是循环检测锁变量的状态，循环条件是锁变量为非释放状态，这就形成了一个进程在等待的事实，即等待锁变量的状态变为释放，因此将这个反复检测状态的过程称为等待。在锁变量状态为释放时停止检测，然后将锁变量设置为锁定状态，这样其他进程在测试同一个锁变量时，就要等待该锁变量的状态变为释放。

2. 特 点

自旋锁的特点是系统依赖少、无优先级反转问题和忙等待。这是由自旋锁的实现方式决定的。

(1) 系统依赖少

自旋锁仅是对状态信息进行反复检测，而不需要系统其他功能的支持，例如进程状态变化的支持，因此其对于系统的依赖最少。而且自旋锁不改变进程的状态，适用范围极广。

(2) 无优先级反转问题

自旋锁在等待期间，进程一直占用CPU，也就是说进程一直处于运行的状态，自然也就不会被低优先级的进程抢先运行。即使低优先级的进程首先获得了锁，高优先级的进程仍然会得到CPU。

(3) 忙等待

自旋锁在等待期间一直占用着CPU，这时CPU并不能做额外的事情，相当于浪费了CPU的处理能力，通常将这种情况称为忙等待。由于具有这个特点，因此在使用自旋锁时，锁定时间不能过长，如果锁定时间太长，将会导致系统效率急剧降低，因为CPU的时间都消耗在反复的测试中。

由于以上的特点，自旋锁通常应用于SMP系统中，而单核心系统一般不使用自旋锁。

9.2.2 功能应用

1. API简介

Lenix提供了两个操作自旋锁对象的API，其原型为：

-- include\kernel\proc.h --

```
void Spin_lock(spin_lock_t * sl);
void Spin_free(spin_lock_t * sl);
```

Spin_lock

功　能：获得自旋锁。

返回值：无。

参　数：一个自旋锁对象的指针。

说　明：如果自旋锁对象已经处于锁定状态，则API会一直尝试获得锁，直至获得锁以后才返回。

Spin_free

功　能：释放自旋锁。

返回值：无。

参　数：一个自旋锁对象的指针。

2. 基本用法

自旋锁的API须成对使用，且自旋锁对象应定义为全局变量。其使用的基本框架可参考以下的伪代码：

```
spin_lock_t sl = LOCK_STATUS_FREE;
fun()
```

```
{
    …
    Spin_lock(&sl);
    执行操作
    Spin_free(&sl);
    …
}
```

9.2.3 实现说明

自旋锁引入了1个数据类型,实现了2个函数。本节就其数据类型和函数实现进行说明。

1. 数据类型

引入的数据类型是锁类型,并被定义为整型数据。根据定义,锁只有两种状态,因此只需要一个比特位就可以表示锁。从CPU的角度来看,CPU处理的最小单位是字节,故最少要用一字节表示锁。考虑到自旋锁会用在很多地方,包括很多内核对象都会包含锁,因此为了保证在包含锁的对象内其他数据在内存中的对齐要求,Lenix采用机器字长的数据类型来表示自旋锁。其具体的定义为:

-- include\type.h --

```
typedef volatile int spin_lock_t;
```

另外,Lenix还定义了两个常数,用于表示锁的两种状态,具体的定义为:

-- include\config.h --

```
#define LOCK_STATUS_FREE    0
#define LOCK_STATUS_LOCKED  1
```

2. 函数说明

与自旋锁相关的函数就是锁定和释放2个API函数。

(1) 锁定自旋锁

本函数尝试获得自旋锁,其源代码见程序9.1。

程序9.1

-- src\kernel\proc.c --

```
1 void Spin_lock(spin_lock_t * sl)
2 {
3     PROC_SEIZE_DISABLE();
4
5     while(Cpu_tas(sl,LOCK_STATUS_FREE,LOCK_STATUS_LOCKED))
6     ;
```

```
7 }
```

本函数首先禁止进程被抢占，以确保进程一直占用CPU，然后使用CPU模型提供的TaS操作，循环尝试将自旋锁置为锁定。

(2) 释放自旋锁

本函数释放自旋锁，源代码见程序9.2。

程序9.2

-- src\kernel\proc.c --

```
1 void Spin_free(spin_lock_t * sl)
2 {
3     * sl = LOCK_STATUS_FREE;
4
5     PROC_SEIZE_ENABLE();
6 }
```


直接将自旋锁设置为释放状态即可，因为CPU对于机器字长的访问都可以确保其操作的原子性及互斥性。释放后允许进程抢占。

9.3 普通锁

普通锁(以下简称为锁)是Lenix锁机制的其中一种实现，在一般应用中较为常用。本节就锁的原理、特点等基本情况，以及API和具体实现进行说明。

9.3.1 简 述

普通锁与自旋锁的基本情况类似，下面就普通锁的原理和特点进行讨论。

1. 实现方式

锁的主要原理也是反复测试锁变量的状态，在锁为释放状态时，进程才能通过锁。其关键的地方在于，当锁的状态已经是锁定时，进程并不是立即重新测试，而是转入睡眠，让出CPU，待唤醒后再重新测试锁的状态。其锁定的基本流程用伪代码表示为：

```
while(lock != FREE)
    SLEEP();
lock = LOCKED;
```

释放的基本流程用伪代码表示为：

```
lock = FREE
WAKEUP();
```

读者可以与自旋锁的流程进行比较，从中发现锁的工作流程多了睡眠和唤醒的步骤。

2. 特　点

锁的实现方式决定了其特点是睡眠等待，而睡眠等待则带来了优先级反转的问题。

(1) 睡眠等待

锁在等待期间不再占用 CPU，而是转入睡眠，释放 CPU，使 CPU 可以去执行其他任务，这样就提高了系统的效率。

(2) 优先级反转问题

按照锁的工作流程，将会出现优先级反转的情况。例如高优先级的进程进入睡眠后，低优先级的进程可以获得 CPU 运行，这时就出现了优先级反转。这个问题需要依靠具体的实现方式来解决。

9.3.2　功能应用

本节介绍锁的用法，主要是 API 和使用框架。

1. API 简介

锁对象的管理包含 2 个 API，对应于锁定和释放，其原型为：

-- include\kernel\ipc.h --

```
void Lck_lock(lock_t * lck);
void Lck_free(lock_t * lck);
```

Lck_lock

功　能：将锁对象锁定。

返回值：无。

参　数：一个锁对象的指针。

说　明：获得锁以后函数才会返回。

Lck_free

功　能：释放锁对象。

返回值：无。

参　数：一个锁对象的指针。

说　明：释放锁后系统将唤醒所有处于睡眠态的进程，这也会唤醒由于其他原因进入睡眠态的进程。可能会带来预料之外的行为。

2. 使用框架

锁的使用有两个原则：第一个是锁的 API 须成对使用，先锁定，后释放；第二个是锁对象须定义为全局变量。其使用的基本框架类似于如下伪代码：

```
lock_t lock;
```

```
fun()
{
    ...
    Lck_lock(&lock);

    访问资源

    Lck_free(&lock);
    ...
}
```

9.3.3 实现说明

Lenix 的锁引入了 1 个数据类型，实现了 2 个函数。本节就这些数据类型和函数的实现进行说明。

1. 数据类型

锁的核心与自旋锁类似，但是锁需要处理优先级反转问题，因此除了表示状态的空间外，锁还要引入一些辅助空间。同时还需考虑在 SMP 系统下实现 CSPF，锁对象还要提供一个自旋锁。综合以上需求，Lenix 引入了锁数据类型，具体的定义为：

-- include\kernel\ipc.h --

```
typedef struct _lock_t
{
    volatile int        lck_status;
#ifdef _CFG_SMP_
    spin_lock_t         lck_lock;
#endif
    struct _proc_t     * lck_user;
    int                 lck_user_prio;
    int                 lck_priority;
}lock_t;
```

lck_status

锁状态，与自旋锁的状态相同。

lck_lock

自旋锁对象。在 SMP 条件下使用，可通过条件编译的方式来启用。

lck_user

占用锁对象的进程，简称为占用进程。每个时刻，只有一个进程能够占用对象。这在处理优先级反转时使用。

lck_user_prio

占用进程的原始优先级,用于处理优先级反转。由于在处理优先级反转问题时,系统会改变占用进程的优先级,因此要保存其原始的优先级。在进程释放锁后,系统将根据这个字段设置进程的优先级。

lck_priority

锁优先级,用于处理优先级反转。等同于占用或者等待锁的进程的最高优先级。系统根据这个标志判断是否需要处理优先级反转问题。

2. 函数说明

Lenix 提供的用于操作锁的函数有 2 个,都是 API 函数。

(1) 锁　定

锁定时,循环使用 CPU 模型提供的 TaS 操作尝试将锁的状态置为锁定。若未能锁定,则检测是否可能出现优先级反转的情况。若存在优先级反转的情况,则调整占用对象进程的优先级。反复执行这一操作,直至将锁的状态置为锁定。本函数尝试锁定对象,如果遇到优先级反转的情况,则进行优先级调整。其源代码见程序 9.3。

程序 9.3

-- src\kernel\ipc.c --

```
 1 void Lck_lock(lock_t * lck)
 2 {
 3     CRITICAL_DECLARE(lck->lck_lock);
 4 
 5     while(Cpu_tas(&lck->lck_status,0,1))
 6     {
 7         CRITICAL_BEGIN();
 8 
 9         if(proc_current->proc_priority < lck->lck_priority)
10         {
11             lck->lck_priority = proc_current->proc_priority;
12             Sched_del(lck->lck_user);
13             lck->lck_user->proc_priority = proc_current->proc_priority;
14             Sched_add(lck->lck_user);
15         }
16 
17         CRITICAL_END();
18 
19         Proc_sleep();
20     }
21 
22     lck->lck_user        = proc_current;
```

```
23      lck->lck_priority   = proc_current->proc_priority;
24      lck->lck_user_prio  = proc_current->proc_priority;
25 }
```

语句(5)使用 TaS 操作来设置自旋锁。使用 CPU 模型中的 TaS 接口,这是为以后 SMP 考虑,因为在多 CPU 情况下需要保证执行不被打断。

语句(9)表示到达这里说明锁已经被其他进程占用,需要重新尝试获得锁。在重新尝试获得锁之前,需要检测是否会出现优先级反转的情况。检测后若发现当前进程的优先级高于占用进程的优先级,则说明存在优先级反转的可能性。

语句(11～14)提高锁优先级为当前进程的优先级,并将占用进程的优先级调整为锁对象的优先级。处理的方式为将进程从 RSPL 中删除,修改优先级属性,再把进程插入 RSPL。

语句(19)使进程进入睡眠等待。

语句(22～24)表示到达这里说明进程已经获得锁。填写占用进程、占用进程的优先级和自旋锁优先级信息。

(2) 释放锁

释放锁时首先检测是否处理过优先级反转,若处理过,则需要将进程自身的优先级调整回原始状态,调整后,将锁对象的状态置为释放,最后执行唤醒操作。其源代码见程序 9.4。

程序 9.4

-- src\kernel\ipc.c --

```
1 void Lck_free(lock_t * lck)
2 {
3      CRITICAL_DECLARE(lck->lck_lock);
4
5      CRITICAL_BEGIN();
6
7      if(proc_current->proc_priority != lck->lck_user_prio)
8      {
9          Sched_del(proc_current);
10         proc_current->proc_priority = lck->lck_user_prio;
11         Sched_add(proc_current);
12     }
13
14     lck->lck_user        = NULL;
15     lck->lck_priority    = 0;
16     lck->lck_user_prio   = 0;
17     lck->lck_status      = 0;
18
```

```
19  CRITICAL_END();
20
21      Proc_wakeup();
22 }
```

语句(7)检测是否处理过优先级反转。检测的方式是将当前进程的优先级与占用进程的原优先级比较,如果不等,说明处理过优先级反转,需要恢复进程的原始优先级。

语句(9～11)调整优先级。首先从 RSPL 中删除进程对象,然后修改进程对象的优先级属性,最后将进程对象插入 RSPL。

语句(14～17)释放锁,还原锁状态。将自旋锁对象的状态属性置为释放。各种 CPU 对整数的操作都可以保证是原子操作,因此可以采用直接赋值的方式来设置状态属性。

语句(21)唤醒进程。

在释放锁以后,需要唤醒等待锁的进程,采用的方式是唤醒所有处于睡眠态的进程。这会带来一个后果,即如果有进程正在等待其他的锁,则也会被唤醒。

9.4 互　斥

互斥(mutually exclusive)是 Lenix 锁机制的其中一种实现,其行为与锁类似,但也有一定的差别。本节就互斥的原理、特点等基本情况,以及 API 和具体实现进行说明。

9.4.1 简　述

互斥与普通锁类似,不同的地方是进程等待与唤醒的方式。下面就互斥对象的原理和特点进行讨论。

1. 实现方式

实现互斥的方式同样是反复测试锁变量的状态,直至锁变量的状态变为释放状态。当锁变量已经是锁定状态时,进程需要在互斥对象的等待列表上等待。在释放锁后,系统唤醒在互斥对象等待列表上等待的进程。由于只是唤醒少数几个进程,因此运行速度会更快,性能较普通锁会更好。其锁定的基本流程用伪代码可表示为:

```
while(lock != FREE)
    WAIT_ON_LIST();
lock = LOCKED;
```

释放的基本流程用伪代码可表示为:

```
lock = FREE
RESUME_ON_LIST();
```

与普通锁的工作流程比较后可以看到，互斥的工作流程是在列表上睡眠和唤醒的。

2. 特 点

互斥对象的特点与普通锁的相同。

9.4.2 功能应用

本节介绍互斥对象管理模块的 API，并通过一个演示程序来说明 API 的使用方法。

1. API 简介

Lenix 提供了 4 个 API 用于管理互斥对象，分别为创建、销毁、获得和释放，其原型为：

-- include\kernel\ipc.h --


```
mutex_t    * Mutex_create(void);
result_t     Mutex_destroy(mutex_t * mutex);
void         Mutex_get(mutex_t * mutex);
void         Mutex_put(mutex_t * mutex);
```

Mutex_create

功　能：创建互斥对象。

返回值：互斥对象的指针。成功时为非 NULL，失败时为 NULL。

参　数：无。

说　明：使用互斥对象有两种方式，第一种是使用该 API 创建一个互斥对象，第二种是直接定义一个互斥对象。如果使用直接定义的互斥对象，则要将其定义为全局变量，并且手动初始化，简单来说就是全部置为 0。

Mutex_destroy

功　能：销毁互斥对象。

返回值：成功时返回 RESULT_SUCCEED，失败时返回 RESULT_FAILED。

参　数：一个 mutex_t 对象的指针。

说　明：只能销毁由系统创建的互斥对象。当有进程在等待时则不能销毁。

Mutex_get

功　能：获得互斥对象。

返回值：无。

参　数：一个 mutex_t 对象的指针。

说　明：在获得互斥对象后函数才能返回。

Mutex_put

功　能：释放互斥对象。

返回值：无。

参 数：一个 mutex_t 对象的指针。

说 明：释放对象后，唤醒所有等待该对象的进程。

2. 应用演示

为了更直观地说明这些 API 的用法，下面通过一个演示程序对互斥对象的使用进行说明。演示程序中有 3 个进程共同访问 flag 全局变量，但是要求每个进程在访问 flag 时，flag 都必须是 0。

演示程序的 3 个进程都是无限循环，每个进程在对 flag 操作时，首先对 flag 加 1，如果不是 1，则系统死机，表示程序逻辑出错，然后输出一个字符串，最后再对 flag 减 1，将 flag 恢复为 0。其源代码见程序 9.5。

程序 9.5

-- demo\pc\mutex\demo.c --

```
 1 #include<lenix.h>
 2
 3 #define USER_APP_STACK 1024
 4
 5 byte_t app_stack1[USER_APP_STACK];
 6 byte_t app_stack2[USER_APP_STACK];
 7 byte_t app_stack3[USER_APP_STACK];
 8
 9 mutex_t * mutex = NULL;
10 int       flag  = 0;
11
12 void Con_print_char(byte_t c);
13 void Clk_msg(void);
14
15 void app1(void * param)
16 {
17     long i        = 0;
18     char msg[32] = {0};
19
20     while(1)
21     {
22         /*
23         Mutex_get(mutex);
24          */
25
26         flag ++;
27         ASSERT(flag == 1);
28         _sprintf(msg,"app1. flag =  %d %8ld \n",flag,i ++);
29         Con_write_string(30,(int)param,msg);
```

```
30          flag--;
31
32          /*
33          Mutex_put(mutex);
34           */
35      }
36 }
37
38 void app2(void * param)
39 {
40      long i          = 0;
41      char msg[32] = {0};
42
43      while(1)
44      {
45          /*
46          Mutex_get(mutex);
47           */
48
49          flag++;
50          ASSERT(flag == 1);
51          _sprintf(msg," app2. flag = %d %8ld \n",flag,i++);
52          Con_write_string(30,(int)param,msg);
53          flag--;
54
55          /*
56          Mutex_put(mutex);
57           */
58      }
59 }
60
61 void app3(void * param)
62 {
63      long i          = 0;
64      char msg[32] = {0};
65
66      while(1)
67      {
68          /*
69          Mutex_get(mutex);
70           */
71
72          flag++;
73          ASSERT(flag == 1);
74          _sprintf(msg,"  app3. flag = %d %8ld \n",flag,i++);
```

```
75         Con_write_string(30,(int)param,msg);
76         flag--;
77 
78         /*
79         Mutex_put(mutex);
80          */
81     }
82 }
83 
84 void User_initial(void)
85 {
86     if(NULL == ( mutex = Mutex_create()))
87         return;
88 
89     Tty_echo_hook_set(TTY_MAJOR,Con_print_char);
90 
91     Clk_ticks_hook_set(Clk_msg);
92 
93     Proc_create("app1",60,3,app1,(void *)5,
94         MAKE_STACK(app_stack1,USER_APP_STACK),
95         STACK_SIZE(app_stack1,USER_APP_STACK));
96     Proc_create("app2",60,3,app2,(void *)6,
97         MAKE_STACK(app_stack2,USER_APP_STACK),
98         STACK_SIZE(app_stack2,USER_APP_STACK));
99 
100    Proc_create("app3",60,3,app3,(void *)7,
101        MAKE_STACK(app_stack3,USER_APP_STACK),
102        STACK_SIZE(app_stack3,USER_APP_STACK));
103 }
104 
105 void main(void)
106 {
107    Lenix_initial();
108    User_initial();
109    Lenix_start();
110 }
```

这个演示程序分为两步：首先演示没有采用互斥对象来保护 flag 的情况，然后再演示使用互斥对象来保护 flag 的情况。

首先来看没有采用互斥对象来保护 flag 的情况。从程序 9.5 的语句(22～24)和语句(32～34)可以看出，app1 进程没有使用互斥对象来保护 flag。app2 和 app3 也是相同的情况。运行这个演示程序后，结果是程序很快在发出断言后死机，并给出发生错误的地方。运行的结果如图 9.3 所示。

从运行结果可以看出，发出断言的位置在程序的第 50 行。其实这是在切换到进

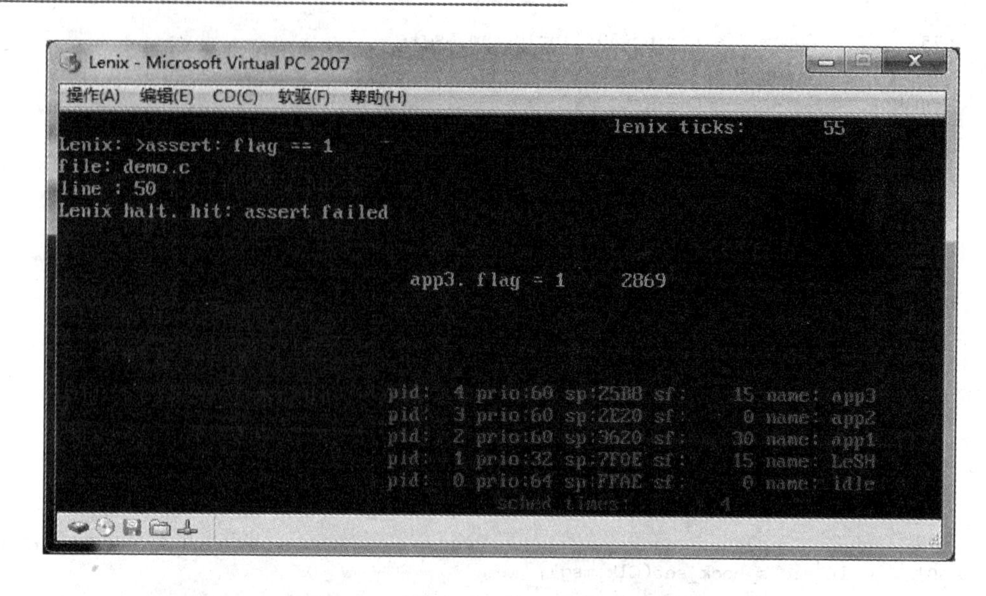

图 9.3　互斥对象应用演示运行结果 1

程 2 的时候，全局变量不等于 1 造成的，说明程序没有按照原定的逻辑在运行。

再来看看使用互斥对象来保护 flag 的情况。将注释部分的代码启用，也就是采用互斥对象来保护全局变量。重新编译程序，运行后可以看到程序是正常的。结果如图 9.4 所示。

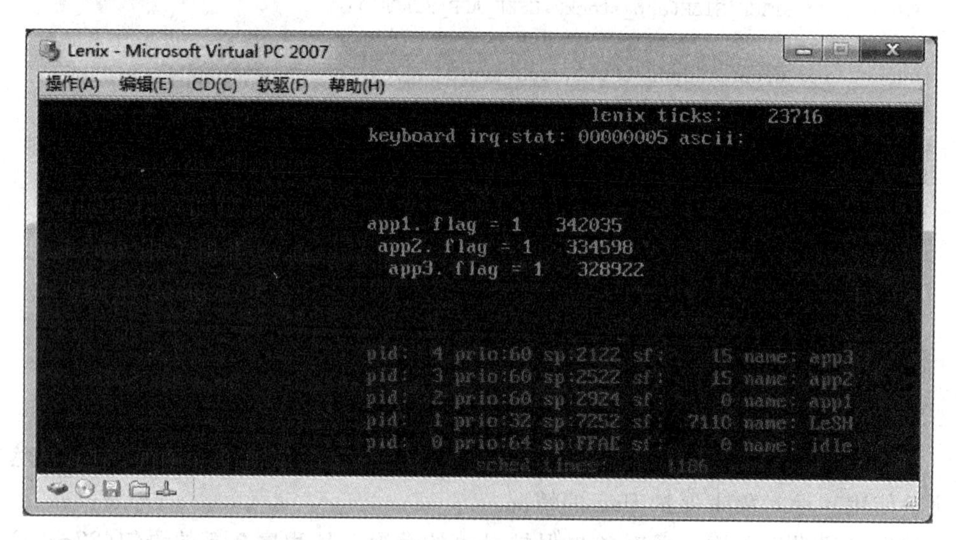

图 9.4　互斥对象应用演示运行结果 2

读者可以尝试运行调整后的程序，并且发现各进程的运行并不流畅。这是由于互斥对象在起到保护作用的时候，进程正在等待互斥对象可用。

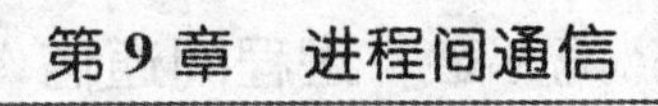

9.4.3 实现说明

实现互斥引入了 1 个数据类型,1 个全局变量,5 个函数。本小节就这些数据类型、全局变量和函数的实现进行说明。

1. 数据类型

互斥由于等待机制的原因,需要引入一个进程等待列表。其本身存在优先级反转的可能,这样就需要引入处理优先级反转的空间,并且系统还需要对互斥对象做标记,因此要引入一个标志空间供系统使用。综合以上需求,将互斥对象具体定义为:

-- include\kernel\ipc. h --

```
typedef struct  _mutex_t
{
    volatile int  mtx_status;
#ifdef _CFG_SMP_
    spin_lock_t   mtx_lock;
#endif
    proc_t      * mtx_user;
    int           mtx_user_prio;
    int           mtx_priority;
    proc_list_t   mtx_wait;
    int           mtx_flag;
}mutex_t;
```

mtx_status

互斥对象的状态,与锁的状态定义相同。

mtx_lock

对象访问锁。在 SMP 条件下,需要使用这个锁来实现互斥访问。

mtx_user

占用互斥对象的进程。用于处理优先级反转。

mtx_user_prio

占用对象进程的优先级。即使是 8 位的 CPU,也足够表示 64 个优先级。采用整型数据是为了达到内存对齐的效果。

mtx_priority

等待互斥对象进程中最高的优先级。

mtx_wait

等待对象的进程列表。

mtx_flag

标志组。

0 位：占用位，表示对象是否可用。

其余位：暂时未使用。

2. 全局变量

系统提供了创建互斥对象的功能，因此引入了互斥对象池(Mutex Object Pool，简写为 MOP)，用于提供动态分配互斥对象。为了适应 SMP 系统，还同时附带定义了一个保护用的自旋锁。其具体定义为：

-- src\kernel\ipc. c --

```
static mutex_t       mutex_pool[MUTEX_MAX];
#ifdef _CFG_SMP_
static spin_lock_t   mutex_lock;
#endif
```


Lenix 将 MOP 定义为一个 mutex_t 类型的数组，长度为 MUTEX_MAX，默认定义为 32，可以根据需要进行增减。

3. 函数说明

互斥对象管理模块引入了 5 个函数，实现了功能模块的初始化和具体的功能。其中有 1 个初始化函数和 4 个 API 接口函数。

(1) 环境初始化

本函数对互斥管理需要使用的全局变量赋初值，确保系统有统一的起点。具体的做法是将 MOP 全部置为 0，源代码见程序 9.6。

程序 9.6

-- src\kernel\ipc. c --

```
1 void Mutex_initial(void)
2 {
3 #ifdef _CFG_SMP_
4     mutex_lock = 0;
5 #endif /* _CFG_SMP_ */
6
7     _memzero(mutex_pool,MUTEX_MAX * sizeof(mutex_t));
8 }
```

语句(3～5)将锁置为空闲状态。在 SMP 系统下才需要使用这个锁，因此使用条件编译来控制其使用。

语句(7)将 MOP 全部置为 0，这样就完成了初始化。

(2) 创建互斥对象

本函数尝试创建一个互斥对象。系统从头开始遍历 MOP，在发现可用的互斥对象时，将对象标记为已经使用，然后返回该对象。其源代码见程序 9.7。

程序9.7

-- src\kernel\ipc.c --

```
1 mutex_t * Mutex_create(void)
2 {
3     int          i      = 0;
4     mutex_t    * mtx    = mutex_pool;
5     CRITICAL_DECLARE(mutex_lock);
6     CRITICAL_BEGIN();
7
8     for(; i < MUTEX_MAX; i ++,mtx ++)
9     {
10        if(MTX_FLAG_USED & mtx->mtx_flag)
11            continue;
12        mtx->mtx_flag | = MTX_FLAG_USED;
13        break;
14    }
15
16    CRITICAL_END();
17    if(i < MUTEX_MAX)
18    {
19        PROC_NO_ERR();
20    }
21    else
22    {
23        PROC_SET_ERR(ERR_MUTEX_EXHAUST);
24        mtx = NULL;
25    }
26    return mtx ;
27 }
```

语句(8)遍历mutex_pool数组，查找可用的互斥对象。

语句(10)检测对象是否可用。判断依据为标志字段的占用位是否为MTX_FLAG_USED，如果是，则继续检测下一个互斥对象。

语句(12～13)表示如果互斥对象可用，则将标志字段的占用位设为MTX_FLAG_USED，表示该对象已经被使用，然后立即退出遍历MOP的循环，停止查找。

语句(17～25)根据查找结果设置错误代码以及返回值。如果循环算子小于MUTEX_MAX，也就是MOP的上限，那么表示找到了可用对象。其他情况说明MOP中已经没有可用对象，则设置错误代码，并将返回值设为NULL。

(3) 销毁互斥对象

本函数销毁互斥对象，已销毁的对象不能再使用。本函数首先检测对象是否由系统创建,然后再检测对象上是否有进程在等待,最后将对象设置为初始状态,即可完成对象的销毁。其源代码见程序 9.8。

程序 9.8

-- src\kernel\ipc.c --

```
1 result_t Mutex_destroy(mutex_t * mutex)
2 {
3     result_t result = RESULT_SUCCEED;
4     CRITICAL_DECLARE(mutex_lock);
5     ASSERT(mutex);
6
7     if(mutex < MUTEX_FIRST || mutex > MUTEX_LAST)
8     {
9         PROC_SET_ERR(ERR_MUTEX_OUT_OF_POOL);
10        result = ERR_MUTEX_OUT_OF_POOL;
11        goto mutex_destroy_end;
12    }
13
14    CRITICAL_BEGIN();
15
16    if(mutex->mtx_wait.pl_list)
17    {
18        PROC_SET_ERR(ERR_MUTEX_BUSY);
19        result = ERR_MUTEX_BUSY;
20        goto mutex_destroy_end;
21    }
22
23    MUTEX_INITIAL(mutex);
24
25    mutex_destroy_end:
26    CRITICAL_END();
27    return result;
28 }
```

语句(7)检测对象是否为系统创建,以确保只能销毁由系统创建的互斥对象。判断的依据是对象是否在 MOP 中。

语句(9)表示如果对象不在 MOP 中,则将最后的错误代码设置为在 MOP 之外(ERR_MUTEX_OUT_OF_POOL)。

语句(16)检测是否有进程在等待对象,即不能销毁有进程在等待的对象。判断的依据是进程等待列表不为空。

语句(18)表示如果有进程等待,则将最后的错误代码设置为互斥对象忙(ERR_

MUTEX_BUSY)。

语句(23)将对象设置为初始状态,完成资源回收。

(4) 获得互斥对象

本函数尝试获得互斥对象。首先使用TaS操作尝试获得互斥对象,如果对象已经被占用,则要等待。在转入等待前,检测是否出现优先级反转的情况,若有则做相应的处理。最后记录下占用互斥对象的信息。其源代码见程序9.9。

程序9.9

-- src\kernel\ipc.c --

```
1 void Mutex_get(mutex_t * mutex)
2 {
3     CRITICAL_DECLARE(mutex->mtx_lock);
4     ASSERT(mutex);
5
6     while(Cpu_tas(&mutex->mtx_status,0,1))
7     {
8         CRITICAL_BEGIN();
9         if(proc_current->proc_priority < mutex->mtx_priority)
10        {
11            Sched_del(mutex->mtx_user);
12            mutex->mtx_user->proc_priority = proc_current->proc_priority;
13            Sched_add(mutex->mtx_user);
14            mutex->mtx_priority = proc_current->proc_priority;
15        }
16
17        Proc_wait_on(&mutex->mtx_wait);
18        CRITICAL_END();
19        Proc_sched();
20    }
21
22    mutex->mtx_user       = proc_current;
23    mutex->mtx_user_prio  = proc_current->proc_priority;
24    mutex->mtx_priority   = proc_current->proc_priority;
25 }
```

语句(6)使用TaS操作尝试获得互斥对象。

语句(9~15)表示如果对象已经被占用,则需检测是否存在优先级反转的情况。若存在,则调整对象和进程的优先级。调整的方式为提高占用进程的优先级至尝试占用对象进程的优先级。

语句(17)将进程放入等待列表。

语句(19)表示转为等待态后,需要立即调度。

语句(22～24)表示至此说明进程已经占用了互斥对象，此时记录下占用进程的信息。

(5) 释放互斥对象

本函数的作用是释放互斥对象。在释放互斥对象时，首先检测是否发生了优先级反转，如果有，则将占用进程的优先级调整回原始优先级，然后将对象恢复到初始状态，最后唤醒所有等待互斥对象的进程。其实现见程序9.10。

程序9.10

-- src\kernel\ipc.c --

```
 1 void Mutex_put(mutex_t * mutex)
 2 {
 3     CRITICAL_DECLARE(mutex->mtx_lock);
 4     ASSERT(mutex);
 5     CRITICAL_BEGIN();
 6
 7     if(mutex->mtx_user_prio != proc_current->proc_priority)
 8     {
 9         Sched_del(mutex->mtx_user);
10         proc_current->proc_priority = mutex->mtx_user_prio;
11         Sched_add(mutex->mtx_user);
12     }
13
14     mutex->mtx_user_prio = 0;
15     mutex->mtx_priority  = 0;
16     mutex->mtx_status    = 0;
17     mutex->mtx_user      = NULL;
18
19     Proc_resume_on(&mutex->mtx_wait);
20
21     CRITICAL_END();
22
23     SCHED();
24 }
```


语句(7～12)处理优先级反转。首先判断是否发生优先级反转，判断的依据是互斥对象的占用优先级与当前进程的优先级是否相同，不同则说明发生了优先级反转。处理的方式是将占用对象的进程从RSPL中删除，此时占用对象的进程就是当前进程。然后把进程的优先级恢复为占用进程时的优先级。最后将调整过优先级的进程插入RSPL。

语句(14～17)恢复对象的状态。

语句(19)唤醒所有等待对象的进程。

9.5 信号量对象

信号量是 Lenix 提供的一种同步机制,主要用于控制资源分配。本节就信号量的基本原理、API 和实现方式进行说明。

9.5.1 基本原理

信号量的基本原理是根据数量信息来决定进程是否可以通过。其核心是一个保存数量信息的计数器,在这个计数器大于某个值时,基本都采用 0 作为分界点,程序可以通过,否则就要等待。基于这个计数器,信号量有两个核心操作,分别为递减(down)和递增(up)。递减指计数器减 1,当计数器小于 1 时,进程需要等待资源,其流程的伪代码为:

```
Down()
{
    while(计数器<=0)
    {
        进程等待;
    }
    递减计数器
}
```

递增指计数器加 1,若递增后计数器仍小于或等于 0,则说明有进程在等待资源,需要恢复等待的进程,其流程的伪代码为:

```
Up()
{
    递增计数器
    if(计数器<=0)
        恢复进程;
}
```

由于信号量本身的特点,因此通常用于管理数量较多的资源。计数器用于表示可用资源的数量,这个计数器就是进程能否获得资源的信号。当计数器大于 0 时,进程可以获得资源;当计数器小于或等于 0 时,进程需要等待资源。

9.5.2 API 简介

要想使用信号量,需要定义_CFG_SEMAPHORE_ENABLE_。此开关在 config.h 文件中定义,系统默认为启用状态。

Lenix 提供了 4 个与信号量相关的 API,分别为创建、销毁、递减和递增。其原型为：

-- include\kernel\ipc.h --

```
semaphore_t * Sema_create(int max);
result_t      Sema_destory(semaphore_t * sema);
void          Sema_down(semaphore_t * sema);
void          Sema_up(semaphore_t * sema);
```

Sema_create

功　能：创建信号量。

返回值：信号量对象的指针，成功时为非 NULL，失败时为 NULL。

参　数：需要提供以整数表示的信号量最大值。

Sema_destory

功　能：销毁信号量。

返回值：成功时返回 RESULT_SUCCEED，失败时返回其他。

参　数：信号量对象的指针。

说　明：只能销毁由 Sema_create 函数创建的信号量对象。

Sema_down

功　能：递减信号量。

返回值：无。

参　数：信号量对象的指针。

说　明：当信号量计数器小于 1 时，进程等待。

Sema_up

功　能：递增信号量。

返回值：无。

参　数：信号量对象的指针。

说　明：如果有进程在等待信号，则唤醒等待进程中优先级和调度因子最大的进程。

9.5.3 实现说明

实现信号量引入了 1 个数据类型、1 个全局变量和 5 个函数。本小节就信号量的数据类型、全局变量和函数实现进行说明。

1. 数据类型

为了实现对信号量的管理，Lenix 引入了信号量对象。信号量对象的设计考虑了数据的共享和传递、优先级反转及进程等待等问题。信号量最基本的信息是数量信息，因此需要提供一个保存数量信息的空间，并将该信息当做当前数量信息，为了保证操作数量信息时的原子性和互斥性，Lenix 采用整型数据保存数量信息。除了当前的数量信息外，还应知道信号量的最大数量信息，故还要提供一个最大数量信息。因为无论什么资源，都会有上限的限制，因此需要保存一个最大值。在使用信号量的过程中，也会存在优先级反转问题，也需要提供相应的管理空间。信号量也会出现进程等待的情况，所以需要提供进程等待列表。根据这些需求，将信号量对象具体定义为：

-- include\kernel\ipc. h --

```
typedef struct _semaphore_t
{
    int             sema_count;
    int             sema_max;
#ifdef _CFG_SMP_
    spin_lock_t     sema_lock;
#endif
    proc_t         *sema_user;
    int             sema_user_prio;
    int             sema_priority;
    proc_list_t     sema_wait;
}semaphore_t;
```

sema_count

信号计数器。表示当前的数量信息，这是信号量最基本的信息。当为正值时表示可用信号的数量，当为其他值时表示等待信号的进程数量。

sema_max

最大信号数量。用于正确性检测。

sema_lock

访问对象的自旋锁。在 SMP 条件下才会使用。

sema_user

占用对象的进程。作用与锁的同名字段相同。

sema_user_prio

占用进程的原始优先级。处理优先级反转时使用。由于在处理优先级反转问题时，系统会改变占用进程的优先级，因此需要保存其原始的优先级。在进程释放锁后，系统将根据此字段设置进程的优先级。

sema_priority

对象优先级。处理优先级反转时使用。等同于占用或者等待锁的进程的最高优先级。系统根据此标志判断是否需要处理优先级反转问题。

sema_wait

等待对象的进程列表。等待信号量的进程都保存在该列表中。

2. 全局变量

由于Lenix提供了动态创建信号量对象的功能，因此引入了信号量对象池(Semaphore Object Pool,SOP)，用于给系统提供信号量对象的空间。考虑到SMP的情况，因此同时配套定义了一个用于SMP系统保护用的自旋锁。其定义为：

-- src\kernel\ipc.c --

```
static semaphore_t sema_pool[SEMA_MAX];


#ifdef  _CFG_SMP_
static spin_lock_t sema_lock;
#endif /* _CFG_SMP_ */
```

Lenix将SOP定义为数组，其容量为SEMA_MAX，默认为32。该常数在config.h文件中定义，可以根据需要对其进行调整。

3. 函数说明

Lenix的信号量管理组件包含5个函数，其中1个初始化函数、4个API函数。

(1) 环境初始化

本函数建立统一的信号量管理环境，以确保模块有相同的起点。具体的实现方法是将全局变量全部置空。其源代码见程序9.11。

程序9.11

-- src\kernel\ipc.c --

```
1 void Sema_initial(void)
2 {
3     _memzero(sema_pool,SEMA_MAX * sizeof(semaphore_t));
4
5 #ifdef _CFG_SMP_
6     sema_lock = 0;
7 #endif /* _CFG_SMP_ */
8 }
```

应确保该函数只调用一次。

(2) 创建信号量

本函数尝试从SOP中找到可用的信号量对象，并对其初始化。创建流程是首先检测参数是否有效，无效则返回错误。然后遍历SOP，查找可用对象。如果找到可用的信号量对象，则对其赋初始值，如果未找到则返回失败。其源代码见程序9.12。

程序9.12

-- src\kernel\ipc.c --

```
1 semaphore_t * Sema_create(int max)
```

```
2 {
3     int i = 0;
4     CRITICAL_DECLARE(sema_lock);
5
6     if(max <= 0)
7         return NULL;
8
9     if(max > SEMA_LIMIT)
10    {
11        PROC_SET_ERR(ERR_SEMA_MAX_OVERFLOW);
12        return NULL;
13    }
14
15    CRITICAL_BEGIN();
16
17    for(i = 0; i < SEMA_MAX; i ++)
18    {
19        if(0 == sema_pool[i].sema_max)
20        {
21            SEMA_INITIAL(&sema_pool[i],max);
22
23            CRITICAL_END();
24
25            PROC_NO_ERR();
26            return &sema_pool[i];
27        }
28    }
29
30    CRITICAL_END();
31
32    PROC_SET_ERR(ERR_SEMA_EXHAUST);
33    return NULL;
34 }
```

语句(6～13)校验参数。Lenix 对信号量的最大值做了限制，应在 1～SEMA_LIMIT 范围内。SEMA_LIMIT 的默认值定义为 30 000，如果有需要可以调整上限，调整时应注意数据类型所能表示的数值范围。

语句(17～28)分配信号量对象。遍历信号量对象池，查找可以使用的信号量对象。判断的依据是信号量的最大值是否已经设置。如果没有设置，则认为信号量对象可用。找到可用的信号量对象后，对其初始化，并返回其指针。对信号量的初始化使用了系统提供的初始化宏 SEMA_INITIAL，其定义为：

-- include\kernel\ipc.h --

```
#define SEMA_INITIAL(sema,max) do {_memzero(sema,sizeof(semaphore_t)); \
                                (sema)->sema_max = max; (sema)->sema_count = max;\
                               }while(0)
```

SEMA_INITIAL 宏首先将对象清空，然后设置信号量的计数器和最大值。

语句(32～33)表示如果没有找到可用的信号量对象，则在设置了最后的错误代码后返回 NULL，表示创建信号量失败。

(3) 销毁信号量

本函数销毁信号量对象，但不能销毁处于工作状态的信号量。流程是检测信号量对象是否符合销毁条件，若符合，则将信号量对象清空，否则不能销毁信号量。其具体实现见程序 9.13。

程序 9.13

-- src\kernel\ipc.c --

```
 1 result_t Sema_destory(semaphore_t * sema)
 2 {
 3     CRITICAL_DECLARE(sema_lock);
 4 
 5 #ifdef CHECK_PARAMETER
 6     if( NULL == sema)
 7     {
 8         PROC_SET_LAST_ERR(ERR_NULL_POINTER);
 9         return ERR_NULL_POINTER;
10     }
11 #endif /* CHECK_PARAMETER */
12 
13     if(sema < SEMA_FIRST || sema > SEMA_LAST)
14     {
15         PROC_SET_LAST_ERR(ERR_SEMA_NOT_SYS_CREATE);
16         return ERR_SEMA_NOT_SYS_CREATE;
17     }
18 
19     CRITICAL_BEGIN();
20 
21     if(sema->sema_count < sema->sema_max)
22     {
23         PROC_SET_LAST_ERR(ERR_SEMA_BUSY);
24         CRITICAL_END();
25         return ERR_SEMA_BUSY;
26     }
```

```
27     SEMA_ZERO(sema);
28
29     CRITICAL_END();
30
31     PROC_NO_ERR();
32     return RESULT_SUCCEED;
33 }
```

语句(5～11)校验对象是否有效。

语句(13～17)检测参数给出的信号量对象是否为系统分配。检测的方法是判断对象是否处于 SOP 内。如果不是,系统不予处理,并返回失败。

语句(21～26)检测对象是否处于工作状态,如果处于工作状态,则不能销毁。判断的依据是对象的资源是否与其最大值相等。

语句(27)将对象清空,这样即可同时完成对象的销毁和资源回收。

(4) 递减信号量

本函数递减信号量的信号计数器,若计数器小于 0,则进程等待,直至有信号可用。递减信号量的主要流程为:首先递减信号计数器,然后根据计数器进行相应的处理。若计数器大于 0,则函数立即返回。若计数器等于 0,则将对象的占用进程设为当前进程。若计数器小于 0,则进程需要等待,同时需要进行优先级反转处理。其源代码见程序 9.14。

程序 9.14

-- src\kernel\ipc.c --

```
1 void Sema_down(semaphore_t * sema)
2 {
3     CRITICAL_DECLARE(sema->sema_lock);
4
5     ASSERT(sema);
6
7     CRITICAL_BEGIN();
8
9     --sema->sema_count;
10    if(sema->sema_count == 0)
11    {
12        sema->sema_user        = proc_current;
13        sema->sema_user_prio   = proc_current->proc_priority;
14        sema->sema_priority    = proc_current->proc_priority;
15    }
16    elseif( sema->sema_count <0 )
17    {
18        if(proc_current->proc_priority < sema->sema_priority)
```

```
19          {
20              if(sema->sema_user->proc_stat == PROC_STAT_RUN)
21              {
22                  Sched_del(sema->sema_user );
23                  sema->sema_user->proc_priority =
24                                          proc_current->proc_priority;
25                  Sched_add(sema->sema_user);
26              }
27              else
28                  sema->sema_user->proc_priority =
29                                          proc_current->proc_priority;
30          }
31
32          Sched_del(proc_current);
33          Proc_wait_on(&sema->sema_wait);
34
35          CRITICAL_END();
36
37          Proc_sched();
38          if(sema->sema_count <1)
39          {
40              sema->sema_user       = proc_current;
41              sema->sema_user_prio  = proc_current->proc_priority;
42              sema->sema_priority   = proc_current->proc_priority;
43          }
44          return;
45      }
46      CRITICAL_END();
47  }
```


语句(9)递减信号计数器。Lenix采用无条件递减，这样，当计数器为正时，可以表示出当前还有多少信号可用；当为负时，可以表示有多少进程在等待信号。

语句(10)表示如果递减后的信号计数器为0，则将信号量的占用进程设置为获得最后一个信号的进程。

语句(16)表示如果信号计数器小于0，则说明信号已经耗尽，进程需要等待信号。

语句(18～30)处理优先级反转。有两种情况：一种是占用进程处于运行态，这种情况需立即调整RSPL；另一种是占用进程处于非运行态，这时只需调整其优先级，在进程恢复运行时即可进入相应的优先级。

语句(32～33)表示进程转入等待，从RSPL中删除，并插入信号量对象的进程等待列表中。

语句(38)表示至此说明进程已经恢复运行，需要重新检测信号计数器是否小于1，如果小于1，则将信号量对象的占用进程设置为当前进程。

(5) 递增信号量

本函数递增信号量的信号计数器，如果存在等待的进程，则恢复其中优先级最高的进程。工作流程是首先递增信号计数器，然后根据信号计数器的情况执行不同的操作。如果计数器大于0，则清除占用信息。如果计数器小于1，则恢复等待的进程。其具体的实现见程序9.15。

程序 9.15

--src\kernel\ipc.c--

```
1 void Sema_up(semaphore_t * sema)
2 {
3     CRITICAL_DECLARE(sema->sema_lock);
4 
5     ASSERT(sema);
6 
7     CRITICAL_BEGIN();
8 
9     ++ sema->sema_count;
10    if(sema->sema_count > sema->sema_max)
11        Sys_halt("semaphore large than max!");
12 
13    if(sema->sema_count >0)
14    {
15        sema->sema_user      = NULL;
16        sema->sema_user_prio = 0;
17        sema->sema_priority  = 0;
18        CRITICAL_END();
19        return;
20    }
21    else
22    {
23        if(sema->sema_user == proc_current &&
24           proc_current->proc_priority != sema->sema_user_prio)
25        {
26         Sched_del(proc_current);
27         proc_current->proc_priority = sema->sema_user_prio;
28         Sched_add(proc_current);
29        }
30        Proc_resume_max_on(&sema->sema_wait);
31    }
```

```
32
33    CRITICAL_END();
34
35    SCHED();
36 }
```

语句(9)递增信号计数器。

语句(10)表示如果出现了计数器大于最大值的情况，则程序肯定存在问题，采用死机方式处理。

语句(13)表示在计数器大于0时，说明没有进程等待信号，则清除占用信号量对象的信息。

语句(23～31)表示至此说明有进程在等待信号量，需要进行适当的维护。如果是当前进程占用对象，并且优先级出现过变化，则将进程调整回原始的优先级，然后唤醒等待信号量对象列表中优先级最高的进程。如果优先级相同，则唤醒调度因子最高的进程。

9.6 消 息

消息是Lenix提供的高级IPC机制，用于在进程间传递少量的数据。Lenix根据人们传递消息的行为方式设计了消息机制。

9.6.1 设 计

首先来大致了解人们传递消息的一些特点。人们所说的消息，通常是可以用比较少的语言或文字就可以表达的信息，其特征是信息量少。在人们传递消息时，必然有消息的发送者和接收者。在发送消息时，发送者需要把消息保存到一个固定的地方，可以将其称为消息盒。消息的接收者从消息盒中取走消息。由于有消息盒的存在，因此除自己以外，其他人只要知道这个消息盒都可以向消息盒发送消息。

根据以上的简要分析，Lenix设计了以消息盒为核心的进程间消息传递的工作模型。模型中包含三个对象和一套行为规则。三个对象分别为消息盒、消息接收者和消息发送者。行为规则定义了如何发送和接收消息。

1. 工作模型和对象

Lenix的消息传递机制是典型的生产者-消费者模型。在这个模型中，存在多个生产者，而只有一个消费者。其工作顺序是首先由消息接收者，也就是消费者，创建消息盒。因为建立消息盒以后才能向消息盒中放入消息，所以创建了消息盒以后，除了自身以外的所有进程都可以向消息盒中发送数据，它们属于生产者。其工作模型如图9.5所示。

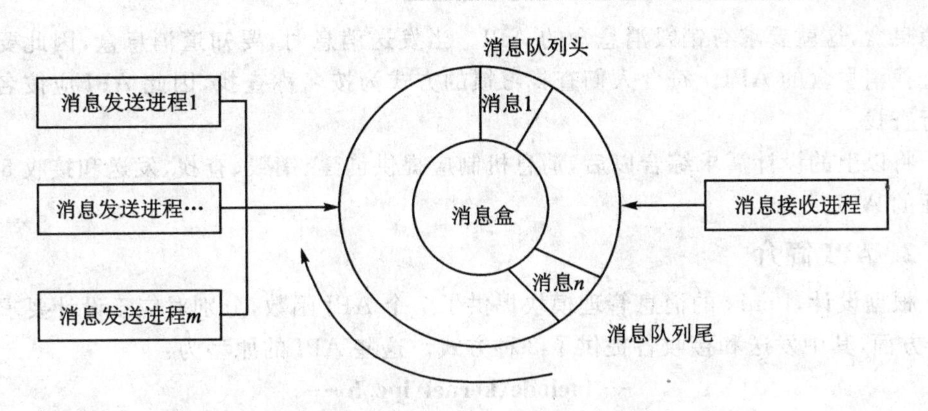

图 9.5　消息机制工作模型示意图

2. 行为规则

为了明确行为，Lenix 定义了消息机制的行为规则。消息盒可以由任何进程创建，创建消息盒的进程就是消息的拥有者。只有消息的拥有者才能销毁消息盒。也就是创建者可以决定是否接收消息。从消息盒中取出消息按照先进先出的原则，即消息的接收者总是取出最先发送的消息。可以有多个进程向消息对象发送消息。消息的数据流向是单向的，只能向消息对象的创建进程发送消息。如果需要实现双向发送消息，则双方都要创建消息对象。

3. 存储结构

在使用消息对象的过程中，会有多个进程不断地向消息对象发送消息。由于消息对象内的缓冲区有限，因此必然考虑缓冲区复用，结合先进先出的特点，最适应消息机制的数据存储结构是环形队列。

环形队列设置了两个指针：一个是发送指针，另一个是接收指针。在发送消息时，将消息写入发送指针的位置后，向前移动一个位置；当到达缓冲区末尾后，指针回环至缓冲区头。在接收数据时，接收指针向前移动一个位置；当到达缓冲区末尾后，指针回环至缓冲区尾，进程在移动后的指针位置读取消息数据。

9.6.2　功能应用

本节介绍消息机制的 API 设计理念及其使用方法，并用一个例子来具体说明 API 的使用方法。

1. API 设计

消息机制模拟了人们的行为，因此在 API 的设计上，也依据人们的行为来设计，同时兼顾 API 的方便使用。消息的核心是接收和发送消息，因此必须提供接受和发送数据的 API。消息机制的运作都是围绕消息盒展开的，即接收和发送消息，基本的条件是具备消息盒，所以要提供创建消息对象的 API。当不需要接收消息时，还要销毁消息盒，这就要求有销毁消息盒的 API。当发送消息时，要知道消息盒，因此要提供查找消息盒的 API。符合人们查找习惯的方式为按名称查找，因此 API 应按名称进行查找。

将以上的设计需求综合以后，消息机制应提供创建、销毁、查找、发送和接收 5 个方面的 API。

2. API 简介

根据设计，Lenix 的消息管理模块提供了 7 个 API 函数，分别对应于设计要求的 5 个方面，其中发送和接收各提供了 2 种方式。这些 API 的原型为：

-- include\kernel\ipc.h --

```
message_t * Msg_create(const char * name,msg_slot_t * ms,int count);
message_t * Msg_get(const char * name);
result_t    Msg_destroy(message_t * msg);
result_t    Msg_send(message_t * msg,uint32_ttype,
                     dword_t param32,qword_tparam64);
result_t    Msg_post(message_t * msg,uint32_ttype,
                     dword_t param32,qword_tparam64);
result_t    Msg_resv(message_t * msg,msg_slot_t * ms);
result_t    Msg_take(message_t * msg,msg_slot_t * ms);
```

Msg_create

功　能：创建消息对象。

返回值：消息对象的指针，成功时为非 NULL，失败时为 NULL。

参　数：消息对象的名称、消息槽缓冲区的地址及长度，长度以消息槽对象为单位。

说　明：消息对象的名称建议全部采用字母，虽然系统不限制字符的使用。

Msg_get

功　能：按名称查找消息对象。

返回值：消息对象的指针，成功时为非 NULL，失败时为 NULL。

参　数：消息对象的名称。

说　明：查找对象时不区分大小写。

Msg_destroy

功　能：销毁消息对象。

返回值：成功返回 RESULT_SUCCEED，失败返回其他值。

参　数：消息对象的指针。

说　明：只能销毁由系统创建的消息对象。在销毁对象之前会唤醒所有等待发送数据的进程。

Msg_send

功 能：发送消息。

返回值：成功返回 RESULT_SUCCEED，失败返回其他值。

参 数：消息对象的指针和消息类型，以及32位、64位参数各一个。

说 明：如果消息对象的缓冲区已满，则进程进入等待，直至缓冲区可用。不能向自身发送消息。

Msg_post

功 能：投递消息。

返回值：成功返回 RESULT_SUCCEED，失败返回其他值。

参 数：消息对象的指针和消息类型，以及32位、64位参数各一个。

说 明：如果消息缓冲区已满，则进程不等待，会立即返回。应通过检测返回值判断消息是否投递成功。可以向自身投递消息。

Msg_resv

功 能：接收消息。

返回值：成功返回 RESULT_SUCCEED，失败返回其他值。

参 数：消息对象的指针和消息槽对象的指针。

说 明：如果消息缓冲区为空，则进程等待消息。

Msg_take

功 能：取回消息。

返回值：成功返回 RESULT_SUCCEED，失败返回其他值。

参 数：消息对象的指针和消息槽对象的指针。

说 明：如果消息缓冲区为空，则进程延迟 MSG_TACK_TIMEOUT 时间后再次尝试接收消息，在尝试一定次数后，若缓冲区仍为空，则函数不再等待，立即返回。系统默认重试1次，可以根据需要修改重试次数。

3. 使用演示

演示程序创建了3个进程，其中1个接收进程，2个发送进程。接收进程创建消息对象成功后，创建2个发送进程，在接收N个消息后进程退出。2个消息发送进程则在发送 TIMES 个消息或者发送失败后退出。其源代码见程序9.16。

程序 9.16

-- src\demo\pc\msg\demo.c --

```
1 #include<lenix.h>
2
3
4 #define USER_STACK_SIZE 1024
5 #define N             5
```

```
 6 #define TIMES            10
 7
 8 byte_t stack1[USER_STACK_SIZE];
 9 byte_t stack2[USER_STACK_SIZE];
10 byte_t stack3[USER_STACK_SIZE];
11
12
13 msg_slot_t   ms_pool[N];
14 message_t   * msg;
15
16 void Con_print_char(byte_t c);
17 void Clk_msg(void);
18
19 void send1(void * param)
20 {
21     int          i    = 0;
22     message_t   * msg  = NULL;
23     qword_t       p64  = {0};
24
25     param = param;
26     msg = Msg_get("msg");
27
28     if(NULL == msg)
29     {
30         _printf("can not found message box\n");
31         return ;
32     }
33
34     i = 0;
35
36     while(i < TIMES)
37     {
38         Clk_delay(20);
39         if(RESULT_SUCCEED != Msg_send(msg,i * i,i,p64))
40         {
41             _printf(" + send1 send message failed\n");
42             break;
43         }
```

```
44          _printf("send1 send msg\n");
45          i ++;
46      }
47      _printf(" +++ send1 end\n");
48 }
49
50
51 void send2(void * param)
52 {
53      int             i   = 0;
54      message_t    * msg = NULL;
55      qword_t         p64 = {0};
56
57      param = param;
58      msg = Msg_get("msg");
59
60      if(NULL == msg)
61      {
62          _printf("can not found message box\n");
63          return;
64      }
65
66      i = 0;
67
68      while(i < TIMES)
69      {
70          Clk_delay(30);
71          if(RESULT_SUCCEED != Msg_send(msg,i * i,i,p64))
72          {
73              _printf(" - send1 send message failed\n");
74              break;
75          }
76          _printf("send2 send msg\n");
77          i ++;
78      }
79      _printf(" --- send2 end\n");
80 }
81
```

```
 82 void resv(void * param)
 83 {
 84     int          i    = 0;
 85     msg_slot_t   ms   = {0};
 86     param = param;
 87     msg = Msg_create("msg",ms_pool,4);
 88
 89     if(NULL == msg)
 90     {
 91         _printf("can not create message\n");
 92         return;
 93     }
 94     _printf("message demo:\n");
 95
 96     Proc_create("send1",60,3,send1,0,
 97         MAKE_STACK(stack2,USER_STACK_SIZE),
 98         STACK_SIZE(stack2,USER_STACK_SIZE));
 99     Proc_create("send2",60,3,send2,0,
100         MAKE_STACK(stack3,USER_STACK_SIZE),
101         STACK_SIZE(stack3,USER_STACK_SIZE));
102
103     i = 0;
104     while(i < 6)
105     {
106         Msg_resv(msg,&ms);
107
108         _printf("resv data.from pid: %d msg type: %d param32: %8ld\n",
109                 ms.ms_pid,ms.ms_type,ms.ms_param32);
110
111         if(0 == (i % 3))
112             Clk_delay(100);
113
114         i ++;
115     }
116
117     Msg_destroy(msg);
118     _printf("resv process end\n");
119 }
```

```
120
121 void User_initial(void)
122 {
123     Tty_echo_hook_set(TTY_MAJOR,Con_print_char);
124
125     Clk_ticks_hook_set(Clk_msg);
126
127     Proc_create("resv",60,3,resv,0,
128                 MAKE_STACK(stack1,USER_STACK_SIZE),
129                 STACK_SIZE(stack1,USER_STACK_SIZE));
130
131 }
132
133 void main(void)
134 {
135     Lenix_initial();
136     User_initial();
137     Lenix_start();
138 }
```

语句(19～80)是2个消息发送进程，由于这2个进程的行为类似，因此只说明其中1个。

语句(26)查找名为msg的消息对象。

语句(28～32)表示如果没有找到消息对象，则进程退出。

语句(36)发送10次消息。用变量i统计已经发送消息的次数，当i小于TIMES时，继续发送。TIMES在程序的开头定义为10。

语句(38)表示在每次发送消息之前先延迟一定时间，2个发送消息的进程的延迟时间不同，具体可以看语句(70)的代码。设置该延迟是为了模拟不同进程在不同时间发送消息。采用Clk_delay是由于本函数并不会放弃CPU，进程会一直处于运行状态。

语句(39)使用Msg_send发送消息。

语句(41～42)表示若发送不成功，则进程退出。

语句(44)给出消息发送成功的提示信息。

语句(45)统计发送消息的次数。

语句(82～119)是消息接收进程。

语句(87)创建名称为msg的消息对象。

语句(89～93)表示如果创建不成功，则给出提示信息后进程退出。

语句(96～101)表示在消息对象创建成功后,创建出2个消息发送进程。

语句(104)表示只接收6次消息,以模拟消息的发送数量(10次)与接收数量不同的情况。

语句(106)接收数据。

语句(108～109)显示接收的数据。

语句(117)表示消息对象使用完毕后,销毁消息对象。同时测试在消息对象不存在的情况下,消息发送进程的处理方式。

运行结果如图9.6所示。

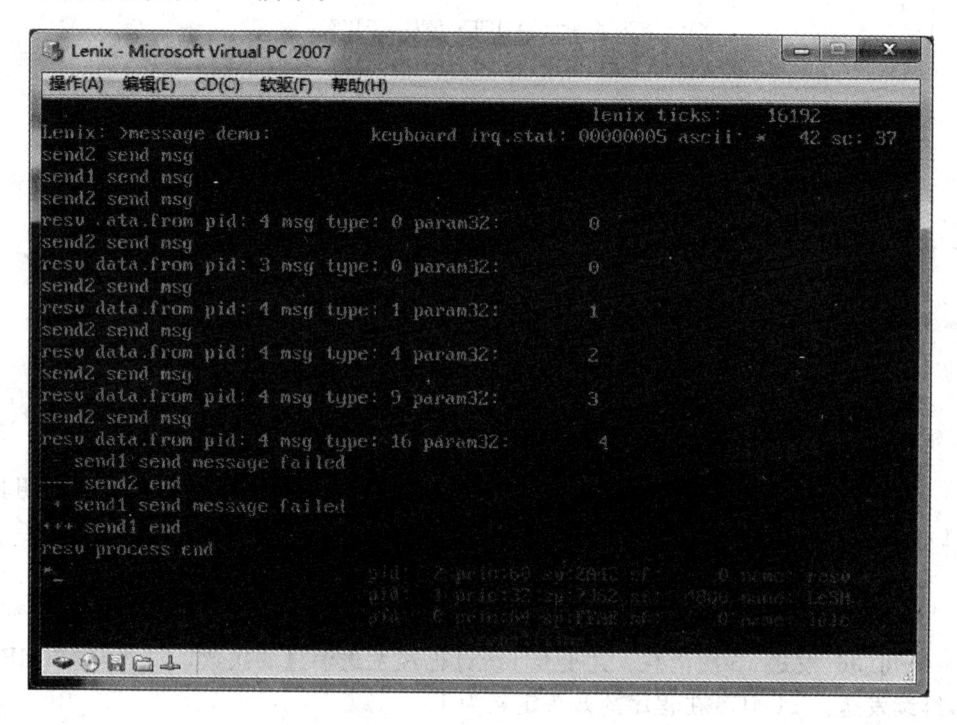

图9.6 消息机制演示结果

从输出的结果来看,接收进程在接收6个消息并销毁消息对象后,2个发送进程也退出了运行。在这2个消息发送进程退出后,接收进程才退出。

9.6.3 实现说明

实现消息机制引入了2个数据类型和1个全局变量,并实现了2个函数。本节就其数据类型、全局变量和函数实现进行说明。

1. 数据类型

进程需要提供消息盒,而存放具体消息的地方是消息槽。故Lenix引入了2个数据类型来分别表示消息槽和消息盒,消息盒也称为消息对象。

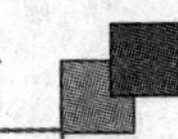

消息机制的实现需要使用额外的辅助信息，将这些综合在一起，引入消息对象。每个消息有其固定的格式，为消息管理组件引入了2个数据类型，即消息槽对象和消息对象。

(1) 消息槽对象

消息槽用于保存单条消息的数据。一般来说，消息给人们的感觉是简短，抽象来说也就是数据量较少。根据这一特点，Lenix将消息机制定位于进程间共享少量数据。按照这个定位，Lenix设计的消息槽只提供了一个32位数据和一个64位数据的空间。另外为了更便于使用消息，还提供了一个消息类型的属性，用于标识消息的特点。对于消息的接收者，在很多情况下需要知道消息的发送者，因此每个消息还需要保存发送者的进程编号。综合以上需求，将消息槽具体定义为：

-- include\kernel\ipc.h --

```
typedef struct _msg_slot_t
{
    int         ms_pid;
    uint_t      ms_type;
    dword_t     ms_param32;
    qword_t     ms_param64;
}msg_slot_t;
```

ms_pid

发送消息的进程编号。利用该字段来确定消息来自于哪个进程。

ms_type

消息类型。Lenix设定在16位及以上的CPU上才能使用消息组件，故该字段必定会在2字节以上。因此Lenix定义的消息按16位宽度进行定义。用户可以自定义消息类型，区分系统定义消息与用户定义消息的方式是检测消息类型的最高位，当为1时，表示为用户自定义消息；当为0时，表示为系统预定义消息。

ms_param32

32位消息数据。

ms_param64

64位消息数据。

(2) 消息对象

消息对象表示消息机制的运作所需要的全部数据，包括保存消息的缓冲区、唯一的标识、系统控制信息，等等。缓冲区不单单只有一个存储消息的空间，还需要有缓冲区的长度及发送和接收指针这些信息。由于系统是按照名称查找消息对象的，因此采用名称作为唯一标识。由于发送和接收都存在等待的可能，故需要有接收进程等待队列和发送进程等待队列。还需要考虑在SMP系统下的互斥保护，所以要提供一个自旋锁。在进行某些操作时，例如销毁对象，需要确定操作进程是否为创建者，因此对象还应包含创建者的信息。综合以上需求，将消息对象定义为：

-- include\kernel\ipc. h --

```
typedef struct _message_t
{
    char            msg_name[OBJ_NAME_LEN];
    proc_t          *msg_owner;
#ifdef _CFG_SMP_
    spin_lock_t     msg_lock;
#endif /* _CFG_SMP_ */
    proc_list_t     msg_send_wait;
    proc_list_t     msg_resv_wait;
    int             msg_count;
    msg_slot_t      *msg_buffer;
    int             msg_send;
    int             msg_resv;
}message_t;
```

msg_name

消息对象名称。用于唯一标识消息对象，故系统中不能存在同名的消息对象，这样才能确保通过名称查找到消息对象。

msg_owner

拥有者，也可以称为创建者。

msg_lock

对象锁。在 SMP 条件下启用。

msg_send_wait

发送等待列表。在采用 Msg_sned 发送消息时，如果消息对象的缓冲区已满，那么消息发送进程就在该列表上等待。

msg_resv_wait

接收等待列表。如果消息对象的缓冲区为空，那么接收进程，也就是创建进程，在该列表上等待。

msg_count

缓冲区长度。以消息槽为单位。

msg_buffer

消息槽缓冲区，是一个消息槽数组。与发送指针和接收指针配合形成一个环形队列。

msg_send

缓冲区的发送指针，可以视为写指针。发送者利用这个指针将数据写入消息缓冲区。

msg_resv

缓冲区的接收指针，可以视为读指针。接收进程利用这个指针从消息缓冲区中读取数据。

2. 全局变量

Lenix 提供了动态创建消息对象的功能，因此引入了消息对象池，用于提供消息对象的空间。同时配套定义了一个在 SMP 条件下使用的自旋锁，具体的定义为：

-- src\kernel\ipc. c --

```
static message_t    msg_pool[MSG_MAX];
#ifdef _CFG_SMP_
static spin_lock_t  msg_lock;
#endif /* _CFG_SMP_ */
```

系统采用数组的方式来实现消息对象池，长度为 MSG_MAX，默认值是 32。这个常数在 config. h 文件中定义，开发人员可以根据需要修改此值，以减少内存的占用量或者增加可以使用的消息对象的数量。

3. 函数说明

Lenix 的消息组件包含 8 个函数，其中 1 个初始化函数和 7 个 API 函数。下面分别对这些函数进行说明。

(1) 环境初始化

本函数的工作是将消息管理所涉及的全局变量都赋以初始值，以保证系统有统一的起点。其源代码见程序 9.17。

程序 9.17

-- src\kernel\ipc. c --

```
1 void Msg_initial(void)
2 {
3     _memzero(msg_pool,sizeof(message_t) * MSG_MAX);
4
5 #ifdef _CFG_SMP_
6     spin_lock_t = 0;
7 #endif /* _CFG_SMP_ */
8 }
```

(2) 创建消息对象

本函数创建消息对象。流程是首先在消息对象池中查找可用的消息对象，然后检测是否存在同名的消息对象，最后对消息对象初始化。其源代码见程序 9.18。

程序 9.18

-- src\kernel\ipc.c --

```
1 message_t * Msg_create(const char * name,msg_slot_t * ms,int count)
2 {
3     int         i      = 0;
4     message_t  * msg  = msg_pool;
5     CRITICAL_DECLARE(msg_lock);
6
7     if(NULL == name || NULL == ms || 0 == count)
8         return NULL;
9
10    CRITICAL_BEGIN();
11
12    for(; i < MSG_MAX; i ++,msg ++)
13    {
14        if(NULL == msg->msg_buffer)
15        {
16            msg->msg_buffer  = ms;
17            msg->msg_name[0] = 0;
18            break;
19        }
20    }
21    if(i >= MSG_MAX)
22    {
23        PROC_SET_ERR(ERR_MSG_NO_SPACE);
24        CRITICAL_END();
25        return NULL;
26    }
27
28    for(i = 0; i < MSG_MAX; i ++)
29    {
30        if(NULL == msg_pool[i].msg_buffer)
31            continue;
32
33        if(_namecmp(msg_pool[i].msg_name,name) == 0)
34        {
35            PROC_SET_ERR(ERR_MSG_EXIST);
36            msg->msg_buffer = NULL;
37            CRITICAL_END();
38            return NULL;
39        }
```

```
40     }
41
42     CRITICAL_END();
43
44     _nstrcpy(msg->msg_name,name,OBJ_NAME_LEN);
45     PROC_LIST_ZERO(&msg->msg_send_wait);
46     PROC_LIST_ZERO(&msg->msg_resv_wait);
47 #ifdef _CFG_SMP_
48     msg->msg_lock  = 0;
49 #endif /* _CFG_SMP_ */
50     msg->msg_owner = proc_current;
51     msg->msg_count = count;
52     msg->msg_send  = 0;
53     msg->msg_resv  = count - 1;
54
55     PROC_NO_ERR();
56     return msg;
57 }
```

语句(12～26)查找可用的消息对象。遍历消息对象池,查找是否存在可用的消息对象,判断的依据是消息对象的消息槽缓冲区是否为 NULL,若为 NULL 说明消息对象可用。如果找到可用的消息对象,则将其消息槽缓冲区置为参数提供的缓冲区,表示对象已经被占用,并将消息对象的名称置为空。退出查找后,通过循环算子来判断是否找到了可用对象。如果没有找到,则返回 NULL,消息对象创建失败。

语句(28～40)确定是否重名。在找到可用对象后,重新遍历消息对象池,略过没有使用的对象,逐个比较其名称,确定是否存在同名的消息对象,如果存在重名,则释放已分配的对象,也就是将消息槽缓冲区置为 NULL。

此时刚分配的对象的名称已被置为空,因此在比较名称时不会找到自身。

语句(44～53)初始化消息对象,填写消息对象的基本信息,包括名称、创建者和缓冲区的发送指针和接收指针。发送指针设置为缓冲区头,接收指针设置为缓冲区尾,从而形成一个环形缓冲区。

(3) 查找消息对象

本函数在消息对象池中查找对应名称的消息对象,其源代码见程序 9.19。

程序 9.19

-- src\kernel\ipc.c --

```
1 message_t * Msg_get(const char * name)
2 {
3     message_t * msg = msg_pool;
4     int         i   = 0;
```

```
 5     CRITICAL_DECLARE(msg_lock);
 6
 7     CRITICAL_BEGIN();
 8     for(; i < MSG_MAX; i ++,msg ++)
 9     {
10         if(! MSG_IS_VALID(msg))
11             continue;
12
13         if(_namecmp(name,msg->msg_name) == 0)
14             break;
15     }
16     CRITICAL_END();
17
18     return i < MSG_MAX ? msg : NULL;
19 }
```


查找的流程为：遍历消息对象池，逐个比较有效消息对象的名称。

语句(8)遍历消息池。

语句(10)略过无效的消息对象。采用这个写法是为了避免多出一级缩进。宏 MSG_IS_VALID 的定义为：

-- include\kernel\ipc. h --

```
#define MSG_IS_VALID(msg) ((msg)->msg_buffer)
```

语句(13)比较名称，如果名字存在，则终止遍历。

语句(18)根据循环算子所处的范围确定是否找到对象。

(4) 销毁消息对象

本函数销毁消息对象，只能销毁由系统创建的消息对象，并且唤醒所有等待发送数据的进程。流程是首先检测能否销毁对象，如果可以，则唤醒所有正在等待发送消息的进程，最后清空对象。其源代码见程序 9.20。

程序 9.20

-- src\kernel\ipc. c --

```
1 #define MSG_FIRST (msg_pool)
2 #define MSG_LAST  (msg_pool + MSG_MAX - 1)
3
4 result_t Msg_destroy(message_t * msg)
5 {
6     CRITICAL_DECLARE(msg_lock);
7
8     if(proc_current != msg->msg_owner)
9     {
```

```
10          PROC_SET_ERR(ERR_MSG_NOT_OWNER);
11          return ERR_MSG_NOT_OWNER;
12      }
13
14      if(msg < MSG_FIRST || msg > MSG_LAST)
15      {
16          PROC_SET_ERR(ERR_MSG_NOT_SYS_CREATE);
17          return ERR_MSG_NOT_SYS_CREATE;
18      }
19
20      CRITICAL_BEGIN();
21
22      do
23      {
24          CRITICAL_DECLARE(msg->msg_lock);
25          CRITICAL_BEGIN();
26
27          Proc_resume_on(&msg->msg_send_wait);
28          _memzero(msg,sizeof(message_t));
29
30          CRITICAL_END();
31      }while(0);
32
33      CRITICAL_END();
34
35      SCHED(0);
36      PROC_NO_ERR();
37      return RESULT_SUCCEED;
38  }
```

语句(1～2)为了程序易读,定义了两个宏 MSG_FIRST 和 MSG_LAST,分别表示消息对象池中的第一个对象和最后一个对象。

语句(8)表示只有创建者才能执行销毁操作。判断的依据是当前进程与消息的创建进程比较,不相等则说明是其他的进程在尝试销毁消息对象。

语句(14)表示只能销毁由系统创建的对象。判断的依据是对象是否在消息对象池内,如果不在消息对象池内,则不能执行销毁操作。

语句(22)表示由于销毁对象需要涉及两个共享变量,需要嵌套使用 CSPF,所以采用了一个 do{ }while(0)语句来提供一个使用局部变量的环境。

语句(27)唤醒所有正在等待发送数据的进程。由于创建者在销毁消息对象时,有可能存在其他进程正在尝试发送数据,如果没有唤醒这些进程,则将会导致这些进程永远等待下去。

语句(28)清空消息对象,并完成销毁。

语句(35)表示视情况进行调度。

(5) 发送消息

本函数向消息对象发送消息,如果消息对象的缓冲区已满,则转为等待,直至发送数据成功。流程是首先检测参数是否有效,然后检测消息缓冲区是否已满,如果缓冲区已满,则函数等待;恢复后则重新检测消息缓冲区。如果还有可用空间,则将消息数据填入其中。其源代码见程序 9.21。

程序 9.21

-- src\kernel\ipc.c --

```
1 result_t Msg_send(message_t * msg,uint32_t type,
2                   dword_t param32,qword_t param64)
3 {
4     msg_slot_t * ms = NULL;
5     CRITICAL_DECLARE(msg->msg_lock);
6
7     if(NULL == msg)
8     {
9         PROC_SET_ERR(ERR_MSG_INVALID);
10        return ERR_MSG_INVALID;
11    }
12
13    if(proc_current == msg->msg_owner)
14    {
15        PROC_SET_ERR(ERR_MSG_ITSELF);
16        return ERR_MSG_ITSELF;
17    }
18
19 send_msg:
20    CRITICAL_BEGIN();
21
22    if(! MSG_IS_VALID(msg))
23    {
24        PROC_SET_ERR(ERR_MSG_NOT_EXIST);
25        CRITICAL_END();
26        return ERR_MSG_NOT_EXIST;
27    }
28
29    if(MSG_IS_FULL(msg))
30    {
31        Proc_wait_on(&msg->msg_send_wait);
```

```
32
33        CRITICAL_END();
34
35        Proc_sched();
36        goto send_msg;
37    }
38
39    ms = msg->msg_buffer + msg->msg_send;
40    ms->ms_pid      = proc_current->proc_pid;
41    ms->ms_type     = type;
42    ms->ms_param32 = param32;
43    ms->ms_param64 = param64;
44    MSG_SEND_FORWARD(msg);
45    Proc_resume_on(&msg->msg_resv_wait);
46
47    CRITICAL_END();
48    SCHED(0);
49    PROC_NO_ERR();
50    return RESULT_SUCCEED;
51 }
```

语句(7)检测参数是否有效,若无效则返回。

语句(13)表示不能向自身发送数据。如果在消息缓冲区已满的情况下向自身发送消息,则将导致自身进入等待,但自身是唯一接收消息的进程,无法消耗数据,因而导致整个系统停止运行,这个情况与死锁类似。

语句(19)为发送消息的起始标号,在每次唤醒后都从这里开始尝试发送消息。

语句(22)检测对象是否有效。到达这里可能经过了等待状态,消息对象可能已被销毁,因此在每次尝试发送之前都要进行检测。

在(29~37)表示如果缓冲区已满,数据发送进程需要等待。在恢复运行后,跳转至发送消息的起始标号处,重新尝试发送消息。宏 MSG_IS_FULL 的定义为:

-- include\kernel\ipc. h --

```
#define MSG_IS_FULL(msg) ((((msg)->msg_send + 1) % (msg)->msg_count) == \
                         (msg)->msg_resv)
```

语句(39~43)将数据填入消息槽缓冲区。

语句(44)移动发送指针。将数据填入缓冲区后,需要把缓冲区的发送指针移动到下一个位置上。这个操作使用了预定义的 MSG_SEND_FORWARD 宏,具体定义如下:

-- include\kernel\ipc. h --

```
#define MSG_SEND_FORWARD(msg) do{(msg)->msg_send = \
```

```
          ((msg)->msg_send + 1) % (msg)->msg_count; \
        }while(0)
```

语句(45)将数据填入缓冲区后,唤醒等待接收数据的进程。

语句(48)视条件进行调度。

(6) 投递消息

本函数向消息对象投递消息,如消息缓冲区已满,则函数不等待,立即返回。流程是首先检测参数是否有效,然后检测消息缓冲区是否已满,如果缓冲区已满,则函数返回,如果还有可用空间,则将消息数据填入其中。其源代码见程序9.22。

程序9.22

-- src\kernel\ipc.c --

```
1 result_t Msg_post(message_t * msg,uint32_t type,
2                   dword_t param32,qword_t param64)
3 {
4     msg_slot_t * ms = NULL;
5     CRITICAL_DECLARE(msg->msg_lock);
6 
7     if(NULL == msg)
8     {
9         PROC_SET_ERR(ERR_MSG_INVALID);
10        return ERR_MSG_INVALID;
11    }
12
13    CRITICAL_BEGIN();
14
15    if(!MSG_IS_VALID(msg))
16    {
17        PROC_SET_ERR(ERR_MSG_NOT_EXIST);
18        CRITICAL_END();
19        return ERR_MSG_NOT_EXIST;
20    }
21
22    if(MSG_IS_FULL(msg))
23    {
24        CRITICAL_END();
25        PROC_SET_ERR(ERR_MSG_BUFFER_FULL);
26        return ERR_MSG_BUFFER_FULL;
27    }
28
29    ms = msg->msg_buffer + msg->msg_send;
30
```

```
31      ms->ms_pid      = proc_current->proc_pid;
32      ms->ms_type     = type;
33      ms->ms_param32  = param32;
34      ms->ms_param64  = param64;
35
36      MSG_SEND_FORWARD(msg);
37
38      Proc_resume_on(&msg->msg_resv_wait);
39
40      CRITICAL_END();
41      SCHED(0);
42      PROC_NO_ERR();
43      return RESULT_SUCCEED;
44 }
```


语句(7)检测参数是否有效。无效则返回。

语句(15)检测对象是否有效。投递的消息对象可能已经失效。具体的检测使用了系统提供的 MSG_IS_VALID 宏。

语句(22)检测缓冲区是否已满。如果缓冲区已满,则函数不等待,返回错误。检测使用了预定义的 MSG_IS_FULL 宏。

语句(29～34)将数据填入消息槽缓冲区。

语句(36)移动缓冲区发送指针。将数据填入缓冲区后,需要把缓冲区的发送指针移动到下一个位置上。这个操作使用了预定义的 MSG_SEND_FORWARD 宏。

语句(38)唤醒等待消息的进程。将数据填入缓冲区后,应唤醒等待接收消息的进程。但不一定有进程接收消息。

语句(41)条件允许时执行调度。

(7) 接收消息

本函数从消息对象中接收消息,在接收到消息后函数才会返回。流程是首先检测是否可以接收消息,如果可以,则从消息缓冲区中获取数据,如果消息缓冲区中无数据,则进程需要等待数据,直至有数据可用。其源代码见程序 9.23。

程序 9.23

-- src\kernel\ipc.c --

```
1 result_t Msg_resv(message_t *msg,msg_slot_t *ms)
2 {
3     CRITICAL_DECLARE(msg->msg_lock);
4
5     if(NULL == msg || NULL == ms)
6     {
7         PROC_SET_ERR(ERR_MSG_INVALID);
```

```
 8             return ERR_MSG_INVALID;
 9         }
10
11         if(proc_current != msg->msg_owner)
12         {
13             PROC_SET_ERR(ERR_MSG_NOT_OWNER);
14             return ERR_MSG_NOT_OWNER;
15         }
16
17 resv_msg:
18         CRITICAL_BEGIN();
19
20         if(MSG_IS_EMPTY(msg))
21         {
22             Proc_wait_on(&msg->msg_resv_wait);
23
24             CRITICAL_END();
25
26             Proc_sched();
27             goto resv_msg;
28         }
29
30         MSG_RESV_FORWARD(msg);
31         *ms = *(msg->msg_buffer + msg->msg_resv);
32         Proc_resume_on(&msg->msg_send_wait);
33
34         CRITICAL_END();
35         SCHED(0);
36         PROC_NO_ERR();
37         return RESULT_SUCCEED;
38 }
```

语句(5～9)检测参数。如果消息对象或者消息槽对象无效,则函数返回失败。

语句(11～15)只允许创建者接收消息。检测当前进程是否为消息对象的拥有者,如果不是,则函数返回失败。

语句(17)为接收消息的起始标号。每次进程恢复运行后,都从这里开始尝试接收消息。

语句(20)检测是否可以接收消息,判断消息缓冲区是否为空。判断使用了MSG_IS_EMPTY宏,该宏的定义为:

-- include\kernel\ipc.h --

```
#define MSG_IS_EMPTY(msg) ((((msg)->msg_resv + 1) % (msg)->msg_count) == \
```

```
(msg) - >msg_send)
```

语句(22)表示如果消息缓冲区为空,则进入等待。

语句(27)表示至此说明进程已经恢复运行,跳转至接收消息的起始标号处,重新尝试接收消息。

语句(30)移动消息缓冲区接收指针。在获取消息时,需要先移动指针,才能获取数据。移动指针使用了 MSG_RESV_FORWARD 宏来完成,该宏的定义为:

-- include\kernel\ipc. h --

```
#define MSG_RESV_FORWARD(msg) do{(msg) - >msg_resv = \
                        ((msg) - >msg_resv + 1) % (msg) - >msg_count;\
                        }while(0)
```

语句(31)从缓冲区中取回消息数据。

语句(32)唤醒等待发送数据的进程。接收消息后,消息对象必然有可用的空间,因此可以唤醒等待发送数据的进程。

语句(35)视条件进行调度。

(8) 取回消息

本函数从消息对象中提取消息,如果消息对象中没有数据,则函数会进行一定次数的重试。流程为首先检测是否可以接收消息,如果可以,则从消息缓冲区中获取数据,如果消息缓冲区中无数据,则函数进行重试,重试前要延迟一定的时间。其源代码见 9.24。

程序 9.24

-- src\kernel\ipc. c --

```
1 result_t Msg_take(message_t * msg,msg_slot_t * ms)
2 {
3     int retry = MSG_TAKE_RETRY_TIMES;
4     CRITICAL_DECLARE(msg - >msg_lock);
5
6     if(NULL == msg || NULL == ms)
7     {
8         PROC_SET_ERR(ERR_MSG_INVALID);
9         return ERR_MSG_INVALID;
10    }
11
12    if(proc_current != msg - >msg_owner)
13    {
14        PROC_SET_ERR(ERR_MSG_NOT_OWNER);
15        return ERR_MSG_NOT_OWNER;
```

```
16      }
17
18 resv_msg:
19      CRITICAL_BEGIN();
20
21      if(MSG_IS_EMPTY(msg))
22      {
23          CRITICAL_END();
24          if(--retry <0)
25          {
26              PROC_SET_ERR(ERR_MSG_BUFFER_EMPTY);
27              return ERR_MSG_BUFFER_EMPTY;
28          }
29
30          Proc_delay(MSG_TAKE_TIMEOUT);
31          goto resv_msg;
32      }
33
34      MSG_RESV_FORWARD(msg);
35      *ms = *(msg->msg_buffer + msg->msg_resv);
36      Proc_resume_on(&msg->msg_send_wait);
37
38      CRITICAL_END();
39
40      SCHED(0);
41      PROC_NO_ERR();
42      return RESULT_SUCCEED;
43 }
```

语句(6)检测参数。如果消息对象或者消息槽对象无效，则函数返回失败。

语句(12)表示只允许创建者接收消息。检测当前进程是否为消息对象的拥有者，如果不是，则函数返回失败。

语句(18)为接收消息的起始标号。每次唤醒后，都从这里开始尝试接收消息。

语句(21)检测是否可以取回消息，判断依据是消息缓冲区是否为空。如果消息对象中没有数据，则函数重试。

语句(24)检测是否重试。递减重试计数器，若计数器小于0，则不再重试，返回失败。重试计数器在一开始被设置为MSG_TAKE_RETRY_TIMES，该常数在config.h文件中定义，默认值为1。

语句(30～31)表示延迟等待后重试。若允许重试,则进程延迟 MSG_TAKE_TIMEOUT 毫秒后再重新尝试取消息。延迟时间常数 MSG_TAKE_TIMEOUT 在 config. h 文件中定义,默认值为 10 ms。

语句(34)移动消息缓冲区的接收指针。

语句(35)从缓冲区中取回消息数据。

语句(36)表示接收数据后,消息对象必然有可用的空间,因此可以唤醒等待发送数据的进程。

语句(40)视条件进行调度。

内容回顾

- IPC 需要依赖于锁,锁则依赖于 TaS 操作或者中断控制。
- Lenix 提供了自旋锁、普通锁和互斥三种形式的锁。自旋锁采用忙等待类型机制,普通锁采用睡眠-唤醒机制,互斥采用等待-恢复机制。
- 信号量采用等待-恢复机制,对于多个资源的分配应采用信号量进行控制。
- 消息用于在进程间单向发送少量数据,消息的发送和接收有等待和不等待两种形式。利用消息可以实现消息驱动式的操作方式。

本章讨论了 Lenix 提供的 5 种 IPC 方式的机制和特点,读者可以利用这些功能来实现进程间的协同工作和信息传递,使软件更好地为工作提供帮助。

第10章

设备管理

对于不同的应用，计算机系统需要配置相应不同的设备。这些设备的功能并不相同，使用方法也不同，甚至设备类似，使用方法也不相同。为了使用这些设备，需要有相应的驱动程序。但是驱动程序却有可能因开发人员的不同，而导致其使用接口的不同。接口的不同又会导致学习的知识复用性不高等问题。这样就引发了统一设备使用方式的需求，Lenix为了满足这一需求，定义了一套设备的使用规范。

10.1 需求与设计

从直观的角度来看，使用设备就是控制设备执行某个操作，或者从设备上获得数据。例如，控制硬盘读取某个扇区的数据。然而从数据的角度来看，这些行为都是数据的输入和输出。还是以硬盘为例，要想控制硬盘读某个扇区，实际需要做的是，向硬盘输出扇区编号和发出硬盘执行操作的命令，这些都是以数据的形式出现的。

从使用设备的整个过程来看，使用设备首先要有设备的基本参数，例如接入的端口。有了基本的设备参数后，才能对设备进行具体的操作。在使用完设备后，应将其与系统隔离，以防止误操作。

根据以上简单的分析，可以看出设备的使用是存在统一模式的。因此，Lenix定义了一套使用设备和编写设备驱动程序的规范，当然，是简化的，并将这套规范称为Lenix驱动模型(Lenix Driver Model,LDM)。LDM定义了系统中设备的存储结构、驱动接口和管理框架，在此基础上也形成了驱动程序的编程框架。

10.1.1 基本需求

从人们使用设备的方式来看LDM的需求。人们要想使用工具，首先要拿到工具，因此LDM要解决的第一个问题就是如何获得设备。人在获取工具时，特别是在从大量的相同工具中找出特定的目标时，通常根据名称来查找。因此LDM应该提供按名称获得设备的方法。按名称获得设备会涉及一个问题，那就是字符大小写的问题。因为从人理解的角度来看，Device与DEVICE是相同的意思，不能因为其换了一套马甲就不认识了。在确定找到了设备时，通常需要对设备进行一些基本的设置，例如检查设备的完整性及功能是否有效，等等。因此在获得设备时，LDM应提供一个对设备进行设置的机制。

获得设备以后，就可以执行具体的I/O操作了。但不同的设备，其数据I/O方式和流程都会有所区别。从人们使用的角度来看，这些数据的I/O操作最好具有统一的形式，以便于记忆和使用。从人的角度来看，数据I/O并不好理解，因此Lenix将I/O做了初步的划分，首先将数据分为设备控制数据和应用程序数据，设备控制数据用于设备本身的控制，例如设备状态和操作命令，等等；应用程序数据是程序所需要处理的数据，例如硬盘存储的数据。一般来说，设备控制数据的数据类型多，数据量小，通常是命令和少量参数。而应用程序数据的数据类型少，但是量非常大。根据这些特点，LDM应分别提供专用的操作方式。

在使用完设备后，按照人们的习惯，应该将设备放回原位，以便下次使用，同时也可避免误操作。因此系统应该提供类似的机制，以确保设备使用上的安全。在将设备交还系统时，会有执行清理操作的需求，因此在归还设备时，应提供一个执行清理操作的机制。

硬件设备通常需要使用中断，因此系统应提供设置设备中断处理程序的功能。另外，系统中有可能需要使用虚拟设备，因此LDM也应该支持虚拟设备。

综合以上分析，LDM的基本功能包含了按名称访问设备、统一的访问方式、统一的控制方式、替换设备ISP及虚拟设备的支持5个功能。

1. 按名称访问

要想访问设备，首先需要能定位到设备，然后才能访问。从人的角度来看，要想定位某个事物，通过名称进行定位是最理想的方式。Lenix要求设备都必须命名，同时还保证在系统中不会出现重名设备，这样就保证了可以通过设备名称来准确定位设备。Lenix的设备名称不区分大小写。由于采用了按名称访问设备，与文件系统访问文件的方式类似，因此Lenix的设备管理模块也称为设备文件系统。

2. 统一访问方式

对设备的访问主要是数据的读和写，但不同的设备，其数据读/写的方式和流程都会有所区别。LDM对读/写操作的接口进行统一，隐藏了不同设备读/写操作的细节。只要按这个接口来编写设备驱动程序，就可以达到统一访问设备的目的。

统一的访问方式带来了三个方面的好处。第一是提高了应用程序的健壮性，由于采用统一的访问方式，应用程序里不会含有具体的设备操作程序，只要统一提供的读/写操作正确，就可以保证应用程序正确。第二是可以提高开发效率，统一的访问方式可以使开发人员的知识得到复用，节省了学习新设备使用方法的时间，也避免了不同的驱动供应商提供不通的驱动接口，从而使开发人员不必重复学习。第三是便于驱动程序升级，统一的读/写方式可以使应用程序忽略驱动程序是如何实现的，因此驱动开发人员可以方便地修改驱动程序，而不会影响使用设备的驱动程序。

3. 统一控制方式

除了统一的读/写操作外,各种设备也存在其独有的操作,例如串行口改变波特率,Lenix将读/写操作以外的操作统一划归为控制操作。LDM也提供了统一的设备控制接口,以便设备驱动程序完成特殊的功能。这个控制接口可以定义自身特殊的命令和参数传递方式,应用程序通过这个接口将需要执行的命令和参数传递给设备,从而完成各种设备特定的控制任务。实际上,设备的读/写也可以通过设备控制接口来完成。

4. 替换设备ISP

物理设备通常会使用中断,用以提高系统效率,因此需要用设备自身的ISP替换系统已有的ISP。LDM支持替换ISP的功能,通过替换ISP,设备可以使用自身的ISP。这需要Lenix定义的计算机模型提供支持。

5. 虚拟设备支持

由于LDM只是定义到了设备访问接口,因此只要驱动程序提供了相应的接口,就可以使用LDM。开发人员可以利用这一特点创建虚拟设备。虚拟设备可以是一个真正意义上的虚拟设备,也就是没有对应的物理设备,例如内存盘;也可以是将几个物理设备合并抽象而成的虚拟设备,例如磁盘阵列。由于可以使用虚拟设备,因此Lenix的设备管理能力得到了极大的扩展。

10.1.2 存储结构设计

在设备管理过程中,经常需要遍历系统中的设备,例如按名称获得设备,这需要系统将所有设备集中起来,进行统一管理。因此Lenix引入了系统设备列表(System Device List,SDL),用于管理系统中的所有设备,并且用设备名称作为识别设备的唯一标识。采用这样的方式后,设备管理行为与文件系统极为相似,所以也可以将SDL视为只有根目录的设备文件系统。

SDL采用双向链表的结构来组织系统设备,其结构如图10.1所示。

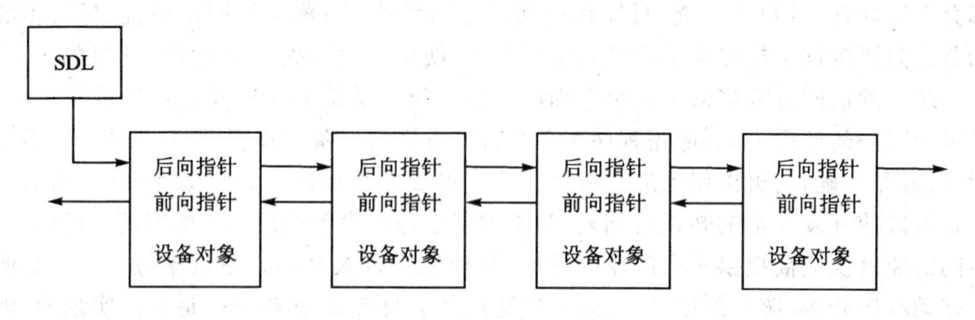

图10.1 SDL结构示意图

SDL中的设备都是可用的设备,因此也可以把SDL中的对象视为系统中活动的设备对象。与此相对应，系统中会有尚未使用的设备对象。出于简便的考虑，Lenix 引入了空闲设备对象列表(Free Device Object List，FDOL)，用于管理系统中可用于分配的设备对象。FDOL 的设计只用于分配和回收设备对象，对应的链表操作是表头的删除和插入，因此采用了单向链表结构，其结构如图 10.2 所示。

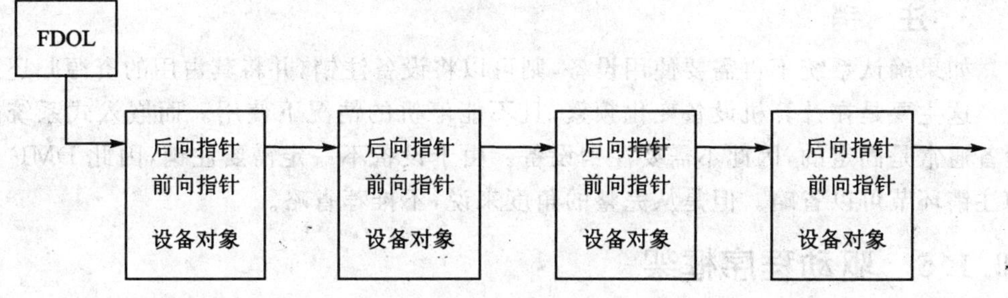

图 10.2　FDOL 结构示意图

系统在创建设备对象时，从 FDOL 中分配可用的设备对象，因此，FDOL 中对象的数量决定了系统中可以支持的设备总量。

10.1.3　驱动接口设计

根据设备操作的需求，Lenix 为设备操作引入了 5 个驱动接口。为了兼容通常意义上的操作系统概念，将这 5 个接口命名为打开、关闭、读、写和控制。打开对应于获得设备，并做相应的设置工作；关闭对应于归还设备，并做相应的清理工作；读对应于从设备获得应用程序数据；写对应于向设备发送应用程序数据；控制对应于控制设备本身。通过这些接口，应用程序可以轻松方便地操作设备。

出于面向对象的考虑，Lenix 将这 5 个驱动接口封装在一个对象内，称为驱动对象。

10.1.4　管理框架设计

为了规范设备管理，LDM 设计了一套设备管理框架(Device Manage Frame，DMF)。DMF 包含了设备注册和使用的要求，简单来说就是：先注册，再访问，最后注销。

1. 注　册

注册是为了使系统可以找到相应的设备。向系统注册设备后，系统将设备挂接入 SDL 中。向系统注册设备也是实现按名称访问设备的关键，因为在注册设备时，连同设备名称也一起注册了。

要注意一点，注册只是告诉系统存在这个设备的驱动程序，而不是指这个设备在物理上存在。

2. 访 问

访问设备时，只需提供设备的名称，系统就会在SDL中查找相应名称的设备，如果存在名称相同的设备，即认为找到了设备，并返回设备对象指针给应用程序，应用程序使用返回的设备对象指针访问设备。

3. 注 销

如果确认系统不再需要使用设备，则可以将设备注销，并将其占用的资源归还系统。这主要是在计算机设备变化频繁，且不能停机的情况下使用。而嵌入式系统的设备通常是固定的，因此不需要注销设备。由于设备不一定需要注销，因此DMF中的注销环节可以省略。但是从完整的角度来说，不推荐省略。

10.1.5 驱动程序框架

由于管理框架的规定，Lenix设计了驱动程序框架。在这个框架下，可以使设备驱动程序最大限度地独立于操作系统，甚至可以使用动态链接库的方式接入系统。该框架包含驱动入口、设备访问接口和设备ISP三部分。下面分别对这三部分进行说明。

1. 驱动入口

驱动入口是LDM驱动程序的关键部分，在向系统注册和注销设备时，由系统调用，其原型为：

```
result_t drv_entry(struct _device_t * device,int flag,void * param);
```

drv_entry

功　能：为系统提供管理设备的接口。

返回值：成功返回RESULT_SUCCEED，失败返回RESULT_FAILED。

参　数：包括设备对象指针、调用标志和空类型的指针三个参数。其中Lenix对调用标志做了定义，只能是以下两个值：

-- include\kernel\device.h --

```
#define DEV_ENTRY_FLAG_REG      0
#define DEV_ENTRY_FLAG_UNREG    1
```

DEV_ENTRY_FLAG_REG

功　能：在向系统注册设备时，由系统将其传递给驱动入口。

说明：驱动入口的返回值决定了能否向系统注册设备，返回成功才能注册成功。

DEV_ENTRY_FLAG_UNREG

功　能：在向系统注销设备时，由系统将其传递给驱动入口。

2. 设备访问接口

驱动程序应提供LDM定义的设备访问接口，也就是提供对应于设备自身的打开、关闭、读、写和控制接口。

3. 设备ISP

每个物理设备都应提供中断处理程序,而虚拟设备可以不提供。因此这部分是可选部分。

下面给出一个驱动程序的基本框架代码,以方便读者学习,框架见程序10.1。

程序10.1

```
 1 static result_t Drv_open(struct _device_t * device)
 2 {
 3     if(NULL == device)
 4         return RESULT_FAILED;
 5
 6     /* 设备使用前的准备 */
 7     return RESULT_SUCCEED;
 8 }
 9
10 static result_t Drv_close(struct _device_t * device)
11 {
12     if(NULL == device)
13         return RESULT_FAILED;
14
15     /* 设备使用完毕后的清理 */
16     return RESULT_SUCCEED;
17 }
18
19 static size_t Drv_read(struct _device_t * device,off_t pos,
20                        void * buffer,size_t size)
21 {
22     if(NULL == device)
23         return RESULT_FAILED;
24
25     /* 从设备输入数据 */
26     return 0;
27 }
28 static size_t Drv_write (struct _device_t * device,off_t pos,
29                          const void * buffer,size_t size)
30 {
31     if(NULL == device)
32         return RESULT_FAILED;
33
34     /* 向设备输出数据 */
```

```
35     return 0;
36 }
37
38
39 static result_t Drv_ctrl(struct _device_t * device,byte_t cmd,
40                          void * rg)
41 {
42     if(NULL == device)
43         return RESULT_FAILED;
44
45     switch(cmd)
46     {
47         case xxx:
48             return RESULT_SUCCEED;
49         default:
50             return RESULT_SUCCEED;
51     }
52     return RESULT_FAILED;
53 }
54
55 int Drv_isp(int param1,int param2)
56 {
57     return 0;
58 }
59
60 result_t Drv_entry(device_t * device,int flag,void * param)
61 {
62     if(NULL == device)
63     {
64         return RESULT_FAILED;
65     }
66
67     switch(flag)
68     {
69         case DEV_ENTRY_FLAG_REG:
70             /* 初始化设备参数 */
71             device->dev_ddo.ddo_open   = Drv_open;
72             device->dev_ddo.ddo_close  = Drv_close;
73             device->dev_ddo.ddo_read   = Drv_read;
74             device->dev_ddo.ddo_write  = Drv_write;
75             device->dev_ddo.ddo_ctrl   = Drv_ctrl;
76
```

```
77              return RESULT_SUCCEED;
78
79          case DEV_ENTRY_FLAG_UNREG:
80              return RESULT_SUCCEED;
81      }
82
83      return RESULT_FAILED;
84 }
```

语句(1～53)是设备访问接口。

语句(55～58)是设备 ISP。

语句(60～84)是驱动入口。

10.2　功能应用

使用设备过程中涉及的操作是设备注册、设备 ISP 的设置、设备参数的设置及设备本身的读/写等。对于这些操作，Lenix 引入了相应的 API。

10.2.1　API 简介

Lenix 的设备管理模块提供了 9 个 API，用于实现设备的注册、访问等操作，具体定义为：

-- include\kernel\device.h --

```
result_t    Dev_register(const char * name,result_t ( * entry)(device_t * ,int,void * ),
                         void * param);
result_t    Dev_unregister(const char * name,void * param);

void        * Dev_isp(device_t * device,uint8_t ivtid,isp_t isp);
void        * Dev_set_date(device_t * device,void * data,uint_t size);

device_t  * Dev_open(const char * name,int mode);
result_t    Dev_close(device_t * device);
size_t      Dev_read (device_t * device,off_t pos,void * buffer,size_t size);
size_t      Dev_write(device_t * device,off_t pos,const void * buffer,size_t size);
result_t    Dev_ctrl (device_t * device,byte_t cmd,void * arg);
```

Dev_register

功　能：注册设备。

返回值：成功返回 RESULT_SUCCEED，失败返回 REUSLT_FAILED。

参　数：包括三个参数，第一个是设备名称，是一个以零为结尾的字符串，不能超过 12 字节，含结尾的 0；第二个是驱动程序入口函数；第三个是驱动程序入口参数。

说　明：如果需要使用设备，则必须首先使用本 API 向系统注册设备。

Dev_unregister

功　能：注销设备。

返回值：成功返回 RESULT_SUCCEED，失败返回 REUSLT_FAILED。

参　数：包括两个参数，第一个是设备名称，是一个以零为结尾的字符串；第二个是设备驱动程序入口参数。

说　明：如果不再需要使用设备，则使用本 API 将其注销。

Dev_isp

功　能：设置设备中断。

返回值：中断处理函数指针。成功时为非 NULL，失败时为 NULL。

参　数：包括三个参数，即设备对象指针、中断号和中断处理程序。

说　明：某些设备需要使用到中断，通过这个接口可以设置 ISP，使设备可以处理相应的外部中断。

Dev_set_date

功　能：设置设备数据。

返回值：空类型的指针，实际上是设备自身的参数指针。

参　数：包括三个参数，即设备对象指针、设备参数指针和参数长度。

说　明：如果有多个类似设备，则每个设备都应该有其自身的参数。可以使用本 API 设置其自身的参数。

Dev_open

功　能：打开设备。

返回值：一个设备对象指针，成功时为非 NULL，失败时为 NULL。

参　数：包括两个参数，第一个是设备名称，是一个以零为结尾的字符串，不能超过 12 字节，含结尾的 0；第二个是设备的打开模式。

说　明：在使用设备之前必须先打开设备。当前版本没有使用打开模式参数。

Dev_close

功　能：关闭设备。

返回值：成功返回 RESULT_SUCCEED，失败返回 RESULT_FAILED。

参　数：一个设备对象指针。

说　明：设备关闭后有可能还可以使用，但应视为不可使用。

Dev_read

功　能：从设备读取数据，即输入数据。

返回值：读取的数据长度以字节为单位。当没有输入数据或者操作失败时均返回 0。具体的错误可以通过调用 Proc_get_last_error 获得详细信息。

参　数：包括三个参数，第一个是设备对象的指针；第二个是需要读出的地址；

第三个是缓冲区地址;第四个是缓冲区长度,以字节为单位。

说　明:API 在读满缓冲区后才会返回。

Dev_write

功　能:向设备写入数据,即输出数据。

返回值:写入的数据长度,以字节为单位。当没有输出数据或者操作失败时均返回 0。具体的错误可以通过调用 Proc_get_last_error 获得详细信息。

参　数:包括三个参数,第一个是设备对象的指针;第二个是需要写入的地址;第三个是缓冲区地址;第四个是缓冲区长度,以字节为单位。

说　明:API 将缓冲区中的数据全部写入设备后才会返回。

Dev_ctrl

功　能:设备控制,用于完成各种设备自定义操作。

返回值:成功返回 RESULT_SUCCEED,失败返回 RESULT_FAILED。

参　数:包括三个参数,第一个是设备对象指针;第二个是一个 8 位的无符号整数,通常解释为命令;第三个为一个指针,用于提供控制设备所需要的参数。

说　明:第二、第三个参数的具体意义由设备驱动程序进行解释。

10.2.2 应用举例

这里通过一个 PC 环境下的字符模式 VGA 的驱动程序例子来说明 LDM 驱动程序的编写和使用。本例只用于说明 LDM 驱动的编写,因此不必过多关注其功能,而应关注其结构。

1. 驱动程序

这个驱动程序包含了 LDM 设备访问接口和驱动入口,而并没有包含设备的 ISP,这是因为 VGA 本身不发生硬件中断。为了达到较好的演示效果,在每个函数之前都增加了一个信息输出,以便读者查看。其源代码见程序 10.2。

程序 10.2

```
1 #include<result.h>
2
3 typedef struct  _vga_t
4 {
5     void far * vga_buffer;
6     byte_t     vga_mode;
7     byte_t     vga_attr;
8     uint16_t   vga_scale_x;
9     uint16_t   vga_scale_y;
10 }vga_t;
```

```
11
12 static result_t Vga_open(struct _device_t * device)
13 {
14     _printf("LDM vga driver open \n");
15     if(NULL == device)
16         return RESULT_FAILED;
17     return RESULT_SUCCEED;
18 }
19 static result_t Vga_close(struct _device_t * device)
20 {
21     _printf("LDM vga driver close\n");
22     if(NULL == device)
23         return RESULT_FAILED;
24
25     return RESULT_SUCCEED;
26 }
27
28 static size_t Vga_read (struct _device_t * device,off_t pos,
29                         void * buffer,size_t size)
30 {
31     vga_t         * vga    = NULL;
32     byte_t        * dbuf   = buffer;
33     byte_t FAR    * sbuf   = NULL;
34     size_t          left   = size;
35     uint32_t        range  = 0;
36
37     _printf("LDM vga driver read\n");
38     if(NULL == device)
39         return 0;
40
41     vga   = DEV_DATA(device);
42     range = vga->vga_scale_x * vga->vga_scale_y * 2;
43
44     if(pos >= range)
45         return 0;
46
47     sbuf = (byte_t FAR *)vga->vga_buffer;
48
49     while(left && pos < range)
```

```
50      {
51          * dbuf ++  =  sbuf[pos ++ ];
52          left -- ;
53      }
54
55      return size - left;
56 }
57 static size_t Vga_write(struct _device_t * device,off_t pos,
58                         const void * buffer,size_t size)
59 {
60      vga_t           * vga    = NULL;
61      byte_t FAR      * dbuf   = NULL;
62      const byte_t    * sbuf   = buffer;
63      size_t            left   = size;
64      uint32_t          range  = 0;
65
66      _printf("LDM vga driver write\n");
67      if(NULL == device)
68          return 0;
69
70      vga = DEV_DATA(device);
71      range = vga->vga_scale_x * vga->vga_scale_y * 2;
72
73      if(pos >= range)
74          return 0;
75
76      dbuf = (byte_t FAR * )vga->vga_buffer;
77
78      while(left && pos < range)
79      {
80          dbuf[pos ++ ] = * sbuf ++;
81          left -- ;
82      }
83
84      return size - left;
85 }
86
87 static result_t Vga_ctrl(struct _device_t * device,
88                          byte_t cmd,void * arg)
```

```
89 {
90     vga_t * vga = NULL;
91 
92     _printf("LDM vga driver ctrl\n");
93     if(NULL == device)
94         return RESULT_FAILED;
95 
96     vga = DEV_DATA(device);
97 
98     switch(cmd)
99     {
100         case 0:
101             arg = arg;
102             vga = vga;
103             return RESULT_FAILED;
104     }
105     return RESULT_FAILED;
106 }
107 
108 result_t Vga_entry(device_t * device,int flag,void * param)
109 {
110     vga_t * vga = NULL;
111 
112     _printf("LDM vga driver entry\n");
113     if(NULL == device)
114     {
115         param = param;
116         return RESULT_FAILED;
117     }
118 
119     switch(flag)
120     {
121         case DEV_ENTRY_FLAG_REG:
122             _printf("LDM vga driver entry registe\n");
123             device->dev_data_ext = NULL;
124             vga = DEV_DATA(device);
125 
126             vga->vga_buffer     = (word_t far * )0xB8000000;
127             vga->vga_scale_x    = 80;
```

```
128             vga->vga_scale_y  = 25;
129             vga->vga_attr     = 0x0700;
130
131             device->dev_ddo.ddo_open    = Vga_open;
132             device->dev_ddo.ddo_close   = Vga_close;
133             device->dev_ddo.ddo_read    = Vga_read;
134             device->dev_ddo.ddo_write   = Vga_write;
135             device->dev_ddo.ddo_ctrl    = Vga_ctrl;
136
137             return RESULT_SUCCEED;
138         case DEV_ENTRY_FLAG_UNREG:
139             _printf("LDM vga driver entry unregiste\n");
140             vga = DEV_DATA(device);
141             return RESULT_SUCCEED;
142     }
143
144     return RESULT_FAILED;
145 }
```

语句(3～10)定义了VGA对象,用于表示VGA。

语句(12～106)提供了VGA设备访问接口的具体实现。

语句(108～145)是VGA驱动入口。

语句(121)表示在注册时,程序流程会执行到这里。

语句(124)通过DEV_DATA获得VGA对象。

语句(126～129)设置VGA对象的具体参数,这里设置了显存地址,横轴、纵轴的分辨率,以及字符的显示属性。

语句(131～135)用编写好的设备访问接口填写设备对象的DDO对象中对应的字段。

语句(137)返回成功,表示注册成功。

语句(138)表示在注销设备时,程序流程会执行到这里。

2. 使用设备

编写好驱动程序后,就可以在应用程序中使用了。下面的例子演示了一个完整的设备使用过程。首先在用户程序初始化时向系统注册设备。如果注册成功,则创建测试进程app1。在app1中,按名称打开设备,如果打开成功,则向设备vga的80位置写入4字节的数据。写完数据后,关闭设备。在程序退出前,在系统中注销设备。其源代码见程序10.3。

程序10.3

```
1 #include<lenix.h>
2
```

```
3 #define USER_APP_STACK 1024
4
5 typedef struct _vga_t
6 {
7     void far    * vga_buffer;
8     byte_t        vga_mode;
9     byte_t        vga_attr;
10    uint16_t      vga_scale_x;
11    uint16_t      vga_scale_y;
12 }vga_t;
13
14 result_t Vga_entry(device_t * device,int flag,void * param);
15
16 byte_t app_stack1[USER_APP_STACK];
17
18 void app1(void * param)
19 {
20     device_t * vga;
21     param = param;
22
23     if(NULL == (vga = Dev_open("vga",0)))
24         _printf("can not open vga\n");
25     else
26     {
27         Dev_write(vga,80,"aabb",4);
28         Dev_close(vga);
29     }
30
31     Dev_unregiste("VGA",NULL);
32 }
33
34 void User_initial(void)
35 {
36     if(RESULT_SUCCEED == Dev_registe("VGA",Vga_entry,NULL))
37     {
38         _printf("vga registe OK\n");
39         Proc_create("app1",60,3,app1,0,
40             MAKE_STACK(app_stack1,USER_APP_STACK),
41             STACK_SIZE(app_stack1,USER_APP_STACK));
42     }
43     else
44         _printf("vga registe failed\n");
45 }
```

语句(23)使用 Dev_open 打开设备。

语句(27)使用 Dev_write 向设备写入数据。

语句(28)使用 Dev_close 关闭设备。

语句(31)使用 Dev_unregiste 注销设备。

语句(36)使用 Dev_registe 注册设备。

以上程序运行后的结果如图 10.3 所示。

```
Lenix - Microsoft Virtual PC 2007
操作(A) 编辑(E) CD(C) 软驱(F) 帮助(H)
                                 ab          lenix ticks:      6030
Lenix: >LDM vga driver entry  keyboard irq.stat: 00000005 ascii: *   42 sc: 37
LDM vga driver  entry registe
vga registe OK
LDM vga driver open
LDM vga driver write
LDM vga driver close
LDM vga driver entry
LDM vga driver entry unregiste
*_

                                 pid:  2 prio:60 sf:      0 name: app1
                                 pid:  1 prio:32 sf:   1875 name: shell
                                 pid:  0 prio:64 sf:      0 name: idle
                                 sched times:     126
```

图 10.3 演示驱动程序运行结果图

程序运行的结果是在 VPC 窗口中第一行中间显示两个彩色 ab 字符。从图中可以看出整个设备使用期间的输出,首先调用了驱动入口,然后依次调用了 LDM 的打开、写和关闭接口,最后调用了驱动入口注销设备。

10.3 实现解析

设备管理要操作的对象有设备本身和驱动接口,因此 Lenix 引入了 2 个数据类型来表示设备和驱动接口。出于管理的需要,还引入了 3 个全局变量,实现了 2 个函数。本节对这些数据类型和全局变量进行说明,并对函数的实现进行解析。

10.3.1 数据类型

Lenix 的设备管理引入了驱动对象和设备对象 2 个数据类型。驱动对象用于表示设备驱动接口。设备对象用于表示设备本身,当然,设备可以是虚拟的,也可以是真实存在的。

1. 驱动对象

Lenix 将需求分析中定义的 5 个设备操作接口封装在一个对象内，并且将这个对象称为设备驱动对象(Device Driver Object，简写为 DDO)。DDO 中的字段都是函数指针，在其中填入不同的函数，就可以实现不同的设备驱动，系统通过 DDO 来访问具体的驱动程序。其定义为：

-- include\kernel\device. h --

```
typedef struct _ddo_t
{
    result_t ( * ddo_open)(struct _device_t * device);
    result_t ( * ddo_close)(struct _device_t * device);
    size_t   ( * ddo_read)(struct _device_t * device,void * buffer,size_tsize);
    size_t   ( * ddo_write)(struct _device_t * device,const void * buffer,
                         size_tsize);
    result_t ( * ddo_ctrl)(struct _device_t * device,byte_tcmd,void * arg);
}ddo_t;
```

ddo_open

设备打开接口。在 Dev_open 中被调用，用来处理设备打开时需要处理的准备工作。这个接口接受一个设备对象的指针作为参数。

ddo_close

设备关闭接口。在 Dev_close 中被调用，用来处理设备关闭时需要处理的清理工作。这个接口接受一个设备对象的指针作为参数。

ddo_read

设备读接口。在 Dev_read 中被调用，用来处理具体的读操作。接受三个参数，第一个是设备对象的指针；第二个是缓冲区地址；第三个是缓冲区的长度，以字节为单位。

ddo_write

设备写接口。在 Dev_write 中被调用，用来处理具体的写操作。接受三个参数，第一个是设备对象的指针；第二个是缓冲区地址；第三个是缓冲区的长度，以字节为单位。

ddo_ctrl

设备控制接口。在 Dev_ctrl 中被调用，可以实现设备的所有操作。接受三个参数，第一个是设备对象指针；第二个是一个 8 位的无符号整数，通常解释为命令；第三个是一个指针，用于提供控制设备所需要的参数。第二、第三个参数的具体意义由设备驱动程序进行解释。

2. 设备对象

为了统一表示系统中的设备，Lenix 引入了设备对象。要想统一表示设备，就需要包含设备通用的信息，这些信息包括设备名称、DDO、占用的资源（例如中断号、I/O 地址、内存地址等）、设备参数空间、系统管理信息，等等。综合考虑这些因素后，Lenix 的设备对象的具体定义为：

-- include\kernel\device. h --

```
typedef struct _device_t
{
    struct _device_t  * dev_prev,
                      * dev_next;
    struct _device_t  * dev_sub_list;
    char                dev_name[12];
    result_t          ( * dev_entry)(struct _device_t * ,int,void * );
    uint8_t             dev_ivtid;
    uint8_t             dev_avl;
    uint8_t             dev_flag;
    int8_t              dev_ref_cnt;
    int                 dev_mode;
    mutex_t             dev_lock;
    ddo_t               dev_ddo;
    off_t               dev_capcity;
    off_t               dev_last_access;
    void              * dev_io_addr[2];
    byte_t              dev_data[32];
    void              * dev_data_ext;
}device_t;
```

dev_prev,dev_next

链接字段。提供了一个链表的接口，用于设备的管理。

dev_sub_list

子设备列表，用于实现设备栈。例如虚拟设备可能需要物理设备的支持。

dev_name

设备名称。以 0 结尾的字符串，最大长度为 12 个字符，其中包含结尾的 0。

dev_entry

设备驱动的入口。在注册、注销设备时，系统会调用这个接口，可以在其中完成设备的初始化和清理工作。这个入口提供三个参数，一个设备对象指针，一个整数用做标志，以及一个空类型的指针用于传递数据。

dev_ivtid

设备占用的中断号。外设大多都需要通过中断与系统协同工作。

dev_avl

软件可用位。Lenix 不对该字段进行定义，驱动程序可以把该字段用于任何用途。

dev_flag

设备标志。标示设备具备哪些功能。

dev_ref_cnt

设备引用计数器。每次打开设备,系统都会对这个字段加1;每次关闭设备,系统都会对其减1。超过引用上限后,设备打开操作将会失败。

dev_mode

设备模式。目前未使用,留做以后使用。

dev_lock

设备锁。在访问设备时需要独占设备,因此每个设备对象都必须具备一个访问锁。

dev_ddo

设备驱动对象,包含设备的操作接口。

dev_capcity

设备容量。有些设备具有容量的概念,例如磁盘。但有些设备不存在容量的概念,例如键盘。

dev_last_access

最后访问位置。给系统或者驱动程序提供额外的信息。

dev_io_addr

设备的I/O地址。Lenix提供两个地址的保存空间,可以用做I/O范围的起始地址。

dev_data

设备参数空间。Lenix固定为每个设备提供32字节的设备参数空间,驱动程序可以使用该空间来保存设备自身的数据。使用了该空间后,dev_data_ext字段就必须置为NULL。

dev_data_ext

扩展设备参数空间。如果设备所需要的数据空间超过32字节,则可以通过该字段附加额外的空间。使用了该字段后,dev_data必须全部置为0。

10.3.2 全局变量

Lenix的设备管理组件共引入了3个全局变量,分别为设备对象池、系统设备列表和空闲设备对象列表。

1. 设备对象池

为了满足系统动态创建设备对象的要求,Lenix引入了设备对象池(Device Object Pool,简写为DOP)用于提供基本的设备对象存储空间。DOP被定义为数组,具体的定义为:

-- src\kernel\device.c --

```
static device_t dev_pool[DEVICE_MAX];
```

DEVICE_MAX 定义了 DOP 的最大容量，默认值为 16，具体定义为：

-- include\config.h --

```
#define DEVICE_MAX 16
```

因此 DEVICE_MAX 也是 Lenix 能使用的最大设备数量。开发人员可以根据需要对其进行增减。

2. 系统设备列表

为了实现对设备的统一管理，Lenix 需要将系统中可用的设备保存在一个列表内，因此引入了系统设备列表(SDL)。考虑到 SMP 系统的情况，同时还配套提供了一个锁变量，因此具体定义为：

-- src\kernel\device.c --

```
static device_t       * dev_sdl;
#ifdef _CFG_SMP_
static spin_lock_t     dev_sdl_lock;
#endif
```

由于 SDL 是动态的，因此只需要提供表头。通过 SDL 的表头就可以遍历列表。在设备对象中提供了相应的管理空间，SDL 是一个双向链表，便于设备的注册和注销。

3. 空闲设备对象列表

空闲设备对象列表(FDOL)用于保存可用的设备对象，在系统需要分配设备对象时，只需从 FDOL 中获得可用的空闲对象，Lenix 使用链表来创建 FDOL。同时配套提供了一个锁变量，具体定义为：

-- src\kernel\device.c --

```
static device_t       * dev_fdol;
#ifdef _CFG_SMP_
static spin_lock_t     dev_fdol_lock;
#endif
```

由于 FDOL 是动态的，因此只需要提供表头。通过 FDOL 的表头就可以遍历列表。

10.3.3　函数说明

设备管理模块应完成维护 SDL、FDOL，以及设备的注册和访问等工作。其中，一部分工作是在设备管理模块内部完成的，另一部分是提供给系统其他模块或者应用程序使用的。因此Lenix根据这些函数的特征对它们进行了分类,划分为内部函数、注册管理函数、设备中断管理函数、设备访问函数和设备参数设置函数五类。

1. 内部函数

内部函数提供了基本的内部管理功能,包含SDL操作、FDOL操作、设备查询,以及模块初始化。

(1) SDL操作

对SDL有两个操作:添加和删除。其实质是链表的插入和删除操作。

添加设备是向SDL中插入节点。由于系统并未要求SDL需要排序,因此添加设备的操作可以简化为只在SDL的表头插入。其源代码见程序10.4。

程序10.4

-- src\kernel\device.c --

```
 1 static
 2 void Dev_sdl_add(device_t * device)
 3 {
 4     if(NULL == dev_sdl)
 5     {
 6         dev_sdl = device;
 7     }
 8     else
 9     {
10         device->dev_next   = dev_sdl;
11
12         dev_sdl->dev_prev  = device;
13         device->dev_next   = dev_sdl;
14
15     }
16 }
```

语句(4)表示SDL为空,只需将SDL设置为设备对象即可。

语句(8)表示SDL不为空,则需将设备对象插入到SDL的表头,并维护SDL。

删除设备是在SDL中删除节点。由于设备本身已经包含了位置信息,因此不需要执行查找而直接删除即可。其源代码见程序10.5。

程序10.5

-- src\kernel\device.c --

```
1 static
2 void Dev_sdl_del(device_t * device)
3 {
4     if(device == dev_sdl)
```

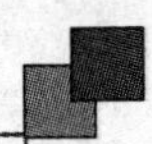


```
5       {
6           dev_sdl = dev_sdl->dev_next;
7
8           if(dev_sdl)
9               dev_sdl->dev_prev = NULL;
10      }
11      else
12      {
13          device->dev_prev->dev_next = device->dev_next;
14          if(device->dev_next)
15              device->dev_next->dev_prev = device->dev_prev;
16      }
17
18      _memzero(device,sizeof(device_t));
19 }
```


语句(4)表示如果是删除表头,则将表头设置为原表头的后向节点。

语句(8)表示如果SDL有数据,也就是被删除节点的后向节点存在,则将后向节点的前向节点设置为NULL,以确保链表正确。

语句(11)表示如果不是表头,则必定存在前向节点,而后向节点不一定存在。在维护SDL时,要判断后向节点是否存在,如果存在,则要维护其前向节点。

(2) FDOL操作

对于FDOL有分配和释放两个操作。其核心是链表的删除与插入操作。

分配就是从FDOL中删除节点。由于每次分配一个对象就是删除一个节点,因此可对应于删除表头的操作。其源代码见程序10.6。

程序10.6

-- src\kernel\device.c --

```
1 static device_t * Dev_get(void)
2 {
3     device_t * dev = dev_fdol;
4     CRITICAL_DECLARE(dev_fdol_lock);
5
6     CRITICAL_BEGIN();
7
8     if(dev)
9     {
10        dev_fdol = dev_fdol->dev_next;
11        dev_fdol->dev_prev = NULL;
12
13        dev->dev_prev = NULL;
```

```
14          dev->dev_next = NULL;
15      }
16
17      CRITICAL_END();
18
19      return dev;
20 }
```

语句(3)获得可用的设备对象。由于Lenix将可用设备对象组织为一个列表,且每次只分配一个对象,因此只需取出列表头的对象。

语句(8)检测获得的对象是否可用。如果不为NULL,则说明对象可用。

语句(10~11)维护可用设备列表。

语句(13~14)维护已分配对象的链接字段,使其无效。

释放则是将节点插入到FDOL中。与分配类似,也是每次操作一个对象,因此可以简化为表头操作。其源代码见程序10.7。

程序10.7

-- src\kernel\device.c --

```
1 static void Dev_put(device_t * device)
2 {
3     CRITICAL_DECLARE(dev_fdol_lock);
4
5     CRITICAL_BEGIN();
6
7     DEV_ZERO(device);
8
9     if(dev_fdol)
10    {
11        device->dev_next    = dev_fdol;
12        dev_fdol->dev_prev  = device;
13    }
14
15    dev_fdol = device;
16
17    CRITICAL_END();
18 }
```

语句(7)将对象数据清空,以保证对象可用。为了保证代码的可读性,用DEV_ZERO宏代替了直接的代码,具体的宏定义为:

-- src\kernel\device.c --

```
#define DEV_ZERO(dev) _memzero(dev,sizeof(device_t))
```

语句(9)表示如果空闲设备列表不为空,则将对象插入 FDOL 中。

语句(15)将 FDOL 表头指向释放的对象,也就是将释放的对象作为 FDOL 的表头。

(3) 设备查询

在注册和打开设备时,需要根据设备名称来确认设备是否存在,以便因此提供相应的功能。方法是遍历 SDL,逐个比较设备的名称。其源代码见程序 10.8。

程序 10.8

-- src\kernel\device.c --

```
1 static
2 device_t * Dev_query_by_name(const char * devname)
3 {
4     device_t * device = dev_sdl;
5
6     while(device)
7     {
8         if(_namecmp(device->dev_name,devname) == 0)
9             break;
10
11        device = device->dev_next;
12    }
13
14    return device;
15 }
```

语句(4)取 SDL 表头,从头开始遍历 SDL。

语句(6～12)根据名称查找设备。遍历 SDL,对于每个注册的设备,都比较其名称,如果名称相同,则认为找到设备。在查找时使用了_namecmp 函数,此函数在比较名称时忽略大小写的差异。

(4) 模块初始化

在启用设备管理模块之前要对其进行初始化,以形成统一的初始运行环境。初始化的工作有两项:第一是为所有全局变量设置一个初始值,第二是建立 FDOL。其源代码见程序 10.9。

程序 10.9

-- src\kernel\device.c --

```
1 void Dev_initial(void)
2 {
3     device_t * device = NULL;
4
5     dev_fdl   = NULL;
```

```
 6      dev_sdl    = NULL;
 7
 8 #ifdef _CFG_SMP_
 9      dev_fdl_lock   = 0;
10      dev_sdl_lock   = 0;
11 #endif
12
13      _memzero(dev_pool,DEVICE_MAX * sizeof(device_t));
14
15      for(device = dev_pool; device <= LAST_device; device ++)
16          Dev_put(device);
17 }
```

语句(5～13)将设备管理的全局变量全部置为0或者NULL，以保证其初始状态一致。

语句(15)建立FDL。将设备对象池中的所有设备对象全部插入FDOL中，本函数利用Dev_put来建立FDOL。

2. 注册管理函数

注册管理包括注册与注销两个函数。

(1) 设备注册

本函数向系统注册设备。流程是首先在SDL中查找是否存在同名设备，随后分配设备对象，在填写设备对象的基本信息后，把设备对象插入SDL中，接着调用驱动入口对设备进行初始化。其源代码见程序10.10。

程序10.10

-- src\kernel\device.c --

```
 1 result_t Dev_register(const char * name,
 2                       result_t( * entry)(device_t *,int,void * ),
 3                       void * param)
 4 {
 5     device_t * device = NULL;
 6     CRITICAL_DECLARE(dev_sdl_lock);
 7
 8     ASSERT(name);
 9     ASSERT(entry);
10
11 #ifdef _CFG_CHECK_PARAMETER_
12
13     if(NULL == name)
14     {
15         PROC_SET_ERR(ERR_NAME_INVALID);
```

```
16          return ERR_NAME_INVALID;
17      }
18      if(NULL == entry)
19      {
20          PROC_SET_ERR(ERR_DEV_ENTRY_INVALID);
21          return ERR_DEV_ENTRY_INVALID;
22      }
23 #endif /* _CFG_CHECK_PARAMETER_ */
24
25      CRITICAL_BEGIN();
26
27      if(NULL != (device = Dev_query_by_name(name)))
28      {
29          PROC_SET_ERR(ERR_DEV_EXIST);
30
31          CRITICAL_END();
32
33          return ERR_DEV_EXIST;
34      }
35
36      if(NULL == (device = Dev_get()))
37      {
38          CRITICAL_END();
39
40          PROC_SET_ERR(ERR_SOURCE_EXHAUST);
41
42          return ERR_SOURCE_EXHAUST;
43      }
44
45      DEV_ZERO(device)
46      _nstrcpy(device->dev_name,name,12);
47      device->dev_entry = entry;
48
49      Dev_sdl_add(device);
50
51      CRITICAL_END();
52
53      if(entry(device,DEV_ENTRY_FLAG_REG,param) != RESULT_SUCCEED)
54      {
55          CRITICAL_BEGIN();
56
57          Dev_sdl_del(device);
```

```
58
59            CRITICAL_END();
60
61            Dev_put(device);
62
63            PROC_SET_ERR(ERR_DEV_REG_FAILED);
64
65            return ERR_DEV_REG_FAILED;
66        }
67
68        DEV_ACTIVE(device);
69
70        PROC_NO_ERR();
71
72        return RESULT_SUCCEED;
73 }
```

语句(11～23)对参数做基本的检查。

语句(27)检测名称是否已经存在。如果存在,则不能注册设备。通过这一步,可以保证系统内的设备名称唯一,也就是可以通过设备名称来唯一标识设备。

语句(36)分配设备对象。如果分配失败,则返回 NULL,设备注册失败。

语句(45～47)表示获得设备对象后,设置其基本信息。

语句(49)将设备对象加入 SDL。

语句(53～66)调用设备驱动入口程序,由驱动程序对设备对象进行具体的构造。如果返回失败,则将已分配的设备对象释放,返回 NULL,设备注册失败。

语句(68)激活设备对象。采用了 DEV_ACTIVE 宏,具体定义为:

-- include\kernel\device. h --

```
#define DEV_ACTIVE(dev) do{(dev)->dev_mode |= DEV_MODE_ACTIVED;}while(0)
```

(2) 设备注销

本函数将设备从系统中注销,程序将无法在 LDM 机制下使用相应的设备。流程是首先在 SDL 中查找对应的设备,然后从 SDL 中删除设备对象,最后调用设备驱动入口做最后的清理工作。其源代码见程序 10.11。

程序 10.11

-- src\kernel\device. c --

```
1 result_t Dev_unregister(const char * name,void * param)
2 {
3     device_t    * device = NULL;
4     result_t    (* entry)(device_t *,int,void *);
```

```
5    CRITICAL_DECLARE(dev_sdl_lock);
6
7    ASSERT(name);
8
9 #ifdef _CFG_CHECK_PARAMETER_
10   if(NULL == name)
11   {
12       PROC_SET_ERR(ERR_NAME_INVALID);
13       return ERR_NAME_INVALID;
14   }
15 #endif /* _CFG_CHECK_PARAMETER_ */
16
17   CRITICAL_BEGIN();
18
19   if(NULL == (device = Dev_query_by_name(name)))
20   {
21       PROC_SET_ERR(ERR_DEV_NOT_EXIST);
22       CRITICAL_END();
23       return ERR_DEV_NOT_EXIST;
24   }
25
26   if(DEV_IS_LOCKED(device))
27   {
28       PROC_SET_ERR(ERR_BUSY);
29       CRITICAL_END();
30       return ERR_BUSY;
31   }
32
33   entry = device->dev_entry;
34   Dev_sdl_del(device);
35
36   CRITICAL_END();
37
38   Dev_put(device);
39   if(entry(device,DEV_ENTRY_FLAG_UNREG,param) != RESULT_SUCCEED)
40   {
41       PROC_SET_ERR(ERR_DEV_UNREG_FAILED);
42       return ERR_DEV_UNREG_FAILED;
43   }
44
45   PROC_NO_ERR();
46   return RESULT_SUCCEED;
47 }
```

语句(19)查找需要注销的设备。如果找不到设备,则返回失败。

语句(26)不能注销已经锁定的设备。如果设备已经被锁定,则说明设备正在使用中,不能注销,函数返回失败。

语句(33)保存设备的驱动入口。从SDL中删除设备后,该字段的数据会被清除,因此应事先保存。

语句(34)从SDL中删除设备。经过这一步骤之后,程序将无法再找到该设备。

语句(38)释放设备对象,回收系统资源。系统将设备对象清空,也就是无法找到该设备,实际上就是完成了注销。

语句(39)调用设备的驱动入口做最后的清理工作。这里与设备注册时调用驱动入口有所不同,注销是向驱动入口的FLAG参数传递DEV_ENTRY_FLAG_UNREG,表示设备已经注销,可以执行清理工作。如果设备驱动入口返回失败,则设备注销也被认为失败。

要注意一点,即使设备已经从SDL中删除,API也可能返回失败。因此即使API返回失败,系统也有可能无法找到设备。

3. 设备中断管理函数

本函数用参数提供的ISP替换与IVT对应的ISP,源代码见程序10.12。

程序10.12

-- src\kernel\device.c --

```
1 void * Dev_isr(device_t * device,uint8_t ivtid,void ( * isp)(int,int))
2 {
3     isp_t pisp;
4 
5     ASSERT(device);
6     ASSERT(ivtid < IVT_MAX);
7 
8 # ifdef _CFG_CHECK_PARAMETER_
9     if(NULL == device)
10    {
11        PROC_SET_ERR(ERR_DEV_INVALID);
12        return NULL;
13    }
14 
15    if(ivtid >= IVT_MAX)
16    {
17        PROC_SET_ERR(ERR_OUT_OF_IVTID);
18        return NULL;
19    }
20 # endif / * _CFG_CHECK_PARAMETER_ * /
```

```
21
22      DEV_LOCK(device);
23      device->dev_ivtid = ivtid;
24      pisp = Machine_ivt_set(ivtid,isp);
25      DEV_FREE(device);
26      PROC_NO_ERR();
27      return pisp;
28 }
```

语句(23)保存设备的 IVT 编号。

语句(24)设置新的 ISP,保存原 ISP。

4. 设备访问函数

设备访问提供的 API 是应用程序操作设备的接口,API 通过设备对象中的 ddo 调用驱动程序。实际上,设备访问 API 起到了确保设备访问正确和转发操作请求的作用,本身并不直接操作设备。而具体如何操作设备,则交由 ddo,也就是驱动程序来完成。这些 API 对应于 Lenix 定义的打开、关闭、读、写和控制 5 个驱动接口。

(1) 打开设备

本函数打开设备,可以视为得到可用的设备对象。流程是先根据名称在 SDL 中查找设备,随后调用 ddo 的打开接口。其源代码见程序 10.13。

程序 10.13

-- src\kernel\device. c --

```
 1 device_t * Dev_open(const char * name,int mode)
 2 {
 3      device_t * device = NULL;
 4      CRITICAL_DECLARE(dev_sdl_lock);
 5
 6      CRITICAL_BEGIN();
 7
 8      if(NULL == (device = Dev_query_by_name(name)))
 9      {
10          PROC_SET_ERR(ERR_DEV_NOT_EXIST);
11
12          CRITICAL_END();
13
14          return NULL;
15      }
16
17      DEV_LOCK(device);
18
19      CRITICAL_END();
```

```
20
21      if(RESULT_SUCCEED != device->dev_device.ddo_open(device))
22      {
23          DEV_FREE(device);
24          PROC_SET_ERR(ERR_DEV_OPEN_FAILED);
25          mode = mode;
26          return NULL;
27      }
28
29      device->dev_ref_cnt ++;
30      DEV_FREE(device);
31      PROC_NO_ERR();
32      return device;
33 }
```


语句(8)通过名称查找设备。如果对应名称的设备不存在,则 API 返回 NULL。

语句(21)对设备进行初始化。调用 ddo 的 open 接口,给驱动程序提供一个执行某些必要操作的方式。如果 open 接口返回失败,则 API 返回 NULL。

语句(29)增加设备的引用计数。

(2) 关闭设备

本函数递减设备对象的引用计数器,如果计数器为 0,则调用 ddo 的关闭接口。其源代码见程序 10.14。

程序 10.14

-- src\kernel\device.c --

```
1 result_t Dev_close(device_t * device)
2 {
3     result_t result = RESULT_SUCCEED;
4
5     ASSERT(device);
6     ASSERT(device->dev_rtf_cnt >0);
7
8 #ifdef _CFG_CHECK_PARAMETER_
9     if(NULL == device)
10    {
11        PROC_SET_ERR(ERR_DEV_INVALID);
12        return ERR_DEV_INVALID;
13    }
14
15    if(device->dev_ref_cnt <1)
16    {
```

```
17          PROC_SET_ERR(ERR_REF_CNT_INVALID);
18          return ERR_REF_CNT_INVALID;
19      }
20 #endif /* _CFG_CHECK_PARAMETER_ */
21
22      DEV_LOCK(device);
23
24      if(--device->dev_ref_cnt == 0)
25      {
26          if(RESULT_SUCCEED != device->dev_ddo.ddo_close(device))
27              result = ERR_DEV_CLOSE_FAILED;
28      }
29
30      DEV_FREE(device);
31      PROC_SET_ERR(result);
32      return result;
33 }
```

语句(15)表示如果设备引用计数小于1,则说明使用设备的程序有逻辑上的错误。

语句(24)递减设备引用计数器,当引用计数为0时,系统会调用ddo的关闭接口。

语句(26)表示如果ddo的关闭接口返回失败,则设备关闭失败。

(3) 设备读

本函数调用ddo的读接口,源代码见程序10.15。

程序 10.15

-- src\kernel\device.c --

```
1 size_t Dev_read(device_t *device,off_t pos,void *buffer,size_t size)
2 {
3     size_t nr = 0;
4     size_t (*read)(device_t *,off_t pos,void *,size_t);
5
6     ASSERT(device);
7
8 #ifdef _CFG_CHECK_PARAMETER_
9     if(NULL == device)
10    {
11        PROC_SET_ERR(ERR_DEV_INVALID);
12        return ERR_DEV_INVALID;
13    }
```

```
14 #endif /* _CFG_CHECK_PARAMETER_ */
15
16     read = device->dev_ddo.ddo_read;
17
18     if(read)
19     {
20         DEV_LOCK(device);
21         nr = read(device,pos,buffer,size);
22         device->dev_last_access = pos + nr;
23         DEV_FREE(device);
24     }
25
26     return nr;
27 }
```


语句(16)取 ddo 的读接口。采用这个写法是为了简化程序,并使程序易读。

语句(18)判断读接口是否有效,有效才能调用接口。

语句(21)调用 ddo 的读接口,并保存返回值。

语句(22)保存设备的最后操作位置。

(4) 设备写

本函数调用 ddo 的写接口,源代码见程序 10.16。

程序 10.16

-- src\kernel\device.c --

```
1 size_t Dev_write(device_t *device,off_t pos,
2                  const void *buffer,size_t size)
3 {
4     size_t nw = 0;
5     size_t (*write)(device_t *,off_t pos,const void *,size_t);
6
7     ASSERT(device);
8
9 #ifdef _CFG_CHECK_PARAMETER_
10    if(NULL == device)
11    {
12        PROC_SET_ERR(ERR_DEV_INVALID);
13        return ERR_DEV_INVALID;
14    }
15 #endif /* _CFG_CHECK_PARAMETER_ */
16
17    write = device->dev_ddo.ddo_write;
18
```

```
19      if(write)
20      {
21          DEV_LOCK(device);
22          nw = write(device,pos,buffer,size);
23          device->dev_last_access = pos + nw;
24          DEV_FREE(device);
25      }
26
27      return nw;
28 }
```

语句(17)取 ddo 的写接口。采用这个写法是为了简化程序。

语句(19)判断写接口是否有效,有效才能调用接口。

语句(22)调用 ddo 的写接口,并保存返回值。

语句(23)保存设备的最后操作位置。

(5) 设备控制

本函数调用 ddo 的控制接口,源代码见程序 10.17。

程序 10.17

-- src\kernel\device.c --

```
1 result_t Dev_ctrl(device_t * device,byte_t cmd,void * arg)
2 {
3     result_t result = RESULT_FAILED;
4     result_t ( * ctrl )(device_t *,byte_t,void *);
5
6     ASSERT(device);
7
8 #ifdef _CFG_CHECK_PARAMETER_
9     if(NULL == device)
10    {
11        PROC_SET_ERR(ERR_DEV_INVALID);
12        return ERR_DEV_INVALID;
13    }
14 #endif /* _CFG_CHECK_PARAMETER_ */
15
16    ctrl = device->dev_ddo.ddo_ctrl;
17
18    if(ctrl)
19    {
20        DEV_LOCK(device);
21        result = ctrl(device,cmd,arg);
22        DEV_FREE(device);
```

```
23      }
24
25      return result;
26 }
```

语句(16)取 ddo 的控制接口。采用这个写法是为了简化程序。

语句(18)判断控制接口是否有效,有效才能调用接口。

语句(21)调用 ddo 的控制接口,并保存返回值。

5. 设备参数设置函数

本函数设置设备对象的用户参数,如果用户参数小于或等于 32 字节,则使用设备对象本身的空间;如果大于 32 字节,则需要提供相应的参数空间。其源代码见程序 10.18。

程序 10.18

-- src\kernel\device.c --

```
1 void * Dev_set_date(device_t * device,void * data,uint_t size)
2 {
3     ASSERT(device);
4     ASSERT(data);
5     ASSERT(size);
6
7 #ifdef _CFG_CHECK_PARAMETER_
8     if(NULL == device)
9     {
10        PROC_SET_ERR(ERR_DEV_INVALID);
11        return NULL;
12    }
13
14    if(NULL == data)
15    {
16        PROC_SET_ERR(ERR_DATA_INVALID);
17        return NULL;
18    }
19
20    if(0 == size)
21    {
22        PROC_SET_ERR(ERR_DATA_SIZE_INVALID);
23        return NULL;
24    }
25 #endif /* _CFG_CHECK_PARAMETER_ */
26
```

```
27      _memzero(device->dev_data,32);
28
29      if(size >32)
30          device->dev_data_ext = data;
31      else
32      {
33          _memcpy(device->dev_data,data,size);
34          device->dev_data_ext = NULL;
35      }
36
37      return device->dev_data_ext? device->dev_data_ext:device->dev_data;
38 }
```

语句(27)清空设备对象的用户数据空间。

语句(29)如果用户数据大于 32 字节,则直接使用用户提供的空间。

语句(31)如果用户数据小于或等于 32 字节,则将数据复制到设备对象的空间。

内容回顾

- Lenix 采用按名称管理设备的方式,用链表的形式来管理系统设备。可以将这一结构视为只有根目录的文件系统。
- Lenix 提供的设备操作 API 只起到转发的作用,通过统一的方式来调用 ddo 具体的设备驱动程序。
- LDM 可以支持虚拟设备,可以通过虚拟设备来扩展系统的功能。
- 驱动程序编程框架包含驱动入口、设备访问接口和设备 ISP 三部分。
- 使用设备要遵循打开—操作—关闭的顺序。

通过本章内容的学习,读者可以编写符合 LDM 的驱动程序,并且通过 LDM 来使用设备。

第11章 人机交互

对于计算机系统，无论是嵌入式系统还是通用系统，都存在与人进行交互的需求，比如在调试程序期间，都需要根据人们的要求来选择运行的方式，以及输出人们能看懂的信息。因此Lenix提供了一套人机交互方式。

11.1 概 述

从抽象的概念来看，人机交互是人与机器设备之间的信息传递。从使用的角度来看，则是计算机按照人们给出的信息采取相应的处理行为，同时将处理的信息反馈给人们。

向计算机发出信息有多种形式，简单的也许只是几个按键，计算机根据按键来执行相应的处理。复杂的也许是语音或者根据图像解析出需要执行的命令。但最常见的，也是比较高效、灵活的方式是通过键盘来输入一串字符，然后计算机根据这串字符进行处理。

11.1.1 交互的形式

常见的人机交互形式有两种，一种是通过文字方式交互，另一种是通过图形方式交互。

1. 文字交互

这种方式采用文字的形式实现人与计算机之间的交互，由于计算机最开始是使用英文表示信息，而英文由字符组成，所以通常把这种方式称为字符用户界面(Character User Interface，简写为CUI)。其特点是人们用文字向计算机发送信息，计算机也用文字展示其处理的结果。

2. 图形交互

这种方式采用图形的形式实现人与计算机之间的交互，因此把这种方式称为图形用户界面(Graphic User Interface，简称GUI)。图形交互的方式具有简洁、直观的优点，但是也带来了开发难度的提高。

11.1.2　交互的实质

从行为角度来看,人机交互是人向计算机系统发出指令,然后计算机系统根据指令执行相应的操作。如果有需要,计算机还要向人们显示指令执行过程中的信息和最后的结果,也称为返回信息。也就是说人机之间可能是单向的行为,也可能是双向的行为。

而从更底层、更抽象的角度来看,人机交互实际上是一个数据交换的过程,是人与计算机交换数据的过程。如果将人也视为一个设备,那么可以将人机交互更抽象地视为两个设备之间的数据交换,也就是设备之间的输入与输出。其过程可以抽象为人向计算机输入数据,计算机对数据进行加工处理后,将数据返回给人们。

11.1.3　系统组成

完整的交互系统包含硬件和软件两个部分,硬件负责交互信息的传递,软件负责对交互信息进行加工处理。

1. 交互的硬件

交互需要依赖硬件完成交互信息的传递,也就是需要依赖输入和输出设备。输入设备用于向计算机发出指令等信息,常见的输入设备有键盘和光电笔。输出设备则用于显示处理的过程信息或者最终结果,常见的输出设备有信号灯和显示器等。对于 CUI 来说,通常把输入、输出系统作为一个整体来对待,并称为终端。由于历史的原因,字符类的终端也称为 TTY 设备。

2. 交互的软件

交互的软件可以认为是人机交互的核心,它承担了数据加工、解释和纠错等功能。在实际的输入过程中,人们不可能保证每次都输入正确的指令,因此需要有过滤掉无效输入的方法,交互软件就起到这个作用。在输入正确的指令后,特别是采用字符串作为指令的交互方式时,需要解析出指令的具体操作,然后才能调用系统的具体功能进行处理,这项工作也需要由交互软件来完成。交互软件的另外一个重要作用是可以提供智能化的处理方式,通过编写脚本文件,让系统自行完成一些复杂的操作。由于交互软件的这些作用类似于一个保护的外壳,因此也把解释程序称为外壳(SHELL)程序。

11.1.4　Lenix 现状

Lenix 目前提供的人机交互方式是字符交互方式,也就是采用 CUI 的交互方式;并且内置的系统命令较少,但是提供了动态维护系统命令的方式,开发者可以根据自己的需要进行增减。

11.2　终端对象

在计算机发展的早期,电传打字机(teletypes,TTY)是"唯一"可以"实时"完成输入、输出功能的设备,因此也就将其作为交互终端来使用。随着技术的发展,键盘和显示器的组合代替了电传打字机,但是 TTY 的名字却一直沿用下来表示终端。由于终端大多是处理字符类型的数据,因此 TTY 的概念渐渐地引申为字符型设备。在进一步抽象归纳后,发现处理字符类型的数据都是采用串行的方式,因此 TTY 的概念也就慢慢引申为串行设备,当然是指低速的串行设备。

Lenix 沿用了传统的 TTY 概念。用 TTY 表示串行设备,同时也表示内核的 TTY 对象。在表示设备时,它同时包含了输入和输出设备;在表示 TTY 对象时,它是一套处理数据的机制,也可以视为一个简单的串行设备驱动模型。

目前,Lenix 的终端驱动程序功能虽然满足了最基本的需求,但功能还较少,以后的版本将逐步增强其功能。

11.2.1　需求与设计

Lenix 用 TTY 对象表示串行设备,可以通过 TTY 对象完成对串行设备常见的读、写操作。因此,也可以将 TTY 对象理解为一个简化的串行设备驱动模型,只要提供了相应的驱动程序,就可以通过 TTY 对象使用串行设备。

1. 需求分析

TTY 最早用于表示终端,因此先从终端的工作过程来看 TTY 的需求。从人的角度来看,终端的工作过程是:首先从键盘输入数据,在完成输入后发出开始执行的信息,通常是按下特定键(现在已经默认是回车键),系统才开始对输入的内容进行处理,系统将处理的过程和结果信息显示在显示器上。只有在输入完全正确的情况下才能保证得到正确的结果。但人们并不能确保输入都完全正确,因此希望在输入数据的同时能够实时看到和修改自己输入的内容,在确认输入正确以后才发出开始执行的信号。其过程如图 11.1 所示。

这个工作过程反映了一些需求:

① 原始输入不一定与最终结果相同。有些应用需要使用原始数据,有些应用却只需要最后的结果。

② 在显示终端上,实时显示输入的最终结果。其实,有些时候需要显示结果,有些时候却不需要。

③ 在没有遇到回车键时,即使输入再多的数据,系统也不会对数据进行处理。

了解了终端的需求后,再看看其他串行设备的需求。相对于终端,一般的串行设备就要简单许多,只需要系统与设备之间原封不动地传送数据即可。

从这些分析可以看出,终端是一种特殊的串行设备,需要对原始的输入进行加工

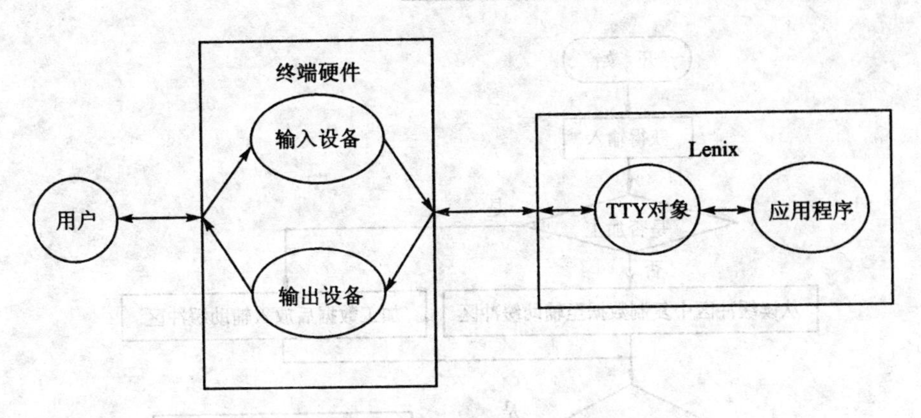

图 11.1　终端交互过程示意图

后才传送给系统。

2. 结构设计

根据需求分析，Lenix设计了三缓冲区结构的TTY对象，该结构借鉴了Linux的TTY设计。三个缓冲区分别是读缓冲区、写缓冲区和辅助缓冲区。程序是从TTY对象的辅助缓冲区中获取最终的输入数据，原始的输入数据保存在读缓冲区中，对原始数据加工后的最终数据保存在辅助缓冲区中。输出数据保存在写缓冲区中。如果需要原始数据，则不进行任何处理。因此TTY对象的输入过程可以描述为：

① 从输入设备(键盘)获得输入数据，将数据存入读缓冲区。

② 从读缓冲区读取数据，对其进行规范化后存入辅助缓冲区中。注意，这里的规范化可以不执行任何操作，这样就可以得到原始的输入数据。

③ 如果终端定义了实时输出(回显)，则同时将输入数据存入写缓冲区，然后调用输出接口(回显接口)，完成实时输出。

④ 当应用程序需要读数据时，则从辅助缓冲区中读取经过规范化处理的数据。

这一过程如图11.2所示。

从工作流程来看，如果不对原始数据进行加工，也不实时输出，则是一个普通串行设备的输入流程。

TTY的输出是将需要输出的数据复制到写缓冲区后，调用输出接口进行输出，而并不需要特殊的处理。这一过程与普通串行设备一致。

缓冲区的结构采用了环形队列的形式。这是由于串行设备(包括终端)的数据传送是以先进先出的方式，而且数据的总量并没有上限。如果采用普通的缓冲区结构，则需要在缓冲区中频繁地移动数据，这样会导致效率较低。而环形队列只需要维护头尾两个指针，并不需要移动数据，因此环形队列是TTY缓冲区的最佳形式。

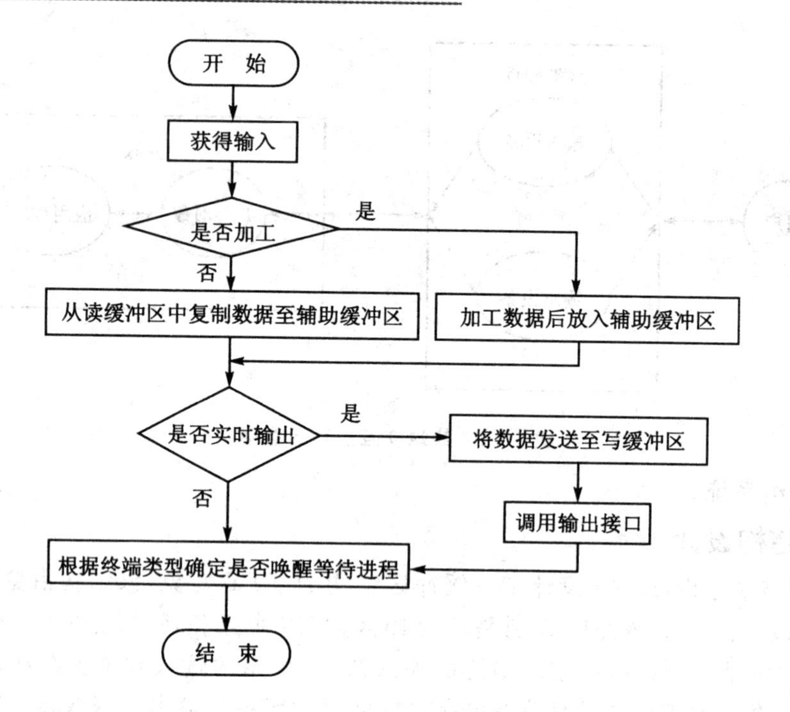

图 11.2 终端工作流程图

11.2.2 功能应用

TTY 对象的使用主要包含读和写两个操作，但为了使用上的方便，需要提供一个供 ISP 使用的数据输入接口。由于 TTY 对象的输出接口是可以动态设置的，因此需要提供一个相应的设置接口。综合这些需求，Lenix 为使用 TTY 提供了 4 个 API，其原型为：

-- include\kernel\tty.h --

```
result_t Tty_put_char(int ttyid, byte_t c);
handle_t Tty_echo_hook_set(int ttyid, void ( * echo)(byte_t));
int      Tty_read(int ttyid, void * buffer, size_t size);
int      Tty_write (int ttyid, constvoid * buffer, size_t size);
```

Tty_put_char

功　能：向 TTY 发送数据。

返回值：成功返回 RESULT_SUCCEED，失败返回 RESULT_FAILED。

参　数：一个 TTY 编号和字节数据。

说　明：这是提供给中断处理程序使用的函数。按照 TTY 的行为设计，应该是由 TTY 主动去读数据，但是出于性能考虑，提供了直接写入读缓冲区的方式，这样可以使程序更容易理解。也就是在发生中断时，由 ISP 直

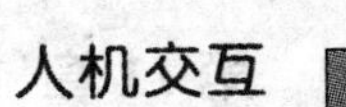

接将数据写入TTY的读缓冲区，而不用另外设置一个TTY读进程。

Tty_echo_hook_set

功　能：设置TTY的显示钩子。

返回值：TTY当前的显示钩子。

参　数：一个TTY编号和显示函数。

说　明：系统可以通过改变显示钩子的方式来改变TTY对象的输出方向。

Tty_read

功　能：从TTY中读取数据。

返回值：读取数据的字节数。

参　数：一个TTY编号，一个缓冲区地址，一个缓冲区长度。

说　明：在缓冲区满或者遇到回车符时结束输入。如果TTY对象无数据，则进程需要等待。

Tty_write

功　能：向TTY写数据。

返回值：写入数据的字节数。

参　数：一个TTY编号，一个缓冲区地址，一个缓冲区长度。

说　明：根据不同的终端类型，行为会有所不同。

11.2.3　实现说明

Lenix的TTY模块引入了3个数据类型，1个全局变量，6个函数。本节对这些数据类型和全局变量进行说明，并对函数进行解析。

1. 数据类型

在TTY的工作过程中，需要处理的对象包含终端的硬件和TTY的缓冲区，因此Lenix引入了表示这些对象的数据类型，而这些对象都包含在TTY对象中。综合以后，终端管理一共引入了3个数据类型。

(1) 终端对象

引入终端对象是为了统一表示串行设备，目前主要考虑的对象是显示终端、串行口和调制解调器。所以终端对象应包含这些设备的控制标志，在综合考虑了实时系统的资源后，Lenix终端对象的定义为：

-- include\kernel\tty. h --

```
typedef struct  _termios_t
{
    int     temo_type;
    byte_t  temo_iflags;
    byte_t  temo_oflags;
    byte_t  temo_sflags;
```

```
    byte_t  temo_lflags;
}termios_t;
```

temo_type

终端类型。不同类型的终端会有不同的行为方式。

temo_iflags

输入标志。用于控制 TTY 的输入行为。

temo_oflags

输出标志。用于控制 TTY 的输出行为。

temo_sflags

串口控制标志。用于控制串行口的行为。

temo_lflags

线标志。用于控制调制解调器的行为。

(2) TTY 缓冲区对象

从前文可以知道,TTY 缓冲区是环形结构。因此 TTY 缓冲区对象除了需要包含数据缓冲区外,还要包含表示队列头、尾的指针,头指针用于写,尾指针用于读。其定义为:

-- include\kernel\tty.h --

```
typedef struct  _tty_queue_t
{
    byte_t      tq_buf[TTY_BUF_SIZE];
    uint8_t     tq_head;
    uint8_t     tq_tail;
}tty_queue_t;
```

tq_buf

队列缓冲区。

tq_head

队列头,也称为写指针。当向缓冲区写入数据时,就要写入头指针的位置。

tq_tail

队列尾,也称为读指针。当从缓冲区读取数据时,尾指针要先向前移动一个位置后,才读出移动后所指位置的数据。

(3) TTY 对象

TTY 对象需要控制终端,因此要包含终端对象;有时会存在等待 TTY 的情况,因此需要提供等待队列;为了适应各种不同的回显设备,提供了输出用的函数指针;输入、输出都要有相应的缓冲区,经过规范化处理的数据也需要相应的缓冲区。综合以上需求,TTY 对象的定义为:

-- include\kernel\tty.h --

```
typedef struct  _tty_t
{
    termios_t      tty_termios;
    proc_list_t    tty_wait;
#ifdef _CFG_SMP_
    spin_lock_t    tty_lock;
#endif /* _CFG_SMP_ */
    void( * tty_echo_hook)(byte_t);
    tty_queue_t tty_read_queue;
    tty_queue_t tty_write_queue;
    tty_queue_t tty_second_queue;
}tty_t;
```

tty_termios

终端对象。表示TTY对应的终端。

tty_wait

进程等待列表。

tty_lock

访问锁。在SMP条件下使用。

tty_echo_hook

回显钩子。这是TTY对象最终用来完成输出功能的接口，由于最初开发Lenix时用于显示终端的回显，所以采用了这个名称。

tty_read_queue

读队列。TTY从输入设备读数据时使用。

tty_write_queue

写队列。TTY向输出设备写数据时使用。

tty_second_queue

辅助队列，也称为规范化队列。

2. 全局变量

终端管理引入了TTY池，用于为系统提供TTY对象的空间。其定义为：

-- src\kernel\tty.c --

```
static tty_t tty_pool[TTY_MAX];
```

TTY池用数组的方式实现，大小由TTY_MAX决定。TTY_MAX的默认值是2，也就是Lenix默认只支持2个TTY设备。具体使用时可以根据需要修改该值，以增加可用的TTY对象。其定义为：

-- include\config.h --

```
#define TTY_MAX 2
```

Lenix将0号TTY对象作为系统的主TTY,系统默认的输入、输出都使用主TTY。其定义为:

-- include\config.h --

```
#define TTY_MAJOR 0
```

除了0号TTY对象外,Lenix没有对其他TTY对象定义用途,开发人员可以根据需要自行定义。

3. 函数说明

在TTY模块引入的9个函数中,有4个API函数,1个初始化函数,4个内部函数。以下对这些函数进行详细说明。当前的TTY的实现存在功能单一、通用性不足的情况,这将在后续版本中进行扩展。

(1) 初始化

本函数的任务是具体设置各TTY对象的属性。当前版本设置了主TTY对象,源代码见程序11.1。

程序11.1

-- src\kernel\tty.c --

```
1 void Tty_initial(void)
2 {
3     tty_t * tty = NULL;
4
5     tty = tty_pool;
6
7     tty->tty_echo_hook                = Tty_echo_hook_default;
8     tty->tty_termios.temo_oflags = TERMIOS_OFLAG_ECHO ;
9
10    TQ_INIT(tty->tty_read_queue);
11    TQ_INIT(tty->tty_write_queue);
12    TQ_INIT(tty->tty_second_queue);
13 }
```

语句(5)获得主TTY对象。

语句(7)将TTY的回显钩子设置为系统默认的钩子,以确保系统不会出现错误。

语句(8)将终端设置为允许回显。

语句(10～12)初始化TTY对象的缓冲区。用TQ_INIT宏完成初始化工作,其定义为：

-- include\kernel\tty.h --

```
#define TQ_INIT(tq) do {_memzero(&tq,sizeof(tty_queue_t)); \
                    (tq).tq_tail = TTY_BUF_SIZE - 1;\
                    }while(FALSE)
```

(2) 输入规范化

本函数将输入缓冲区的原始数据进行规范化后，存入辅助缓冲区中。其方式是逐个从读缓冲区中取出原始的输入数据，存入辅助缓冲区中，然后根据预定义的规则，对辅助缓冲区中的数据进行调整。其源代码见程序 11.2。

程序 11.2

-- src\kernel\tty.c --

```
1 static void Tty_copy_to_cook(tty_t * tty)
2 {
3     byte_t c = 0;
4     CRITICAL_DECLARE(tty->tty_lock);
5
6     CRITICAL_BEGIN();
7
8     while(!TQ_IS_EMPTY(tty->tty_read_queue))
9     {
10        TQ_GET_CHAR(tty->tty_read_queue,c)
11
12        switch(c)
13        {
14            case CHAR_BACK:
15                if(TQ_IS_EMPTY(tty->tty_second_queue))
16                    continue;
17                TQ_DEC(tty->tty_second_queue.tq_head);
18                break;
19            default:
20                TQ_PUT_CHAR(tty->tty_second_queue,c);
21                break;
22        }
23
24        if(tty->tty_termios.temo_oflags & TERMIOS_OFLAG_ECHO)
25        {
26            if(tty->tty_termios.temo_oflags & TERMIOS_OFLAG_PSW)
27            {
28                switch(c)
```

```
29                  {
30                      case CHAR_CR:
31                      case CHAR_BACK:
32                          break;
33                      default:
34                          c = '*';
35                          break;
36                  }
37              }
38
39              TQ_PUT_CHAR(tty->tty_write_queue,c);
40              TTY_ECHO(tty);
41          }
42      }
43
44      CRITICAL_END();
45 }
```

语句(8)表示当读缓冲区中存在数据时才执行规范化处理。使用 TQ_IS_EMPTY宏来判断读缓冲区是否存在数据，判断的依据是在尾指针前进一步后是否为头指针。宏的定义为：

-- include\kernel\tty.h --

```
#define TQ_IS_EMPTY(tq) ((((tq).tq_tail + 1) & (TTY_BUF_SIZE - 1)) == \
                        (tq).tq_head)
```

语句(10)从读缓冲区中读数据。读数据采用 TQ_GET_CHAR 宏完成，实现的方法是尾指针先前进一步，然后才读数据。宏的定义为：

-- include\kernel\tty.h --

```
#define TQ_INC(a) do {(a) = ((a) + 1) & (TTY_BUF_SIZE - 1); \
                  } while(FALSE)


#define TQ_GET_CHAR(tq,c)   do { \
                        TQ_INC((tq).tq_tail);\
                        (c) = (tq).tq_buf[(tq).tq_tail];\
                      }while(FALSE)
```

语句(14～18)对退格符号进行特殊处理，如果规范化缓冲区中没有数据，则不能执行任何操作，而是取下一个字符。如果规范化缓冲区中有数据，则规范化缓冲区的写指针退后一个位置。退后采用 TQ_DEC 宏实现，定义为：

-- include\kernel\tty.h --

```
#define TQ_DEC(a) do {(a) = ((a) - 1) & ( TTY_BUF_SIZE - 1); \
                  } while(FALSE)
```

语句(19～21)表示在正常状态下，将取出的数据放入规范化缓冲区中。具体使用TQ_PUT_CHAR宏实现，方法是将数据送入缓冲区头指针的位置后，头指针前进一个位置。其定义为：

-- include\kernel\tty.h --

```
#define TQ_PUT_CHAR(tq,c)  do {\
                              (tq).tq_buf[(tq).tq_head] = (c);\
                              TQ_INC((tq).tq_head);\
                           }while(FALSE)
```

语句(24)表示如果终端定义了回显标志，则要向显示设备输出数据。

语句(26～37)表示如果终端定义了口令标志，则要将显示的字符改变为“*”符号，但是控制字符不变。

语句(39)将字符送写缓冲区。

语句(40)做回显处理。采用TTY_ECHO宏来完成该操作，宏的具体定义为：

-- include\kernel\tty.h --

```
#define TTY_ECHO(tty) do {byte_t  c = 0; \
                      while (! TQ_IS_EMPTY(tty->tty_write_queue)){\
                            TQ_GET_CHAR(tty->tty_write_queue,c);\
                            tty->tty_echo_hook(c);\
                          }\
                      }while(FALSE)
```

(3) 发送数据

本函数将数据送入辅助缓冲区。在辅助缓冲区还有适当的空间时，才允许数据写入，然后立即将数据复制到辅助缓冲区中。如果是回车符，则唤醒等待TTY的进程。其源代码见程序11.3。

程序11.3

-- src\kernel\tty.c --

```
1 result_t Tty_put_char(int ttyid,byte_t c)
2 {
3     tty_t     *tty      = tty_pool + ttyid;
4     result_t   result   = RESULT_SUCCEED;
5
6     CRITICAL_DECLARE(tty->tty_lock);
7
```

```
8 #ifdef _CFG_CHECK_PARAMETER_
9     if(ttyid >= TTY_MAX)
10        return result;
11 #endif /* _CFG_CHECK_PARAMETER_ */
12
13    CRITICAL_BEGIN();
14
15    if(TQ_LEFT(tty->tty_second_queue) >4 || \
16       CHAR_BACK == c || CHAR_CR == c)
17    {
18       TQ_PUT_CHAR(tty->tty_read_queue,c);
19       CRITICAL_END();
20       Tty_copy_to_cook(tty);
21
22       if(CHAR_CR == c)
23       {
24           TTY_WAKEUP(tty);
25       }
26    }
27    else
28    {
29       CRITICAL_END();
30       result = RESULT_FAILED;
31    }
32    return result;
33 }
```

发送数据的主要流程为：判断数据是否可以送入读缓冲区，如果可以，在将数据送入读缓冲区的同时，对数据进行规范化。

语句(9)对参数进行校验，不能超过系统的最大 TTY 编号。

语句(15～16)表示如果规范化缓冲区已满，则会导致回车符丢失，从而导致 TTY 行为异常，因此要保证规范化缓冲区保持一定的空间，但也要保证回车符和退格符可以进入。

语句(18)将数据送读缓冲区。

语句(20)对输入数据进行规范化。也就是在将读缓冲区中的原始数据进行规范化后，复制到规范化缓冲区。

语句(22～25)表示如果输入的字符是回车符，则唤醒等待 TTY 的进程。唤醒使用 TTY_WAKEUP 宏实现，具体的定义为：

-- include\kernel\tty.h --

```
#define TTY_WAKEUP(tty) do { \
```

```
            CRITICAL_DECLARE(tty->tty_lock);\
            CRITICAL_BEGIN();\
            Proc_resume_on(&(tty->tty_wait));\
            CRITICAL_END();\
        }while(FALSE)
```

语句(30)表示如果规范化缓冲区已满,则返回失败。

(4) 输入数据

本函数从 TTY 对象中输入数据,在缓冲区满或者遇到回车符时结束输入。如果 TTY 对象无数据,则进程需要等待。其源代码见程序 11.4。

程序 11.4

-- src\kernel\tty.c --

```
 1 int Tty_read(int ttyid,void * buffer,size_t size)
 2 {
 3     tty_t    * tty    = tty_pool + ttyid;
 4     byte_t   * buf    = buffer;
 5     byte_t     c      = 0;
 6     CRITICAL_DECLARE(tty->tty_lock);
 7
 8 #ifdef _CFG_CHECK_PARAMETER_
 9     if(ttyid >= TTY_MAX)
10         return 0;
11
12     if(NULL == buffer)
13         return 0;
14 #endif /* _CFG_CHECK_PARAMETER_ */
15
16     while(size)
17     {
18         CRITICAL_BEGIN();
19
20         if(TQ_IS_EMPTY(tty->tty_second_queue))
21         {
22             Proc_wait_on(&(tty->tty_wait));
23
24             CRITICAL_END();
25
26             Proc_sched();
27         }
28         else
29         {
```

```
30                TQ_GET_CHAR(tty->tty_second_queue,c);
31
32                CRITICAL_END();
33
34                *buf ++ = c;
35                if(CHAR_CR == c)
36                {
37                    * --buf = 0;
38                    break;
39                }
40                --size;
41            }
42        }
43
44        return buf - (byte_t *)buffer;
45 }
```


语句(8～14)为参数校验。

语句(16)表示当缓冲区还有空间时，继续尝试输入数据。

语句(20～27)表示如果辅助队列中没有数据，则进程进入睡眠状态，等待数据。

语句(30)从辅助队列中取回一个字符。

语句(34)将数据填入缓冲区。

语句(35)表示如果这个字符是回车符，则将已经写入缓冲区的回车符替换成 0，然后退出输入循环，结束本次输入。

语句(40)递减缓冲区空间。

(5) 输出数据

本函数向 TTY 对象输出数据。输出的方式为逐字节输出，即从用户缓冲区中取出一字节放入输出缓冲区，然后调用 TTY 的输出接口完成具体的输出工作。这部分的实现还有很大的优化空间。其源代码见程序 11.5。

程序 11.5

-- src\kernel\tty.c --

```
1 int Tty_write(int ttyid,const void * buffer,size_t size)
2 {
3     tty_t             * tty  = tty_pool + ttyid;
4     const byte_t      * buf  = buffer;
5     byte_t              c    = 0;
6     CRITICAL_DECLARE(tty->tty_lock);
7
8 #ifdef _CFG_CHECK_PARAMETER_
9     if(ttyid >= TTY_MAX)
```

```
10          return 0;
11
12      if(NULL == buffer)
13          return 0;
14  #endif /* _CFG_CHECK_PARAMETER_ */
15
16      while(size--)
17      {
18          c = *buf++;
19
20          if(tty->tty_termios.temo_oflags & TERMIOS_OFLAG_ECHO)
21          {
22
23              if(tty->tty_termios.temo_oflags & TERMIOS_OFLAG_PSW)
24              {
25                  switch(c)
26                  {
27                      case CHAR_CR:
28                      case CHAR_BACK:
29                          break;
30                      default:
31                          c = '*';
32                          break;
33                  }
34              }
35
36              CRITICAL_BEGIN();
37              TQ_PUT_CHAR(tty->tty_write_queue,c);
38              TTY_ECHO(tty);
39              CRITICAL_END();
40          }
41      }
42
43      return buf - (const byte_t *)buffer;
44  }
```

语句(8～14)为检验参数。

语句(16)表示当缓冲区中存在数据时才能执行数据输出。

语句(18)从输出缓冲区取出一个字符。

语句(20)根据终端的标志进行处理，在定义有回显标志的情况下才会执行具体的输出。因此，当向串行口等设备输出数据时，需定义回显标志才能正常输出数据。

语句(23)表示如果定义了口令标志,则将一般的字符替换为“*”符号。由于存在这一特性,因此在向其他设备输出数据时,如果要保持原始数据不变,则不要定义口令标志。

语句(37)将数据送入写队列。

语句(38)利用回显的方式输出数据。

(6) 设置显示钩子

本函数设置 TTY 的显示接口。其源代码见程序 11.6。

程序 11.6

-- src\kernel\tty.c --

```
 1 handle_t Tty_echo_hook_set(int ttyid,void (*echo)(byte_t))
 2 {
 3     tty_t      *tty     = tty_pool + ttyid;
 4     handle_t   handle = NULL;
 5     CRITICAL_DECLARE(tty->tty_lock);
 6
 7 #ifdef _CFG_CHECK_PARAMETER_
 8
 9     if(ttyid >= TTY_MAX)
10         return NULL;
11
12     if(NULL == echo)
13         return NULL;
14
15 #endif /* _CFG_CHECK_PARAMETER_ */
16
17     CRITICAL_BEGIN();
18     handle = tty->tty_echo_hook;
19     tty->tty_echo_hook = echo;
20     CRITICAL_END();
21     return handle;
22 }
```

语句(7～15)对参数进行校验,即判断传入的参数是否超过系统规定的最大终端编号,以及传入的显示接口函数是否有效。

语句(18)保存原有的显示钩子。

语句(19)设置新的显示钩子。

11.3　命令解释进程

在人机交互过程中,系统已经获得了输入的数据,那么下一步就是根据输入的数据执行相应的操作，这就需要一个从输入的数据解析出具体操作要求的步骤。在Lenix中就有这样的一个进程，称为命令解释进程。其实SHELL起源于UNIX系统，其主要作用就是解释输入的命令行并执行。出于习惯的原因，Lenix沿用了这个叫法，称为Lenix SHELL，可以简称为LeSH。

简单的SHELL只对单一命令进行解释和执行，功能强大的命令解释程序可以对一连串命令进行连续解释和执行。但是其核心思想都是相同的，就是对输入的命令进行解释并执行。

11.3.1 需求与设计

命令解释程序最根本的任务是对输入的命令行进行分析，分离出命令名称和参数，然后将分离出的命令名称和参数传递给具体的命令处理程序。但是除了这个最基本的要求外，还有一些特殊的需求。

1. 需 求

首先，Lenix的定位是嵌入式操作系统，所以不一定配置了文件系统，因此系统必须提供不依赖于外部程序的命令处理程序，Lenix称这样的程序为内部命令。

其次，考虑到嵌入式系统的需求变化较大，所需要的命令功能可能不同，因此需要提供动态配置命令的功能，只需对应用程序进行简单的修改即可配置为所需要的内部命令，从而极大地方便了系统的调试。

最后，出于代码管理的要求，命令处理程序应有统一的形式。统一的形式可以使编程更方便。统一的参数形式是：Lenix提供的命令均以"-"或"/"开始，紧跟着一个表示参数类型的字母，字母后面才是具体的参数。参数以空格作为分隔符。自定义的命令可以不遵守这一规则，但建议遵守。

2. 设 计

(1) 命令行格式

Lenix规定输入的命令行必须以命令开头，命令与参数、参数与参数之间用空格分隔。

(2) 引入系统命令表

这个表建立了命令名称与处理程序的对应关系，通过这个对应关系表就可以以查找的方式来执行命令程序，这样也就完成了命令的解释工作。

(3) 命令处理程序原型

为了便于命令程序的编写和兼顾习惯，Lenix将命令处理程序的原型定义为与main函数类似的形式，这样，命令就可以方便地处理参数。例如：

```
int Sc_command(int argc,char ** argv)
```

11.3.2 功能应用

处理 LeSH 的主要工作是编写命令处理程序，但是处理 LeSH 本身却是如何向命令映射表添加命令，以及在命令处理程序中方便地获得参数。因此，Lenix 为 LeSH 引入了 2 个 API，用来处理这 2 项工作。其原型为：

-- include\kernel\shell. h --

```
char * Sc_get_param(int argc,char ** argv,const char param);
result_t Shell_cmd_add(const char * cmdname,sc_entry_t cmdentry);
```

Sc_get_param

功　能：获得指定的参数字符串。

返回值：字符串指针。

参　数：命令行参数的个数、参数数组和参数的标志字母。

Shell_cmd_add

功　能：向命令映射表添加命令。

返回值：成功返回 RESULT_SUCCEED，失败返回 RESULT_FAILED。

参　数：命令的名称和执行命令的函数。

说　明：命令的名称最多只能有 7 个字符，如果提供的名称超过 7 个字符，则系统只取前 7 个字符。

11.3.3 实现说明

在实现 LeSH 的过程中，需要有表示命令处理程序和命令映射表的表项，因此引入了 2 个数据类型。在 LeSH 的具体运行过程中，需要涉及命令映射表和运行栈，以及对不占用栈空间本身的要求，因此 Lenix 引入了 3 个全局变量，具体实现时引入了 6 个函数。

1. 数据类型

引入的数据类型包括命令处理入口和命令映射对象。下面分别对其进行说明。

(1) 命令处理入口

将命令处理函数的原型定义为一个类型，主要是出于简化程序的考虑。其具体的定义为：

-- include\kernel\shell. h --

```
typedef int ( * sc_entry_t)(int argc,char ** argv);
```

(2) 命令映射对象

在使用 LeSH 时，是通过输入命令名称来完成的，而不是直接启动对应的处理程序。因此需要在命令名称与处理程序之间建立起对应关系。Lenix 采用了二元组来建立这个关系，这个二元组包含了命令名称和具体的处理程序。其具体的定义为：

-- include\kernel\shell.h --

```
typedef struct _sc_map_t
{
    char        scm_name[SHELL_CMD_NAME_SIZE];
    sc_entry_t  scm_entry;
}sc_map_t;
```

scm_name

命令名称。Lenix 规定命令名称的最大长度为 SHELL_CMD_NAME_SIZE，其默认的长度定义为 8。

scm_entry

命令处理入口。这是一个 sc_entry_t 类型的字段，这表明命令处理程序具有统一的样式。

2. 全局变量

LeSH 引入了运行栈、命令行缓冲区和命令映射表三个全局变量。下面分别对其进行说明。

(1) LeSH 运行栈

LeSH 在运行过程中需要相应的栈空间，因此需要为其保留一定的空间。而且由于命令处理程序使用了同一个栈空间，因此 LeSH 进程需要考虑命令处理程序所需的栈空间。其具体的定义为：

-- src\kernel\shell.c --

```
static byte_t shell_stack[SHELL_STACK_SIZE];
```

栈空间大小为 SHELL_STACK_SIZE，默认值定义为 2 048 字节。

(2) 命令行缓冲区

LeSH 需要保存所输入的命令行，然后才能对命令行做进一步的分析。这个缓冲区本应作为局部变量定义在 LeSH 进程内，但出于栈空间大小的考虑，将其定义为全局变量。其具体的定义为：

-- src\kernel\shell.c --

```
static char cmdline[SHELL_CMD_SIZE];
```

命令行缓冲区的长度为 SHELL_CMD_SIZE，默认值定义为 180。

(3) 命令映射表

要想实现从命令名称到处理程序的转换，系统中需要保存相应的转换关系。因此 Lenix 引入了命令映射表(Command Map Table，简写为 CMT)用于提供系统的命令名称与处理函数之间的转换。其定义为：

-- src\kernel\shell.c --

```
static sc_map_t sc_map_table[SHELL_CMD_MAX] = {0};
```

LeSH 在 CMT 中查找到命令名称后，就可以找到其对应的命令处理程序了，从而完成从命令名称到命令处理程序的转换。CMT 的长度为 SHELL_CMD_MAX，默认值定义为 32，也就是说，系统默认最大支持 32 个内部命令。

3. 函数说明

LeSH 的工作过程是，首先建立初始环境，添加系统命令。在具体处理命令行时，首先对输入的命令行进行分析，解析出参数，然后通过 CMT 找到对应的处理程序，最后调用处理程序完成对命令的处理。因此 Lenix 引入了解析命令行和查找命令的函数；在命令处理程序中需要查找指定的参数，所以引入了在解析出的参数表中查找参数的函数。

(1) LeSH 初始化

建立 LeSH 的初始运行环境，主要工作是给系统添加两个固定的命令和创建 LeSH 进程。其源代码见程序 11.7。

程序 11.7

-- src\kernel\shell.c --

```
 1 void Shell_initial(void)
 2 {
 3     _memzero(sc_map_table,sizeof(sc_map_t) * SHELL_CMD_MAX);
 4
 5 #ifdef _CFG_SMP_
 6     sc_lock = 0;
 7 #endif /* _CFG_SMP_ */
 8
 9     Shell_cmd_add("help",Sc_help);
10     Shell_cmd_add("ver",Sc_ver );
11
12     Proc_create("LeSH",
13         SHELL_PROCESS_PRIORITY,SHELL_PROCESS_PRIONUM,
14         Lenix_Shell,0,
15         MAKE_STACK(shell_stack,SHELL_STACK_SIZE),
16         STACK_SIZE(shell_stack,SHELL_STACK_SIZE));
17 }
```

语句(3)清空命令映射表。

语句(9～10)添加两个固定命令，用以显示可用命令和版本号。

语句(12～16)创建 LeSH 进程。Lenix 对 LeSH 的优先级和优先数设置了默认值，均为中间值，这样就为其他进程留下了足够的资源。其具体的定义为：

-- include\config. h --

```
#define SHELL_PROCESS_PRIORITY 32
#define SHELL_PROCESS_PRIONUM  3
```

(2) 查找命令

本函数完成从命令名称到命令处理函数的转换。方法是在CMT内查找对应名称的命令映射对象,若找到则返回命令处理函数的地址。其源代码见程序11.8。

程序 11.8

-- src\kernel\shell. c --

```
1 sc_entry_t Sc_name_to_cmd(const char * cmdname)
2 {
3     const sc_map_t * scm  =  sc_map_table;
4     int               i    = 0;
5     CRITICAL_DECLARE(sc_lock);
6 
7     CRITICAL_BEGIN();
8     for(; i < SHELL_CMD_MAX; i ++, scm ++)
9     {
10        if(scm->scm_entry && _namecmp(cmdname,scm->scm_name ) == 0)
11        {
12            CRITICAL_END();
13            return scm->scm_entry;
14        }
15    }
16    CRITICAL_END();
17 
18    return NULL;
19 }
```

语句(8～15)遍历CMT,判断命令是否存在。判断的依据是命令映射对象有效,并且名称相同。如果存在,则返回对应的命令处理函数地址。

(3) 解析命令行

本函数解析出命令行中以空格作为分隔符的子串。解析采用自动机的方式实现,源代码见程序11.8。

程序 11.8

-- src\kernel\shell. c --

```
1 static int Sc_decode_cmdline(char * cmdline,char ** argv)
2 {
3     int  argc      = 0;
4     int  status    = 0;
```

```
 5     char c          = 0;
 6
 7     for(; *cmdline && argc < SHELL_ARG_MAX; cmdline++)
 8     {
 9         c =  *cmdline;
10         switch(status)
11         {
12             case 0:
13                 if(c == ' ' || c == '\t')
14                     break;
15                 else
16                 {
17                     status = 1;
18                     argv[argc++] = cmdline;
19                 }
20                 break;
21             case 1:
22                 if(c == ' ' || c == '\t')
23                 {
24                     *cmdline = 0;
25                      status  = 0;
26                 }
27                 break;
28         }
29     }
30     return argc;
31 }
```

本函数使用有限状态机来完成命令行的解析，Lenix将这个有限状态机称为命令行解析自动机(Command Line Decode Automatic Machine，CLDAM)。CLDAM包含查找和发现两个状态，具体的定义为：

➢ 查找状态。表示自动机正在查找子串，用0代表该状态。

➢ 发现状态。表示自动机发现了子串，用1代表该状态。

将命令行内的输入分为2类，一类是分隔符，如空格和制表符；另一类是非分隔符，也就是除了分隔符以外的字符。

当处于查找状态时，如果发现非分隔符，则转换为发现状态；如果发现分隔符，则保持状态不变。当处于发现状态时，如果发现分隔符，则转换为查找状态；如果发现非分隔符，则保持状态不变。当遇到字符串结束符时，CLDAM终止，也就是解析完毕。其状态变化如图11.3所示。

语句(4)将自动机状态的初始状态设置为0，也就是查找状态。

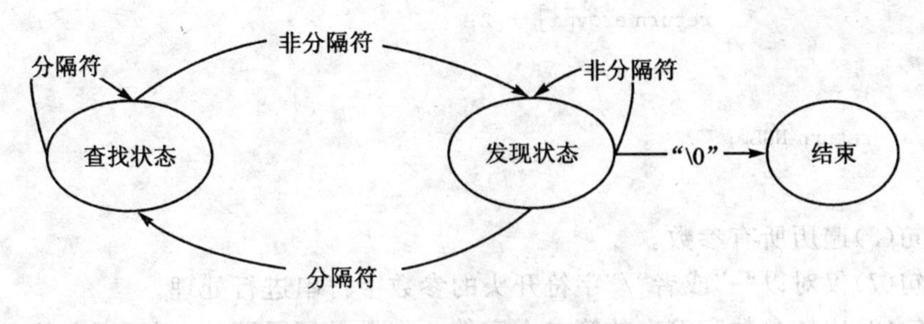

图 11.3 命令解析自动机状态变迁图

语句(7)遍历命令行。遍历完命令行或者参数的数量达到上限后,停止解析。参数的数量上限由 SHELL_ARG_MAX 宏给出,默认值定义为 16。其具体的定义为:

-- include\kernel\shell. h --

```
#define SHELL_ARG_MAX 16
```

语句(9)取命令行当前字符。

语句(12)处理状态 0。

语句(13)表示如果遇到的字符是分隔符,则不做处理,取下一个字符。

语句(15~19)遇到非分隔符,视为找到了有效的子串,把自动机的状态转变为1。保存子串的起始地址,并且递增参数的数量计数器。

语句(21)处理状态 1。

语句(22~26)遇到分隔符,视为子串结束。将分隔符置为 0,表示这是一个完整的字符串。将自动机状态变更 0,表示继续查找子串。

语句(30)返回参数的数量。

(4) 查找参数

在解析出的参数列表中查找指定的参数。Lenix 提供的命令参数均以“-”或“/”字符开始,然后紧跟表示参数用途的字母。按照这个约定,就可以通过比较参数字符串的第二个字符来确定所需的参数。其源代码见程序 11.9。

程序 11.9

-- src\kernel\shell. c --

```
1 char * Sc_get_param(int argc,char ** argv,const char param)
2 {
3     int i = 0;
4 
5     for(; i < argc; i ++)
6     {
7         if('-' == argv[i][0] || '/' == argv[i][0])
8         {
9             if(param == argv[i][1])
```

```
10                  return argv[i] + 2;
11          }
12      }
13      return NULL;
14 }
```

语句(5)遍历所有参数。

语句(7)仅对以“-”或者“/”字符开头的参数字符串进行处理。

语句(9)比较参数字符串的第二个字符。如果是所需要的，则返回参数字符串的第三个字符的地址，因为前两个字符是用做识别的，不是真正的参数。

语句(13)表示如果找不到对应的参数，则返回 NULL，表示查找失败。

(5) LeSH 进程函数

LeSH 是一个单独的进程，因此需要提供一个进程函数。LeSH 需要反复等待用户输入的命令行，并进行处理。也就是说，LeSH 不能终止运行，因此将 LeSH 设计为无限循环进程，重复等待输入和处理输入这一过程。完整的单次过程是：首先输出提示符，然后从主 TTY 中读取输入的命令，随后对命令进行解析，如果命令存在，则执行命令，如果不存在，则给出提示信息。其源代码见程序 11.10。

程序 11.10

-- src\kernel\shell.c --

```
1 static void Lenix_Shell(void * param)
2 {
3     int             len         = 0;
4     int             argc        = 0;
5     char          * argv[16]    = { NULL };
6     sc_entry_t      entry       = NULL;
7
8     param = param;
9
10    for(;;)
11    {
12        _printf("\nLenix: >");
13        len = Tty_read(TTY_MAJOR,cmdline,SHELL_CMD_SIZE - 1);
14        cmdline[len] = 0;
15
16        argc = Sc_decode_cmdline(cmdline,argv);
17
18        if(argc)
19        {
20            if(entry = Sc_name_to_cmd(argv[0]))
21            {
```

```
22                _printf("\n");
23                entry(argc,argv);
24            }
25            else
26                _printf("\nbad or unknown command\n");
27        }
28    }
29 }
```

语句(12)显示提示符。

语句(13)从主 TTY 读取命令行。输入回车后才会返回。读取的数据长度为缓冲区长度减 1,最后的位置是为字符串末尾的 0 预留的。

语句(14)确保命令行以 0 结尾。

语句(16)解析命令行。

语句(18)判断命令行是否有效。判断的依据是命令行中至少存在一个有效子串。

语句(20～24)查找命令,以命令行的第一个子串为命令名称。如果命令存在,首先换行,以保证命令执行时输出的信息在新的一行上;然后调用命令处理函数。

语句(26)如果命令不存在,则给出提示信息。

(6) 添加命令

本函数向 CMT 中添加命令。方法是遍历 CMT,找到可用的命令映射对象,填写信息,然后检测系统中是否存在相同的命令名称,如果存在,则释放已经占用的命令映射对象。其源代码见程序 11.11。

程序 11.11

-- src\kernel\shell.c --

```
1 result_t Shell_cmd_add(const char * cmdname,sc_entry_t cmdentry)
2 {
3     sc_map_t  * scm     = sc_map_table,
4               * scm_f   = NULL;
5     result_t    result  = RESULT_SUCCEED;
6     int         i       = 0;
7     CRITICAL_DECLARE(sc_lock);
8
9     CRITICAL_BEGIN();
10    for(; i < SHELL_CMD_MAX; i ++,scm ++)
11    {
12        if(NULL == scm_f && NULL == scm->scm_entry)
13        {
14            scm_f               = scm;
```

```
15              scm->scm_entry = cmdentry;
16          }
17
18          if(_namecmp(scm->scm_name,cmdname) == 0)
19          {
20              scm_f->scm_entry = NULL;
21              scm_f            = NULL;
22              result           = RESULT_FAILED;
23              break;
24          }
25      }
26
27      if(scm_f)
28          _nstrcpy(scm_f->scm_name,cmdname,SHELL_CMD_NAME_SIZE);
29
30      CRITICAL_END();
31
32      return result;
33 }
```

语句(10)遍历 CMT。

语句(12～16)表示如果新增命令对象无效,且检测到可用的命令对象,则标记新增的命令对象有效,并将命令对象置为占用,方法是将命令映射对象的处理函数设置为参数提供的函数。

语句(18～24)检测名称是否存在。如果命令名称已经存在,则释放新增的命令映射对象,退出遍历。这也表示添加命令失败。

语句(27～28)检测是否添加成功,依据是判断新增的命令映射对象是否有效。如果有效,则将命令名称复制到命令映射对象中,最后完成命令的添加。

内容回顾

- 简要介绍了人机交互的形式和一般的人机交互系统的组成。
- 分析了终端行为方式,明确了数据的流程和数据的处理要求。
- 设计了三缓冲区结构的终端对象,采用了环形缓冲区结构。
- 命令解释进程提供了参数解析 API,以便在编写系统命令时进行参数解析。
- 系统命令可配置,并为此引入命令映射表。

通过本章,读者可以了解 TTY 的工作方式,掌握编写 Lenix 系统命令的方法,并且向 SHELL 添加自己的命令。

第12章 移植

操作系统总是尽可能地设计成与具体平台无关，这其中有操作系统的大部分功能与具体平台无关的原因，也有如何便于在不同平台上运行的考虑。Lenix 同样也有这样的需求。从开发顺序的角度来看，虽然 Lenix 是在 16 位 X86 的 PC 上开发和测试的，但这仍算是将 Lenix 移植到 16 位 X86 上。因此，本章以 16 位 X86 为例，讨论 Lenix 的移植。

12.1 移植的内容

在具体的移植工作中，最关注的是移植的内容，也就是需要修改哪些地方。从基础知识就可以了解到，移植涉及的部分大多是与硬件相关的内容。Lenix 与硬件相关的部分包括硬件模型、进程运行环境初始化、进程切换和中断处理四个部分。

12.1.1 移植硬件模型

从前面的章节中已经知道，Lenix 是建立在硬件模型基础上的。因此移植前必须实现对应的硬件模型，也就是说，硬件模型是首先要移植的部分。具体就是实现 Lenix 定义的 CPU 和计算机两个硬件模型。

对于 CPU 来说，每种 CPU 只需实现一次。但是对于计算机来说也许存在多种情况，因为可以用同样的 CPU 制造各种配置不同的计算机，配置不同，就需要移植不同的内容。

12.1.2 移植进程运行环境初始化

实现硬件模型之后，就要移植环境初始化函数，这是一个在创建进程（参见第 6 章中进程 Proc_create（程序 6.10）的说明）时用于初始化进程运行环境的函数。该函数实际上是构造一个进程被换出 CPU 后的栈环境，由于每种 CPU 栈的实现方式不同，因此需要移植该函数。

12.1.3 移植进程切换

进程切换是高度硬件相关的操作，因为 CPU 不同，进程切换的方式也会不同，因此需要移植这个功能。进程切换通常都需要使用汇编语言进行处理,甚至有可能需要采用机器码进行编程。

12.1.4 移植中断处理

每种 CPU 都有自己的中断机制,Lenix 也定义了一套相应的中断处理的机制,因此需要建立起硬件中断与 Lenix 中断处理机制之间的联系。具体是按照 Lenix 定义的 ISP 编程框架实现 CPU 的中断处理程序。

12.1.5 其 他

在完成以上内容的移植后,其实还有一项内容需要移植,那就是 Makefile。但这并不属于内核本身,因为不使用默认的 Makefile 也可以编译出所需要的文件。

12.2 硬件模型移植

移植首先要实现 Lenix 定义的硬件模型,也就是 CPU 模型和计算机模型。具体的方式就是实现其接口。

12.2.1 移植 CPU 模型

这是在 16 位 X86 上的移植,这里采用汇编语言来实现 CPU 模型的接口。可以在 src\asm\X86_16.asm 文件中找到这些代码。

1. Cpu_psw_get

获取标志寄存器的值。X86 系列 CPU 标志寄存器对应于 Lenix 定义的 PSW,但是 X86 系列的 CPU 不能直接操作标志寄存器,因此需要借助堆栈来获得标志寄存器的值。方法是先将标志寄存器压入栈,然后再弹出到 ax 寄存器中,源代码见程序 12.1。

程序 12.1

-- src\asm\X86_16.asm --

```
1 _Cpu_psw_get:
2       pushf
3       pop ax
4       ret
```

2. Cpu_psw_set

设置标志寄存器。这需要通过栈来完成。方法是先将参数压入栈,然后将当前标志寄存器保存到 ax 寄存器中,最后再用栈中弹出的参数设置标志寄存器,源代码见程序 12.2。

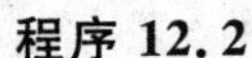
程序 12.2

-- src\asm\X86_16.asm --

```
1 _Cpu_psw_set:
2       mov     bx,sp
3       push    [bx + 2]
4       pushf
5       pop     ax
6       popf
7       ret
```

这里需要注意的是使用汇编语言来处理C语言传入的参数。

3. Cpu_diable_interrupt

禁止中断。在禁止中断之前先要将当前标志寄存器保存到ax寄存器中。禁止中断可以直接利用CPU提供的指令。其源代码见程序12.3。

程序 12.3

-- src\asm\X86_16.asm --

```
1 _Cpu_disable_interrupt:
2       pushf
3       pop  ax
4       cli
5       ret
```

4. Cpu_enable_interrupt

允许中断。在允许中断之前先要将当前标志寄存器保存到ax寄存器中。允许中断可以直接利用CPU提供的指令。其源代码见程序12.4。

程序 12.4

-- src\asm\X86_16.asm --

```
1 _Cpu_enable_interrupt:
2       pushf
3       pop  ax
4       sti
5       ret
```

5. I/O管理

由于当前版本只需要字节方式的I/O,因此只实现了两个接口,但这并不影响系统的编译。其源代码见程序12.5。

程序 12.5

-- src\asm\X86_16.asm --

```
1 _Io_inb:
2     mov     bx,sp
3     xor     ax,ax;
4     mov     dx,[bx + 2];
5     in      al,dx
6     ret
7
8 _Io_outb:
9     mov     bx,sp
10    mov     dx,[bx + 2]
11    mov     al,[bx + 4];
12    out     dx,al
13    ret
```


这里需要注意使用汇编语言来处理C语言传入的参数。

6. TaS 操作

X86 系列 CPU 在 486 以后开始支持硬件的 TaS 操作,只是其指令名称为 cmpxchg,因此需要提供 TaS 操作的硬件实现。其源代码见程序 12.6。

程序 12.6

-- src\asm\X86_16.asm --

```
1 _Cpu_tas_i:
2     mov     bx,sp
3     mov     cx,[bx + 2]
4     mov     ax,[bx + 4]
5     mov     dx,[bx + 6]
6     mov     bx,cx
7     ;lock cmpxchg [bx],dx
8     db      0f0h
9     dw      0b10fh
10    db      017h
11    ret
```

语句(3～6)获得参数,需要注意C语言传递参数的方式。

语句(8～10)为机器码编程。由于时间的原因,BC31 有很多指令已无法使用,因此这里采用机器码编程的方式来实现相应的功能。cmpxchg 指令的具体用法请自行参阅 Intel 公司的相关文档。

7. Cpu_hlt

CPU 停机。386 以后的 X86 系列 CPU 支持停机操作,因此可以使用硬件指令来实现该接口。由于时间的原因，这里直接采用机器码编程。其源代码见程序 12.7。

程序 12.7

-- src\asm\X86_16. asm --

```
1 _Cpu_hlt:
2     db    0f4h
3     ret
```

12.2.2 移植计算机模型

Lenix 已经提供了计算机模型的大部分实现，因此只需移植与具体平台相关的部分，而且对于这部分，Lenix 也尽可能采用钩子的形式独立出来，为移植提供了方便。

1. Machine_initial_hook

计算机初始化。在计算机初始化过程中，除了设置 Lenix 的计算机模型外，还要对具体的平台进行设置。本函数在 Machine_initial 中调用，它提供了一个对具体平台进行设置的位置。在开发和测试 Lenix 时，只需对控制台、中断控制器、键盘及中断向量表进行设置。其源代码见程序 12.8。

程序 12.8

-- src\machine\pc\pc. c --

```
1 void Machine_initial_hook(void)
2 {
3     dword_t handle;
4
5     Con_initial();
6     Pic_initial();
7     Kb_initial();
8
9     handle = ((dword_t)Seg_get_cs()) * 0x10000 | (word_t)Irq_clock;
10    Ivt_set(IRQ_CLOCK,handle);
11
12    handle = ((dword_t)Seg_get_cs()) * 0x10000 | (word_t)Irq_keyboard;
13    Ivt_set(IRQ_KEYBOARD,handle);
14 }
```

语句(5～7)对控制台、中断控制器和键盘进行初始化。

语句(9～13)设置与时钟和键盘对应的中断处理程序。

2. Machine_clock_frequency_set_hook

在计算机模型的 Machine_clock_frequency_set 函数中调用本函数，以完成对具体计算机时钟频率的设置。在PC上的实现见程序12.9。

程序 12.9

-- src\machine\pc\pc.c --

```
1 uint16_t Machine_clock_frequency_set_hook(uint16_t frequency)
2 {
3 #define CLK0_INPUT_FREQUENCY 1193200
4     frequency = CLK0_INPUT_FREQUENCY / frequency;
5
6     Io_outb((void *)0x43,0x36);
7     Io_outb((void *)0x40,(byte_t)( frequency        &0xff));
8     Io_outb((void *)0x40,(byte_t)((frequency>>8) &0xff));
9
10    return 0;
11 }
```

语句(7～8)表示在PC上设置时钟频率需要分成两步,每次设置1字节,首先设置低位字节,然后设置高位字节。更详细的信息请自行查阅相关的硬件手册。

3. Machine_imr_get

获得中断屏蔽寄存器。这是高度计算机相关的操作。在PC上的实现见程序12.10。

程序 12.10

-- src\machine\machine.c --

```
1 imr_t Machine_imr_get(void)
2 {
3     return Io_inb((void *)0xA1) * 0x100 + Io_inb((void *)0x21);
4 }
```

Lenix定义的IMR长度是16位,而PC上的IMR是2个8位寄存器,因此需要将其合并。

4. Machine_imr_set

设置中断屏蔽寄存器。这是高度计算机相关的操作。在PC上的实现见程序12.11。

程序 12.11

-- src\machine\machine.c --

```
1 imr_t Machine_imr_set(imr_t imr)
2 {
3     imr_t oimr = 0; /* old imr */
4
5     while(Cpu_tas(&pic_lock,0,1))
6         ;
```

```
7
8     oimr = Io_inb((void * )0xA1) * 0x100 + Io_inb((void * )0x21);
9
10    Io_outb((void * )0x21,(byte_t)( imr        &0xFF));
11    Io_outb((void * )0xA1,(byte_t)((imr >>8) &0xFF));
12
13    pic_lock = 0;
14
15    return oimr;
16 }
```

语句(5～6)表示为了确保操作的原子性，Lenix 设置了控制锁，在设置之前要进行锁定。相当于临界段保护。

语句(8)保存原 IMR。

语句(10～11)设置 IMR。Lenix 定义的 IMR 是 16 位的，而 PC 上的 IMR 是 2 个 8 位寄存器，因此需要将其拆分后分别设置。

5. Lenix_start_hook

系统启动钩子。本函数在 Lenix_start 函数中调用。它提供了在系统启动之前做最后准备的机制。在开发和调试 Lenix 时采用的实现见程序 12.12。

程序 12.12

-- src\machine\pc\pc.c --

```
1 void Lenix_start_hook(void)
2 {
3     Pc_enable_clock();
4     Pc_enable_keyboard();
5 }
```

由于在开发和调试 Lenix 时，只需要使用时钟和键盘，因此仅开放了时钟和键盘中断。实际上是允许时钟和键盘中断进入 CPU，但 CPU 是否响应中断还要取决于 CPU 本身是否允许。

12.3 进程运行环境初始化移植

进程运行环境初始化关系到进程的正常运行和退出。在 Lenix 的模型下，就是构造进程的运行栈，这样就可以使进程在进入 CPU 运行时得到相同的起始运行条件。

12.3.1 Seg_get_cs

获得代码段寄存器。X86 系列 CPU 在构造进程运行环境时需要使用代码段寄存器。其源代码见程序 12.13。

程序 12.13

-- src\asm\X86_16.asm --

```
1 _Seg_get_cs:
2      mov    ax,cs
3      ret
```

12.3.2 Context_initial

Lenix 要求该函数构造一个进程换出 CPU 后的栈环境，并且要求能够在进程入口函数没有调用进程退出的情况下，能够使进程正确退出。这样就可以通过这个栈环境来恢复进程的运行。16 位 X86 的实现见程序 12.14。

程序 12.14

-- src\arch\X86.c --

```
1 void Proc_exit(int code);
2
3 uint_t * Context_initial(void * entry,void * param,uint_t * sp)
4 {
5     * -- sp = 0;
6     * -- sp = (uint_t)param;
7     * -- sp = (uint_t)Proc_exit;
8     * -- sp = 0x200;
9     * -- sp = Seg_get_cs();
10    * -- sp = (uint_t)entry;
11
12    * -- sp = 0;
13    * -- sp = 0;
14    * -- sp = 0;
15    * -- sp = 0;
16
17    * -- sp = 0;
18    * -- sp = 0;
19    * -- sp = 0;
20    * -- sp = 0;
21
22    return sp;
23 }
```

函数运行后的栈环境如图 12.1 所示。

从图 12.1 可以看出，在构造进程运行环境后，栈指针(SP)指向 ax 保存的位置，

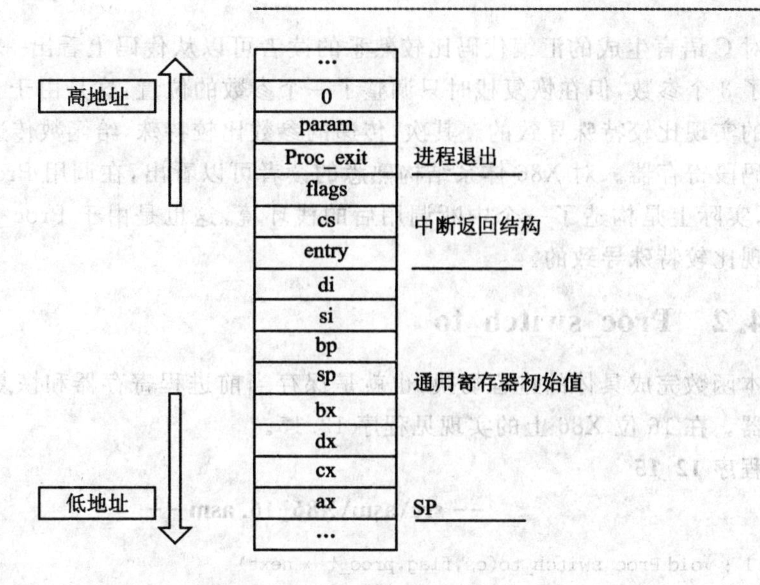

图 12.1 进程初始栈环境构造示意图

在进程恢复运行后，栈指针将指向 Proc_exit，这样就可以保证进程入口函数即使没有调用 Proc_exit，但当其返回时，也自然转入执行 Proc_exit，这样确保了系统的安全。另外在构造栈环境时，也构造了 Proc_exit 的参数环境，表示进程没有错误。

12.4 进程切换移植

进程切换的流程首先是保存当前进程的运行环境，然后用下一个进程的运行环境设置 CPU。这一操作涉及 CPU 的寄存器，是高度 CPU 相关的行为，需要使用汇编语言来完成其功能。因此 Lenix 的进程切换是通过 PROC_SWITCH_TO 宏来实现的，这是由于采用宏的形式，可以使用嵌入式汇编语言，也容易将代码独立出来，便于移植。

12.4.1 PROC_SWITCH_TO

在 PC 下，这个宏被定义成一个特殊的函数调用，其功能是保存进程的返回信息，具体定义为：

-- include\arch\X86.h --

```
#define PROC_SWITCH_TO(next) do{asm{push next}; \
                                asm{pushf}; \
                                asm{push cs}; \
                                asm{lea ax,Proc_switch_to} ;\
                                asm{call ax}; \
                                asm{add sp,2}; }while(0)
```

对C语言生成的汇编代码比较熟悉的读者可以从代码上看出一些不同。首先，传递了3个参数，但在恢复栈时只调整了一个参数的位置，这是由于Proc_switch_to函数的实现比较特殊导致的。其次，传递的参数比较特殊，给函数传递了标志寄存器和代码段寄存器。对X86体系结构熟悉的读者可以看出，在调用Proc_switch_to函数后，实际上是构造了一个中断调用后的栈环境，这也是由于Proc_switch_to函数的实现比较特殊导致的。

12.4.2 Proc_switch_to

本函数完成具体的进程切换，也就是保存当前进程寄存器和恢复下一个进程的寄存器。在16位X86上的实现见程序12.15。

程序12.15

-- src\asm\X86_16.asm --

```
1 ; void Proc_switch_to(cs,flag,proc_t * next)
2 _Proc_switch_to:
3      db      060h ;pusha
4
5      mov     bx,sp
6      mov     ax,[bx + 22]
7      push    ax                ;在这里传递参数要注意
8      push    bx                ;这里是要传递保存环境的栈指针,而不是当前栈指针
9      call    _Proc_switch_prepare
10     mov     sp,ax
11
12     db      061h ;popa
13
14     iret
```

语句(1)给出了对应于C语言的函数原型。

语句(3)保存当前进程的运行环境，也就是把所有通用寄存器压入栈。出于编译器时间的原因，BC31不支持pusha指令，故采用了机器码编程。

语句(5～9)解析出函数的参数。由于把8个通用寄存器压入栈，导致栈指针变化，因此需要通过手工的方式获得函数参数。栈指针可以直接得到，所以不用解析。解析出参数后，将这两个参数传递给Proc_switch_prepare，该函数完成切换准备后返回下一个进程的栈指针。

语句(10)表示在Proc_switch_prepare函数返回后，ax寄存器保存下一个进程的栈指针。用这个栈指针设置SP寄存器即可正式完成进程切换。Proc_switch_prepare的具体实现参见程序6.15。

语句(12)恢复进程的运行环境，也就是用保存在栈内的寄存器值设置CPU的

寄存器。出于编译器时间的原因,BC31 不支持 popa 指令,故采用了机器码编程。

语句(14)显示这里的返回并没有使用通常的返回指令,而是使用了中断返回指令。这是由于在调用 Proc_switch_to 时就构造了中断返回的栈环境,因此可以通过一条中断返回指令完成恢复标志寄存器和代码段寄存器的工作,而不需要考虑多条指令导致的临界段问题。

12.5 PC 硬件中断

由于硬件中断与 CPU 紧密相关,因此其处理程序通常需要使用汇编语言来编写。在 16 位 PC 上开发和调试的 Lenix 仅用到了时钟和键盘,因此只需要提供这两个硬件的中断处理程序。

12.5.1 Ivt_set

本函数设置中断向量。为了便于操作,Lenix 对 16 位的 X86 提供了中断向量表的操作函数。其中设置中断向量表的过程是先保存原中断向量,然后再设置新的中断向量。其源代码见程序 12.16。

程序 12.16

-- src\asm\X86_16.asm --

```
1 ;     dword_t Ivt_set(int id,dword_t handle)
2 _Ivt_set:
3     mov     bx, sp
4     push    di
5     mov     cx,[bx + 4];
6     mov     di,[bx + 6];
7
8     mov     ax,[bx + 2];
9     shl     ax,2
10    mov     bx,ax
11
12    push    es
13    xor     ax,ax
14    mov     es,ax
15
16    cli
17    mov     ax,es:[bx]
18    mov     dx,es:[bx + 2];
19    mov     es:[bx],cx
20    mov     es:[bx+2],di
```

```
21      sti
22
23      pop     es
24      pop     di
25      ret
```

语句(1)对应于C语言的函数原型。

语句(5～10)取参数,要注意C语言参数传递的问题。对于中断向量号,要换算成对应的内存地址,算法就是中断向量号乘以4,对于计算机而言,可以采用左移2位的方式实现。

语句(12～14)显示在设置中断向量时要利用es寄存器。

语句(16～21)显示在设置中断向量时要关闭中断。

12.5.2 时钟中断处理

时钟中断处理程序主要处理时钟中断计数器和调用Lenix的IVT对应项。其源代码见程序12.17。

程序12.17

-- src\asm\pc_16.asm --

```
1 _Irq_clock:
2      db        060h;pusha
3
4      push      es
5      push      ds
6      pop       es
7
8      add       word ptr [_ticks],1
9      adc       word ptr [_ticks + 2],0;
10
11     inc       byte ptr _interrupt_nest
12
13     mov       al,020h
14     out       020h,al
15
16     cmp       _interrupt_nest,254
17     jg        CLOCK_IRQ_MIS
18
19     push      0
20     push      0
21     call      _machine_ivt
22     add       sp,4
```

```
23    jmp      CLOCK_IRQ_END
24
25 CLOCK_IRQ_MIS:
26    call     _Machine_interrupt_mis
27
28 CLOCK_IRQ_END:
29    dec      byte ptr _interrupt_nest
30
31    push     1
32    call     _Syscall_exit
33    add      sp,2
34
35    pop      es
36    db       061h ;popa
37    iret
```

语句(2～6)保存中断现场。

语句(8～9)递增时钟中断计数器,对于16位的CPU,操作需要分为两步。

语句(11)递增中断嵌套计数器。

语句(13～14)关键操作完成,可以开放中断。这实际上是中断处理的第一步。

语句(16～17)判断中断嵌套层数是否超过规定值,如果超过则不进行中断的第二阶段处理,转至处理中断丢失。

语句(19～22)调用Lenix的IVT处理程序,这是中断处理的第二步,至此,系统已经允许中断,因此可能出现中断嵌套的情况。

语句(26)处理中断丢失。

语句(29)递减中断嵌套计数器。

语句(31～33)显示在中断处理结束时都要调用Syscall_exit函数做最后的处理。传递参数1,说明是在中断处理程序中调用的Syscall_exit。

语句(35～37)恢复中断现场,返回被中断的程序继续运行。

12.5.3 键盘中断处理

键盘中断处理程序主要是从键盘获得数据,并对扩展按键进行处理,然后调用Lenix的IVT对应项。其源代码见程序12.18。

程序12.18

-- src\asm\pc_16.asm --

```
1 _Irq_keyboard:
2    db       060h ;pusha
3
4    push     es
```

```
5       push     ds
6       pop      es
7
8       inc      byte ptr _interrupt_nest
9
10      xor      ax,ax
11      mov      dx,060h
12      in       al,dx
13
14      mov      cl,al
15
16      mov      al,020h
17      out      020h,al
18
19      mov      al,cl
20
21      cmp      _interrupt_nest,254
22      jg       KB_IRQ_MIS
23
24      ;判断扩展按键
25      cmp      al,0E0h
26      je       e0;
27      cmp      al,0E1h
28      je       e1;
29
30
31      push     ax                  ;向中断处理程序传递参数
32      push     0
33      call     [_machine_ivt + 2]
34      add      sp,4
35
36      jmp      KB_IRQ_END
37
38 e0:
39      mov      ax,1
40      or       _e0e1,ax;
41      jmp      e0_e1_end;
42 e1:
43      mov      ax,2
44      or       _e0e1,ax
45 e0_e1_end:
46      jmp      KB_IRQ_END
47
48 KB_IRQ_MIS:
49      call     _Machine_interrupt_mis;
```

```
50
51 KB_IRQ_END:
52     dec      byte ptr _interrupt_nest
53
54     push     1
55     call     _Syscall_exit
56     add      sp,2
57
58     pop      es
59     db       061h ;popa
60     iret
```

语句(2～6)保存中断现场。

语句(8)递增中断嵌套计数器。

语句(10～14)读键盘数据,获得按键的扫描码。

语句(16～17)关键操作完成,可以开放中断。这实际上是中断处理的第一步。

语句(21～22)判断中断嵌套层数是否超过规定值,如果超过则不进行中断的第二阶段处理,转至处理中断丢失。

语句(25～28)判断是否为扩展按键,如果是,则跳转至对应的处理程序。

语句(31～34)调用 Lenix 的 IVT 处理程序,这是中断处理的第二步,至此系统已经允许中断,因此可能出现中断嵌套的情况。

语句(38～44)处理扩展按键。

语句(49)处理中断丢失。

语句(52)递减中断嵌套计数器。

语句(54～56)显示在中断处理结束时都要调用 Syscall_exit 函数做最后的处理。传递参数 1,说明是在中断处理程序中调用的 Syscall_exit。

语句(58～60)恢复中断现场,返回被中断的程序继续运行。

内容回顾

- 移植了 16 位 X86 的 CPU 模型和 PC 的计算机模型。
- 移植了 16 位 X86 的进程环境初始化程序。
- 移植了 16 位 X86 的进程切换程序。
- 实现了 16 位 X86 实模式下键盘和时钟的中断处理程序。

本章通过将 Lenix 移植到 16 位 PC 上的实际案例来说明 Lenix 移植所要实现的所有内容,包括实现硬件模型、环境初始化、进程切换和中断处理程序。读者可以参照本案例将 Lenix 移植到其他类型的 CPU 和计算机上。

附录 A

Borland C/C++ 3.1 使用简介

"工欲善其事,必先利其器。"熟悉工具将会对工作起到极大的促进作用。对于操作系统开发者来说,熟悉工具不仅仅是熟悉集成开发环境(Integrated Development Environment,IDE)的使用,更重要的是了解 IDE 是如何工作的,了解其背后真正的核心工具。单就熟悉程度来说,至少应该达到脱离 IDE 也能够顺利编译出所需程序的程度。简单来说就是知道如何使用命令行方式编译程序。

对于 C 语言来说,真正核心的工具可以约等于编译器和链接器。因此,本文将讨论在命令行方式下 Borland C/C++ 3.1(以下简称为 BC31)编译器和链接器的使用方法。通过本文,读者可以了解 IDE 帮我们处理了什么事情,最重要的是能够更深入地了解程序是如何生成的。

A.1 引　子

大家对程序的编写流程应该比较熟悉了,就是首先编写源代码,通常都是以纯文本的形式出现;然后编译源代码,得到中间文件,编译 C 语言的源代码可以得到 OBJ 后缀的文件,国内习惯称之为目标文件;最后链接目标文件,得到可执行文件。在很多情况下,编译和链接是同时完成的。

有了 IDE 以后,编译和链接通常由 IDE 包办了,开发人员一般不用做太多的调整,而且调整也有相应的工具。在 IDE 功能越来越完善之后,更是很少有人关注编译和链接的问题。但是,如果想要开发操作系统,那么最好对这些底层的问题有足够深入的了解,这样对开发操作系统会有很大的帮助。

为了叙述方便,本文提供了一段程序作为样例,并在此基础上进行讨论。样例的源代码如下:

```
1 #include<stdio.h>
2
3 void *memset_demo(void *m,char v,int size)
4 {
5     char *_m = m;
6     while(size--)
```

```
7         * _m ++ = v;
8     return m;
9 }
10
11 int strlen_demo(const char * string)
12 {
13     const char * str = string;
14     while( * str )
15         str ++;
16     return str - string;
17 }
18
19 void foo(const char * string)
20 {
21     printf("string: %s length: %d\n",string,strlen_demo(string));
22     memset_demo(string,0,strlen_demo(string));
23 }
24
25 #ifdef _TEST_
26 char msg[32] = "Test";
27 #else
28 char msg[32] = "Demo";
29 #endif
30
31 int main()
32 {
33     foo(msg);
34     return0;
35 }
```

将以上源代码保存为demo.c。为了方便理解,假设存在一个DEMO目录,在对本文的样例进行测试时,在D盘根目录下建立DEMO目录,将demo.c存放在此目录下。

有了源文件以后,还要建立基本的开发环境,即安装BC31。假设安装在C盘根目录下,然后在DOS的autoexec.bat文件中的PATH变量末尾增加“C:\BORLANDC\BIN”。注意与前面的部分之间需要加分号。添加后的PATH变量应该类似于下面的形式:

```
PATH = c:\dos;C:\BORLANDC\BIN
```

至此已经有了一份源代码和相应的开发环境,下面就可以开始讨论具体的内容了。

A.2 编译器

BC31 提供的编译程序是 BCC.exe(可以将其理解为 Borland C/C++ Complier 的简写),文件通常保存在 BC31 安装目录下的 BIN 目录。BCC 可以提供编译和链接功能。在直接使用编译器的过程中,最需要关注的问题是语法格式和参数。

A.2.1 语法格式

在命令行中编译程序首先需要了解其语法格式,BCC 的语法格式有两种:

① BCC [编译参数] 文件列表。

② BCC @参数文件。

第一种是将命令的参数全部放在命令行中,因此可以将其称为直接格式。第二种是将命令参数保存在参数文件中,因此可以将其称为间接格式。

1. 直接格式

直接格式是将命令的参数放在命令行中。这种格式比较方便,但是受到 DOS 命令行长度的限制,不能处理参数和文件较多的情况,只能用于比较小型的程序编译。

编译参数不能随意放置,必须紧随命令名称,且参数前使用"-"符号作为起始符。例如:

```
bcc -c -S demo.c
```

文件列表可以是一个文件,也可以是多个文件。如果是多个文件,文件之间用空格分隔。例如:

```
bcc demo.c
bcc demo.c demo2.c
```

在无参数情况下,BCC 将一次性完成编译和链接,直接输出可执行文件,可执行文件的基本名使用文件列表中的第一个文件的基本名。例如:

```
bcc demo.c
```

将输出 demo.exe,而

```
bcc demo2.c demo.c
```

将输出 demo2.exe。

2. 间接格式

间接格式是将命令参数保存在一个文本文件中,将这个文件称为参数文件(供应商的命名为 response file),BCC 使用参数文件来获得编译参数和文件列表。参数文件中的编译参数和文件列表参照直接格式即可。间接格式不受 DOS 命令行长度的

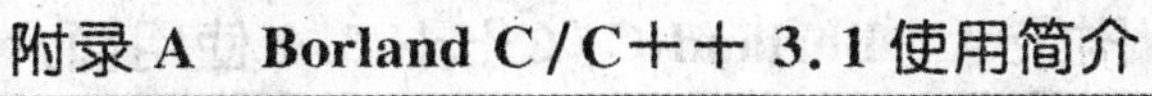

限制,因此可用于处理参数和文件较多的大型项目上。

例如,将以下内容保存到 arg.txt 中:

```
-c -S demo.c demo2.c
```

则编译命令行可以写为:

```
bcc @arg.txt
```

A.2.2 编译选项及用法

BCC 提供了丰富的编译选项,通过改变编译选项的配置,就可以控制编译器的行为,从而得到不同的编译结果。例如将文件输出到指定的路径、输出汇编文件,等等。

以下是 BCC 输出的编译选项列表:

```
* = default; -x- = turn switch x off
 -1       80186/286 Instructions        -2      80286 Protected Mode Inst.
 -Ax      Disable extensions            -B      Compile via assembly
 -C       Allow nested comments         -Dxxx   Define macro
 -Exxx    Alternate Assembler name      -G      Generate for speed
 -Hxxx    Use pre-compiled headers      -Ixxx   Include files directory
 -K       Default char is unsigned      -Lxxx   Libraries directory
 -M       Generate link map             -N      Check stack overflow
 -Ox      Optimizations                 -P      Force C++ compile
 -Qxxx    Memory usage control          -S      Produce assembly output
 -Txxx    Set assembler option          -Uxxx   Undefine macro
 -Vx      Virtual table control         -Wxxx   Create Windows application
 -X       Suppress autodep. output      -Yx     Overlay control
 -Z       Suppress register reloads     -a      Generate word alignment
 -b     * Treat enums as integers       -c      Compile only
 -d       Merge duplicate strings       -exxx   Executable file name
 -fxx     Floating point options        -gN     Stop after N warnings
 -iN      Max. identifier length        -jN     Stop after N errors
 -k       Standard stack frame          -lx     Set linker option
 -mx      Set Memory Model              -nxxx   Output file directory
 -oxxx    Object file name              -p      Pascal calls
 -r     * Register variables            -u    * Underscores on externs
 -v       Source level debugging        -wxxx   Warning control
 -y       Produce line number info      -zxxx   Set segment names
```

由于年代的原因,部分选项已经失去了意义,例如 286 保护模式指令支持就没有必要再进行说明,因此本文仅讨论那些还算有用的编译选项,其他的编译选项请参考

BC31 的使用手册。下面将使用 demo.c 文件来说明主要参数的用法。

1. 无选项编译

编译时可以不附加任何编译选项,而只提供文件列表,这是最简单的编译方式。在没有编译选项时,BCC 将使用默认的设置对文件列表给出的源代码文件进行编译,并同时完成链接和输出最终的可执行程序的任务。对于小程序,采用这个方式会比较方便。

使用方法为:

```
bcc demo.c
```

命令行的执行结果如图 A.1 所示。从输出的信息可以看出,在源代码文件的目录中得到了目标文件和可执行文件。

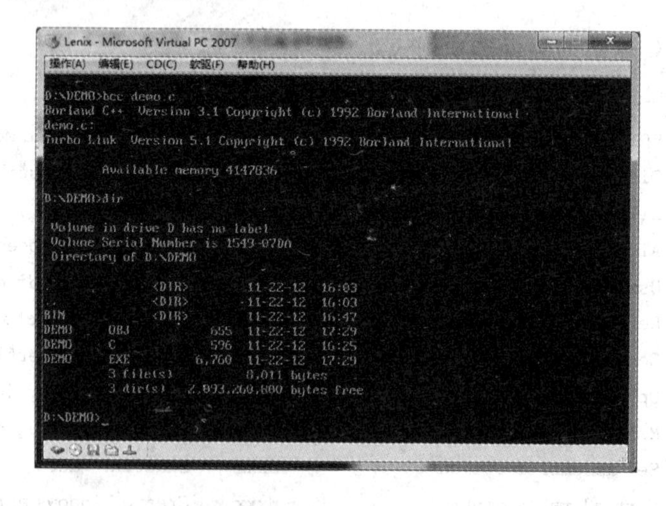

图 A.1 命令行执行结果(无选项)

2. -c

选项-c 要求 BCC 仅对源代码进行编译,而不链接。从结果来看,使用这个选项后只会得到 OBJ 文件,而不会得到可执行文件。在项目较大,需要划分成几个部分编写程序时,需要分别对各个部分进行编译,最后才进行链接。这种情况就需要用到这个参数。

使用方法为:

```
bcc -c demo.c
```

命令行的执行结果如图 A.2 所示。从运行结果可以看出,仅得到了目标文件,并没有形成最后的执行程序。

3. -D

选项-D 通知编译器在编译期间由参数提供的宏已经定义,而不用在文件中显

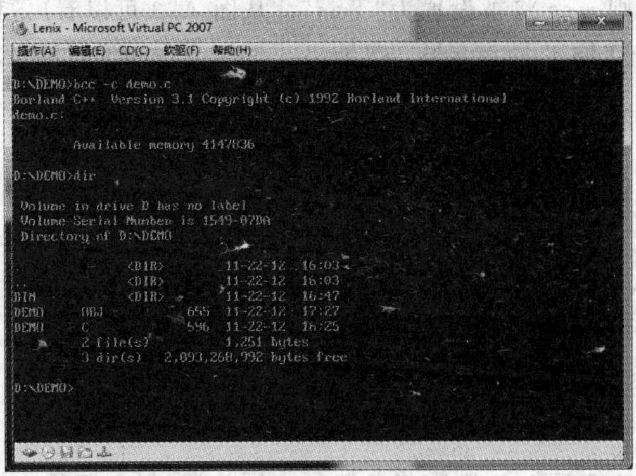

图 A.2　命令行执行结果(-C选项)

示定义。在参数里定义的宏是全局范围有效,对参数列表提供的所有文件都有效。如果程序有利用宏来控制的条件编译,那么通过这个方式就可以方便地控制所要启用的代码。

使用方式为:

```
bcc -D_TEST_ demo.c
```

如果需要定义多个宏,则可以重复使用这个参数,或者只使用一个参数,但宏之间使用分号进行分隔。具体的使用方式为:

```
bcc -D_M1_ -D_M2_ demo.c
bcc - D_M1_;_M2_ demo.c
```

命令行执行结果如图A.3所示。从演示程序的语句(25~29)可以看出,如果定

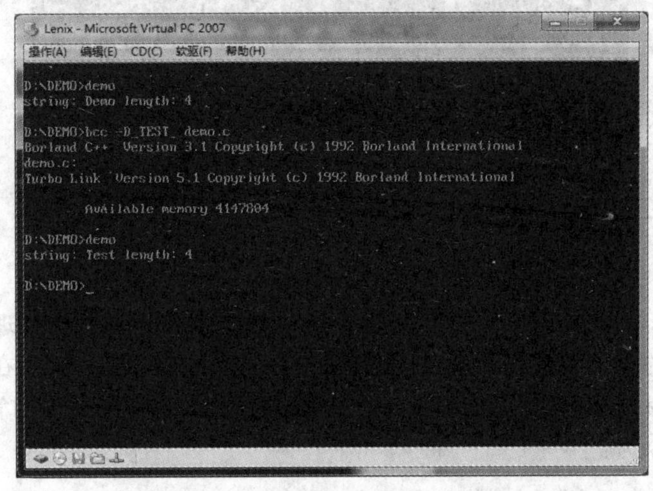

图 A.3　命令行执行结果(-D选项)

义了_TEST_宏，则 msg 将被设置为"Test"。从图 A.3 可以看出，程序两次的运行情况并不相同，一次输出 Demo，另一次输出 Test。也就是通过定义宏达到了条件编译的效果。

4. -I

选项-I 可以视为 include 的第一个字母。该选项通知 BCC 的#include 指令可以在参数提供的目录中查找文件。通过此选项，文件中的#include 指令就可以不必写出完整的路径，从而使代码简洁美观。但也因为省略了完整的路径，使得对程序不熟悉的人会出现不知道所包含文件的确切位置的问题。

使用方法为：

```
bcc -Ic:\borlandc\include demo.c
```

如果需要包含多个路径，则需将各路径一同放置，但各路径之间使用分号进行分隔。

使用方法为：

```
bcc -Ic:\borlandc\include;c:\lenix\include demo.c
```

命令行执行结果如图 A.4 所示。

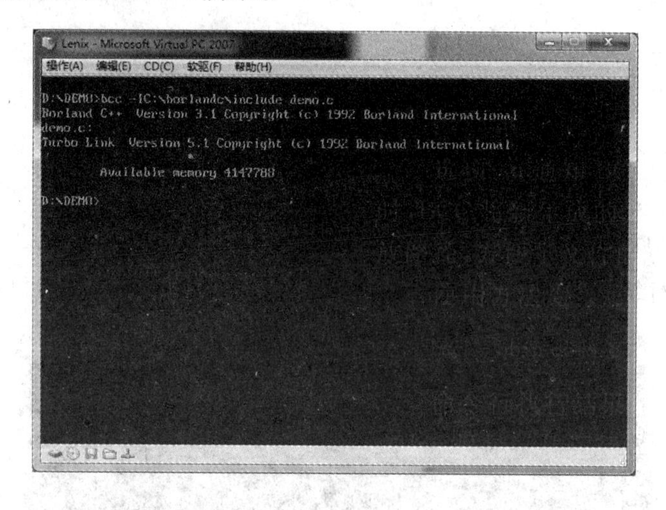

图 A.4 命令行执行结果(-I 选项)

5. -L

选项-L 可以视为 Libary 的第一个字母。该选项通知 BCC 在处理 lib 文件时可以在参数提供的目录中查找。通过此选项，可以把 lib 文件统一保存在一个目录下，而不需与编译目录相同，从而提高了 lib 文件的通用性，也便于文件的管理。

输入的命令为：

```
bcc -Lc:\borlandc\lib demo.c
```

如果需要包含多个路径，则需将各路径一同放置，但各路径之间使用分号进行分隔。

使用方法为：

```
bcc -Lc:\borlandc\lib;c:\lenix\lib demo.c
```

命令行执行结果如图 A.5 所示。

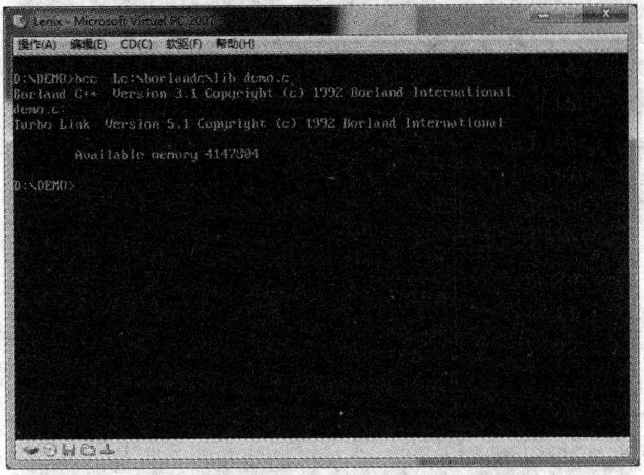
Lenix - Microsoft Virtual PC 2007
操作(A)　编辑(E)　CD(C)　软驱(F)　帮助(H)
D:\DEMO>bcc -Lc:\borlandc\lib demo.c
Borland C++ Version 3.1 Copyright (c) 1992 Borland International
demo.c:
Turbo Link Version 5.1 Copyright (c) 1992 Borland International
Available memory 4147504
D:\DEMO>

图 A.5　命令行执行结果(-L 选项)

6. -n

选项-n 通知 BCC 将生成的文件保存在参数提供的路径下。在不使用此选项时，BCC 将新生成的文件放置在当前目录下。通过这个选项可以改变输出文件的存放路径，方便了文件的管理。

使用方法为：

```
bcc -nbin demo.c
```

命令行执行结果如图 A.6 所示。为了演示这一功能，需要在 DEMO 目录中建立 bin 目录。从运行结果来看，编译完成后当前目录没有其他文件，需要通过指定路径才能执行相应的程序，这说明生成的文件被保存在 bin 目录下。

7. -e

选项-e 通知 BCC 用参数提供的名称命名最后输出的可执行文件。在不使用这个选项时，BCC 用文件列表中的第一个文件的文件名来命名新生成的文件。通过这个选项就可以根据需要指定输出的文件名，以便于识别文件，同时也方便项目的管理。

使用方法为：

```
bcc -etest demo.c
```

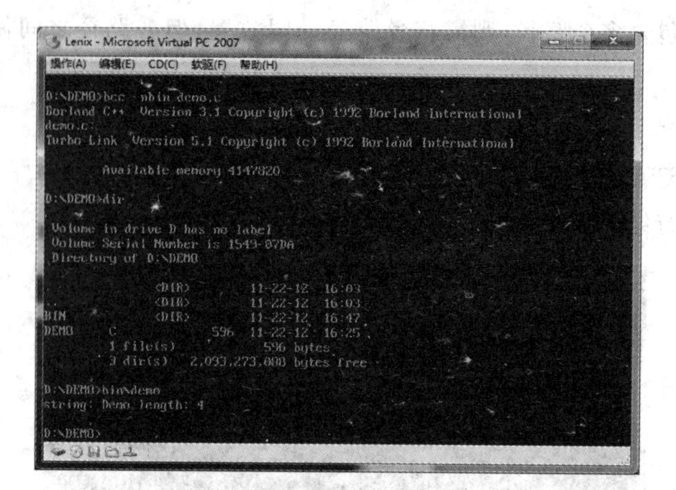

图 A.6 命令行执行结果(-n 选项)

命令行执行结果如图 A.7 所示。从运行结果来看,可执行文件名与命令给出的结果一致。

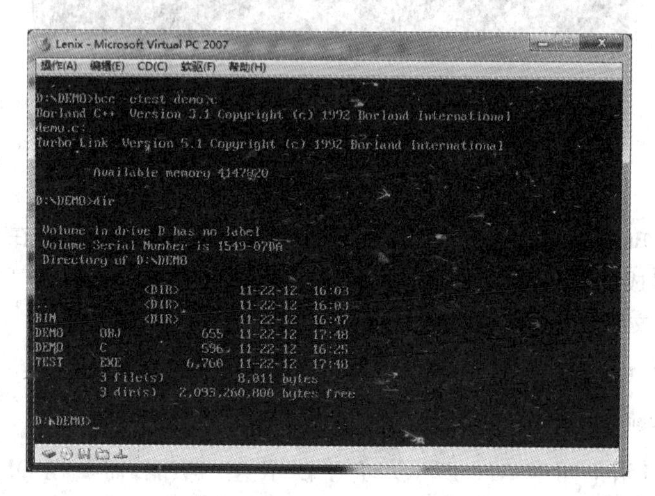

图 A.7 命令行执行结果(-e 选项)

8. -S

选项-S 通知 BCC 输出编译源文件之后对应的汇编代码。对于调试和性能分析而言,有时需要知道 CPU 具体执行了什么指令,这时就要通过汇编代码进行分析。但随着 IDE 的发展,大多数 IDE 附带的调试工具都已经具备了动态输出汇编代码的功能。因此该选项的作用已经降低了很多。

使用方法为:

```
bcc -S demo.c
```

命令行执行的结果如图 A.8 所示。从运行结果来看，只生成了汇编文件。

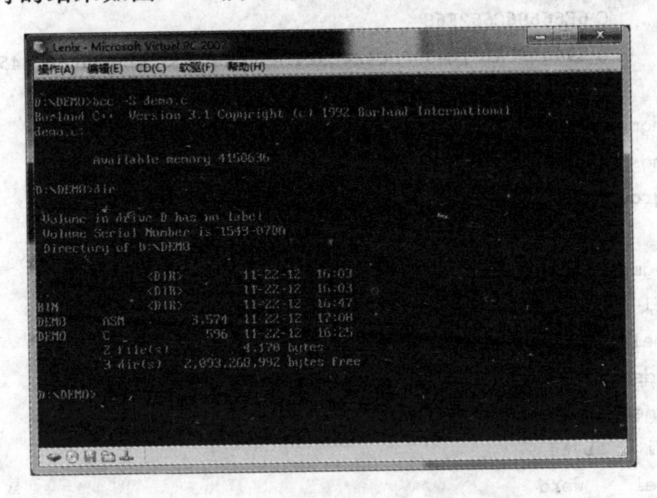

图 A.8　命令行执行结果(-S 选项)

要想深刻了解 C 语言与汇编语言的关系，最好的方式就是查看编译输出的汇编文件，因为可以看到每一行 C 语言代码转变为了什么汇编指令。为了给读者一个比较完整的认识，这里将演示程序输出的汇编代码全文给出。感兴趣的读者可以对比 C 语言和汇编语言程序，以加深理解。

```
	ifndef	??version
?debug	macro
	endm
publicdll macro	name
	public	name
	endm
$comm	macro	name,dist,size,count
	comm	dist name:BYTE:count*size
	endm
	else
$comm	macro	name,dist,size,count
	comm	dist name[size]:BYTE:count
	endm
	endif
	?debug	V 300h
	?debug	S "demo.c"
	?debug	C E9348376410664656D6F2E63
	?debug	C E94019CA181B433A5C424F524C414E44435C494E434C5544455C73+
	?debug	C 7464696F2E68
	?debug	C E94019CA181B433A5C424F524C414E44435C494E434C5544455C5F+
	?debug	C 646566732E68
```

```
    ?debug    C E94019CA181C433A5C424F524C414E44435C494E434C5544455C5F+
    ?debug    C 6E66696C652E68
    ?debug    C E94019CA181B433A5C424F524C414E44435C494E434C5544455C5F+
    ?debug    C 6E756C6C2E68
_TEXT    segment byte public 'CODE'
_TEXT    ends
DGROUP   group    _DATA,_BSS
    assume   cs:_TEXT,ds:DGROUP
_DATA    segment word public 'DATA'
d@       label    byte
d@w      label    word
_DATA    ends
_BSS     segment word public 'BSS'
b@       label    byte
b@w      label    word
_BSS     ends
_TEXT    segment byte public 'CODE'
    ;
    ;    void * memset_demo(void * m,char v,int size)
    ;
    assume   cs:_TEXT
_memset_demo    proc    near
    push   bp
    mov    bp,sp
    push   si
    mov    dx,word ptr [bp+4]
    mov    cx,word ptr [bp+8]
    ;
    ;    {
    ;        char * _m = m;
    ;
    mov    si,dx
    jmp    short @1@86
@1@58:
    ;
    ;        while( --size)
    ;            * _m++  = v;
    ;
    mov    al,byte ptr [bp+6]
    mov    byte ptr [si],al
    inc    si
@1@86:
```

```
    dec     cx
    jne     short @1@58
   ;
   ;        return m;
   ;
    mov     ax,dx
    jmp     short @1@142
@1@142:
   ;
   ;    }
   ;
    pop     si
    pop     bp
    ret
_memset_demo    endp
   ;
   ;    int    strlen_demo(const char * string)
   ;
    assume    cs:_TEXT
_strlen_demo    proc    near
    push    bp
    mov     bp,sp
    sub     sp,2
    push    si
    mov     si,word ptr [bp + 4]
   ;
   ;    {
   ;        const char * head = string;
   ;
    mov     word ptr [bp - 2],si
    jmp     short @2@86
@2@58:
   ;
   ;        while( * string )
   ;            string ++;
   ;
    inc     si
@2@86:
    cmp     byte ptr [si],0
    jne     short @2@58
   ;
   ;        return string - head;
```

```
    ;
     mov     ax,si
     sub     ax,word ptr [bp - 2]
     jmp     short @2@142
@2@142:
    ;
    ;    }
    ;
     pop     si
     mov     sp,bp
     pop     bp
     ret
_strlen_demo     endp
    ;
    ;    void    foo(const char * string)
    ;
     assume     cs:_TEXT
_foo     proc     near
     push    bp
     mov     bp,sp
     push    si
     mov     si,word ptr [bp + 4]
    ;
    ;    {
    ;         printf("string: %s length: %d\n",string,strlen_demo(string));
    ;
     push    si
     call    near ptr _strlen_demo
     pop     cx
     push    ax
     push    si
     mov     ax,offset DGROUP:s@
     push    ax
     call    near ptr _printf
     add     sp,6
    ;
    ;         memset_demo(string,0,strlen_demo(string));
    ;
     push    si
     call    near ptr _strlen_demo
     pop     cx
     push    ax
```

```
    mov     al,0
    push    ax
    push    si
    call    near ptr _memset_demo
    add     sp,6
   ;
   ;   }
   ;
    pop     si
    pop     bp
    ret
_foo    endp
_TEXT   ends
_DATA   segment word public 'DATA'
_msg    label   byte
    db      68
    db      101
    db      109
    db      111
    db      28 dup (0)
_DATA   ends
_TEXT   segment byte public 'CODE'
   ;
   ;    int     main()
   ;
    assume    cs:_TEXT
_main   proc    near
    push    bp
    mov     bp,sp
   ;
   ;   {
   ;       foo(msg);
   ;
    mov     ax,offset DGROUP:_msg
    push    ax
    call    near ptr _foo
    pop     cx
   ;
   ;       return 0;
   ;
    xor     ax,ax
    jmp     short @4@58
```

```
@4@58:
 ;    }
    pop     bp
    ret
_main     endp
    ?debug     C E9
    ?debug     C FA00000000
_TEXT     ends
_DATA     segment word public 'DATA'
s@      label     byte
    db     'string: %s length: %d'
    db      10
    db      0
_DATA     ends
_TEXT     segment byte public 'CODE'
_TEXT     ends
    public      _main
    public      _msg
    public      _foo
    public      _strlen_demo
    public      _memset_demo
    extern      _printf:near
_s@      equ      s@
End
```

9. -Ox

对于同一份源程序，在不同环境中需要不同的可执行代码。比如在内存紧张的条件下需要生成紧凑的可执行程序，以节省空间；对于要求运行快的环境，则要生成效率高的可执行代码。

选项-Ox就可以实现这一需求。使用该选项后，x为1表示生成占用空间小的代码，可以理解为空间优化；x为2表示生成速度快的代码，可以理解为速度优化。如果不使用该选项，则BCC严格按照源程序的顺序生成可执行代码。

速度优化的使用方法为：

```
bcc -02 demo.c
```

但为了更好地进行对比，就需要输出优化后的代码，执行命令：

```
bcc -S -02 demo.c
```

命令行执行结果如图A.9所示。从图中可见输出形式与使用-S选项的情况类似，但是其输出内容并不相同。

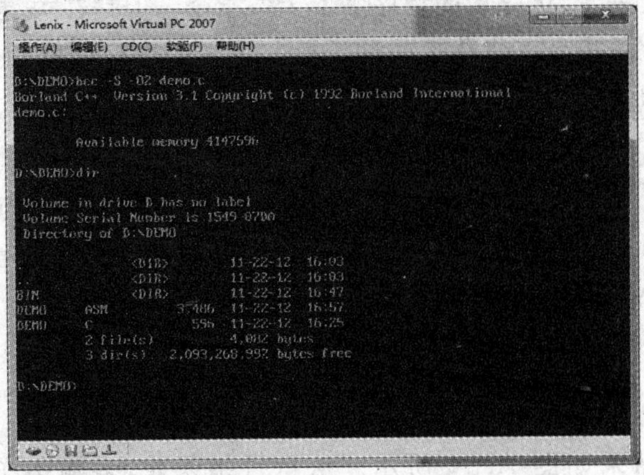

```
Lenix - Microsoft Virtual PC 2007
操作(A) 编辑(E) CD(C) 软驱(F) 帮助(H)

D:\DEMO>bcc -S -O2 demo.c
Borland C++  Version 3.1 Copyright (c) 1992 Borland International
demo.c:

        Available memory 4147596

D:\DEMO>dir

 Volume in drive D has no label
 Volume Serial Number is 1549-07D0
 Directory of D:\DEMO

.              <DIR>         11-22-12  16:03
..             <DIR>         11-22-12  16:03
BIN            <DIR>         11-22-12  16:47
DEMO     ASM          3,486  11-22-12  16:57
DEMO     C              596  11-22-12  16:25
         2 file(s)           4,082 bytes
         3 dir(s)    2,093,268,992 bytes free

D:\DEMO>
```

图 A.9　命令行执行结果(-S -O2 选项)

下面选取了对程序 memset_demo 在不同优化选项下输出代码的比较，如表 A.1 所列。

表 A.1　不同优化选项下输出代码比较

使用-O2 选项优化输出的汇编代码	默认输出的汇编代码
_memset_demo　proc　near	_memset_demo　proc　near
push　bp	push　bp
mov　bp,sp	mov　bp,sp
push　si	push　si
push　di	mov　dx,word ptr [bp+4]
mov　cx,word ptr [bp+4]	mov　cx,word ptr [bp+8]
mov　dl,byte ptr [bp+6]	mov　si,dx
mov　di,word ptr [bp+8]	jmp　short @1@86
mov　si,cx	@1@58:
jmp　short @1@86	mov　al,byte ptr [bp+6]
@1@58:	mov　byte ptr [si],al
mov　byte ptr [si],dl	inc　si
inc　si	@1@86:
@1@86:	dec　cx
dec　di	jne　short @1@58
jne　short @1@58	mov　ax,dx
mov　ax,cx	jmp　short @1@142
pop　di	@1@142:
pop　si	pop　si
pop　bp	pop　bp
ret	ret
_memset_demo　endp	_memset_demo　endp

从指令数量上来看，优化后的程序多了 1 条指令。但是在关键的循环部分，却比默认情况下少了 1 条指令。优化掉的这条指令是 1 条内存访问指令，对提高性能有很大的帮助。详细情况读者可以自行测试。

10. －M

选项－M 通知 BCC 输出映射文件（MAP 文件）。映射文件包含的信息是程序中的符号名称与内存地址的映射表。通过 MAP 文件就可以实现符号与地址之间的互查，对于程序的调试有极大的帮助。

使用方法为：

```
bcc -M demo.c
```

命令行执行结果如图 A.10 所示。从运行结果看，多输出了一个 demo.map 文件。

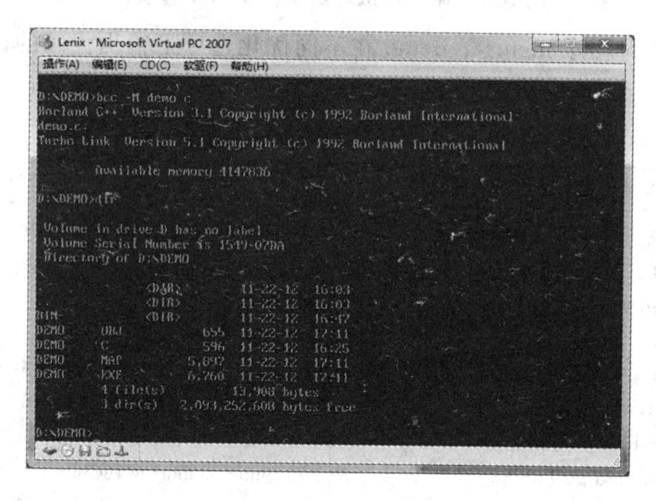

图 A.10　命令行执行结果（－M 选项）

为了便于读者学习，这里给出了演示程序编译后的 MAP 文件，有兴趣的读者可以仔细分析。

```
Start  Stop   Length Name              Class

00000H 014F7H 014F8H _TEXT             CODE
01500H 01500H 00000H _FARDATA          FAR_DATA
01500H 01500H 00000H _FARBSS           FAR_BSS
01500H 01500H 00000H _OVERLAY_         OVRINFO
01500H 01500H 00000H _1STUB_           STUBSEG
01500H 01859H 0035AH _DATA             DATA
0185AH 0185BH 00002H _CVTSEG           DATA
0185CH 01861H 00006H _SCNSEG           DATA
```

```
01862H 01862H 00000H _CONST              CONST
01862H 01867H 00006H _INIT_              INITDATA
01868H 01868H 00000H _INITEND_           INITDATA
01868H 01868H 00000H _EXIT_              EXITDATA
01868H 01868H 00000H _EXITEND_           EXITDATA
01868H 018A9H 00042H _BSS                BSS
018AAH 018AAH 00000H _BSSEND             BSSEND
018B0H 0192FH 00080H _STACK              STACK

 Address         Publics by Name

 0150:0000        DATASEG@
 0000:02BE        DGROUP@
 0000:02A9        _abort
 0000:033D        _atexit
 0000:0AC4        _brk
 0150:0094        _errno
 0000:03AF        _exit
 0000:0D7A        _fflush
 0000:0DF7        _flushall
 0000:0301        _foo
 0000:0FFE        _fputc
 0000:1125        _fputchar
 0000:0AFF        _free
 0000:0E8C        _fseek
 0000:0EF0        _ftell
 0000:0435        _isatty
 0000:04E0        _lseek
 0000:032C        _main
 0000:0BCE        _malloc
 0000:0FB1        _memcpy
 0000:02C2        _memset_demo
 0150:00AA        _msg
 0000:0FD0        _printf
 0000:0D25        _realloc
 0000:0AD0        _sbrk
 0000:12CB        _setvbuf
 0000:02E0        _strlen_demo
 0000:1000  Abs   __AHINCR
 0000:000C  Abs   __AHSHIFT
 0150:00E2        __atexitcnt
 0150:0368        __atexittbl
```

```
0150:00A2          __brklvl
0150:0084          __C0argc
0150:0086          __C0argv
0150:0088          __C0environ
0000:03D0          __cexit
0000:0172          __checknull
0000:015F          __cleanup
0000:0000   Abs    __cvtfak
0000:03DE          __c_exit
0150:0256          __doserrno
0000:0423          __DOSERROR
0150:0258          __dosErrorToSV
0150:008A          __envLng
0150:008C          __envseg
0150:008E          __envSize
0000:03BE          __exit
0150:00E4          __exitbuf
0150:00E6          __exitfopen
0150:00E8          __exitopen
0150:034E          __first
0000:0FE7          __fputc
0000:1136          __FPUTN
0150:009E          __heapbase
0150:0254          __heaplen
0150:00A6          __heaptop
0150:0074          __Int0Vector
0150:0078          __Int4Vector
0150:007C          __Int5Vector
0150:0080          __Int6Vector
0000:03EA          __IOERROR
0150:0350          __last
0000:0446          __LONGTOA
0000:02C0          __MMODEL
0150:022A          __nfile
0150:022C          __openfd
0150:0092          __osmajor
0150:0093          __osminor
0150:0092          __osversion
0150:0090          __psp
0000:0D76          __REALCVT
0150:035A          __RealCvtVector
0000:01EF          __restorezero
```

```
0150:0352          __rover
0150:035C          __ScanTodVector
0000:0509          __setupio
0150:0096          __StartTime
0150:02B2          __stklen
0150:00EA          __streams
0000:019A          __terminate
0000:04C3          __UTOA
0150:0092          __version
0000:05BE          __VPRINTER
0000:149D          __write
0000:14D7          __xfflush
0000:0A71          ___brk
0150:009C          ___brklvl
0150:009A          ___heapbase
0000:0A93          ___sbrk
0000:1397          ___write

  Address          Publics by Value

0000:0000    Abs   __cvtfak
0000:000C    Abs   __AHSHIFT
0000:015F          __cleanup
0000:0172          __checknull
0000:019A          __terminate
0000:01EF          __restorezero
0000:02A9          _abort
0000:02BE          DGROUP@
0000:02C0          __MMODEL
0000:02C2          _memset_demo
0000:02E0          _strlen_demo
0000:0301          _foo
0000:032C          _main
0000:033D          _atexit
0000:03AF          _exit
0000:03BE          __exit
0000:03D0          __cexit
0000:03DE          __c_exit
0000:03EA          __IOERROR
0000:0423          __DOSERROR
0000:0435          _isatty
0000:0446          __LONGTOA
```

```
0000:04C3          __UTOA
0000:04E0          _lseek
0000:0509          __setupio
0000:05BE          __VPRINTER
0000:0A71          ___brk
0000:0A93          ___sbrk
0000:0AC4          _brk
0000:0AD0          _sbrk
0000:0AFF          _free
0000:0BCE          _malloc
0000:0D25          _realloc
0000:0D76          __REALCVT
0000:0D7A          _fflush
0000:0DF7          _flushall
0000:0E8C          _fseek
0000:0EF0          _ftell
0000:0FB1          _memcpy
0000:0FD0          _printf
0000:0FE7          __fputc
0000:0FFE          _fputc
0000:1000     Abs  __AHINCR
0000:1125          _fputchar
0000:1136          __FPUTN
0000:12CB          _setvbuf
0000:1397          ___write
0000:149D          __write
0000:14D7          __xfflush
0150:0000          DATASEG@
0150:0074          __Int0Vector
0150:0078          __Int4Vector
0150:007C          __Int5Vector
0150:0080          __Int6Vector
0150:0084          __C0argc
0150:0086          __C0argv
0150:0088          __C0environ
0150:008A          __envLng
0150:008C          __envseg
0150:008E          __envSize
0150:0090          __psp
```

```
0150:0092       __osversion
0150:0092       __osmajor
0150:0092       __version
0150:0093       __osminor
0150:0094       _errno
0150:0096       __StartTime
0150:009A       ___heapbase
0150:009C       ___brklvl
0150:009E       __heapbase
0150:00A2       __brklvl
0150:00A6       __heaptop
0150:00AA       _msg
0150:00E2       __atexitcnt
0150:00E4       __exitbuf
0150:00E6       __exitfopen
0150:00E8       __exitopen
0150:00EA       __streams
0150:022A       __nfile
0150:022C       __openfd
0150:0254       __heaplen
0150:0256       __doserrno
0150:0258       __dosErrorToSV
0150:02B2       __stklen
0150:034E       __first
0150:0350       __last
0150:0352       __rover
0150:035A       __RealCvtVector
0150:035C       __ScanTodVector
0150:0368       __atexittbl

Program entry point at 0000:0000
```

A.2.3 多文件编译

在实际开发中，极少有单文件的项目，大多数都要分割为多个文件，因此需要了解如何编译多个文件。为了演示如何进行多文件编译，需要做一些准备，对演示程序进行“改造”。首先在 DEMO 目录下建立 include 和 obj 两个目录，然后把 demo.c 文件分割为 5 个文件。文件的存放路径和内容分别如表 A.2～表 A.6 所列。

表 A.2 demo.h 文件

路 径	demo\include\demo.h

文件内容	void * memset_demo(void * m,char v,int size);
	int strlen_demo(const char * string);
	void foo(const char * string);

表 A.3 memset.c 文件

路 径	demo\memset.c

文件内容	void * memset_demo(void * m,char v,int size)
	{
	    char * _m = m;
	    while(size--)
	        * _m++ = v;
	    return m;
	}

表 A.4 strlen.c 文件

路 径	demo\strlen.c

文件内容	int strlen_demo(const char * string)
	{
	    const char * str = string;
	    while(* str)
	        str++;
	    return str - string;
	}

表 A.5 foo.c 文件

路 径	demo\foo.c

文件内容	#include<stdio.h>
	#include<demo.h>
	void foo(const char * string)
	{
	    printf("string: %s length: %d\n",string,strlen_demo(string));
	    memset_demo(string,0,strlen_demo(string));
	}

表 A.6　demo.c 文件

路　径	demo\demo.c

文件内容	#include <demo.h>
	
	#ifdef _TEST_
	char msg[32] = "Test";
	#else
	char msg[32] = "Demo";
	#endif
	
	int main()
	{
	　　foo(msg);
	　　return0;
	}

1. 直接格式编译

演示程序现在包含 5 个文件，而且文件路径不同。针对这种情况，采用直接格式编译，例如：

```
bcc demo.c foo.c memset.c strlen.c
```

命令行执行结果如图 A.11 所示。从图中可以看出编译失败了，给出了不能打开 demo.h 文件，以及函数没有原型的提示。

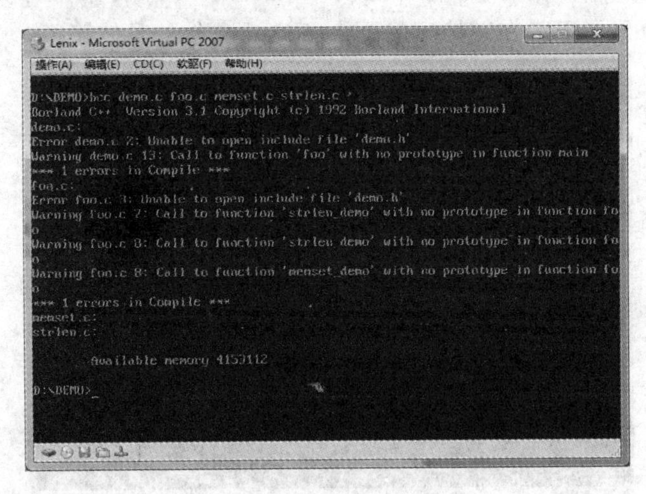

图 A.11　直接格式编译(一)

对于这种情况，就需要利用-I 选项将 include 目录提供给 BCC。具体的方法为：

```
bcc -Iinclude demo.c foo.c memset.c strlen.c
```

运行结果如图 A.12 所示。从图中可以看到，编译成功了。但是采用这个方式编译，所有新产生的文件都保存在 DEMO 目录下，当文件多时会造成混乱，因此应对这些文件分类存放。

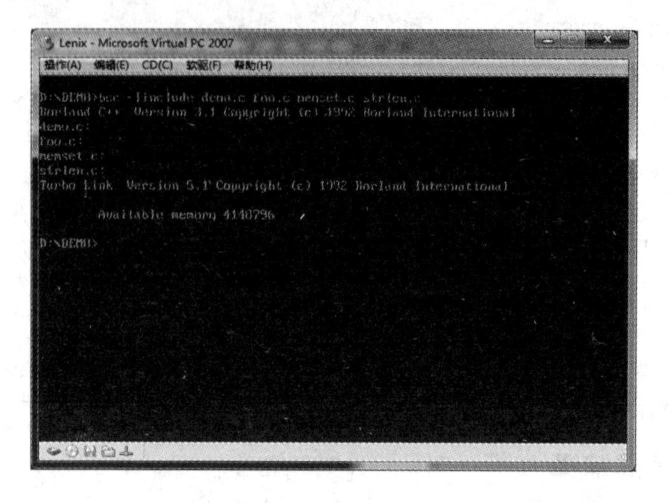

图 A.12 直接格式编译(二)

可以采用两步实现，首先将编译输出到 OBJ 目录下，然后再进行链接，方法为：

```
bcc -nobj -c -Iinclude demo.c foo.c memset.c strlen.c
bcc -ebin\demo -M obj\demo.obj obj\foo.obj obj\memset.obj obj\stlen.obj
```

运行结果如图 A.13 所示。编译选项-n 指定了 OBJ 目录，因此所有的 OBJ 文件都输出到这个目录下。在链接时就要给出 OBJ 文件的具体路径。

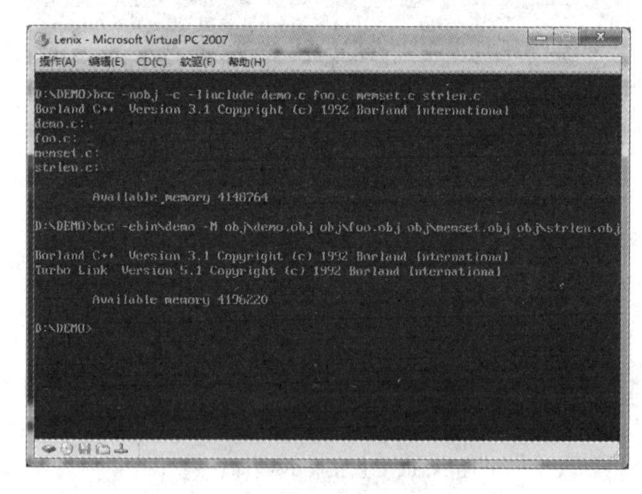

图 A.13 直接格式编译(三)

2. 间接格式编译

间接格式编译不受命令行长度的限制，因此可以很方便地编译文件多的项目。以 demo 为例，将以下内容保存到 arg. txt 文件中：

```
- nobj - Iinclude demo.c foo.c memset.c strlen.c
```

假设 arg. txt 在 DEMO 目录下，则输入命令为：

```
bcc @arg.txt
```

运行结果如图 A. 14 所示。从运行结果来看，编译效果一样，而且可以大大减少命令行输入错误造成的时间浪费，在文件多时更加可以显现这种编译格式的优越性。

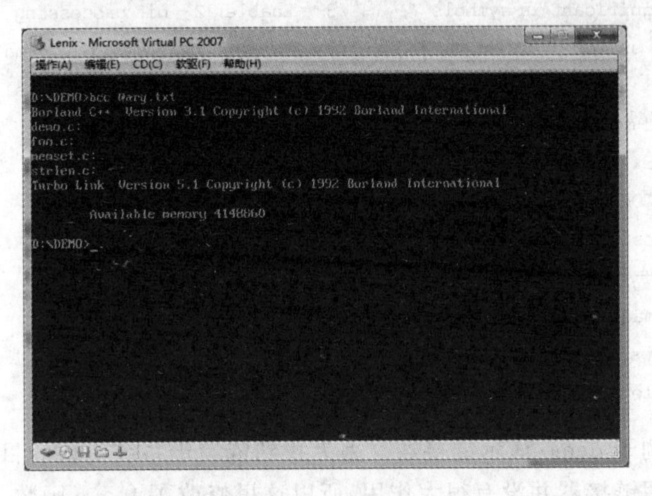

图 A. 14 间接格式编译

A. 3 链接器

链接器将编译得到的目标文件组合起来，形成最后的可执行文件。在编译时，程序中的各个符号尚未确定地址。而链接的工作就是按数据和可执行代码进行分类，然后按顺序为符号分配地址，类似将铁环组成锁链。

A. 3. 1 语 法

BC31 提供的链接器为 tlink. exe，保存在 BC31 安装目录的 BIN 目录下。其语法为：

```
tlink 目标文件列表，可执行文件，映射文件，库文件，定义文件
```

可执行文件和映射文件都是可选项，如果没有提供这些选项，则采用默认选项，并使用目标文件列表中第一个文件的文件名来命名。

在链接目标文件时，如果需要额外的库文件，则需要提供。

定义文件是可选项，可以忽略。

A.3.2 链接选项及用法

tlink.exe 提供了较为丰富的链接选项，具体可以参考 tlink.exe 输出的信息：

```
/m   Map file with publics              /x   No map file at all
/i   Initialize all segments            /l   Include source line numbers
/L   Specify library search paths       /s   Detailed map of segments
/n   No default libraries               /d   Warn if duplicate symbols in libraries
/c   Case significant in symbols        /3   Enable 32 - bit processing
/o   Overlay switch                     /v   Full symbolic debug information
/P[ = NNNNN]  Pack code segments        /A = NNNN  Set NewExe segment alignment
/ye Expanded memory swapping            /yx Extended memory swapping
/e   Ignore Extended Dictionary
/t   Create COM file (same as /Tdc)
/C   Case sensitive exports and imports
/Txx  Specify output file type
/Tdx  DOS image (default)
/Twx  Windows image
     (third letter can be c = COM, e = EXE, d = DLL)
```

下面使用例子 demo 演示链接器。因为找到依赖于系统提供的目标文件和库文件对于学习使用链接器并没有很大作用，所以这里修改了 foo.c 函数，使其不会使用系统功能。foo.c 函数的代码为：

```
void foo(const char * string)
{
    memset_demo(string,0,strlen_demo(string));
}
```

修改了 foo.c 之后，对其进行编译，由于直接使用了链接器，因此编译分为两段，将其制作成批处理文件，如表 A.7 所列。

表 A.7 cl.bat 文件

路 径	demo\cl.bat
文件内容	bcc -nobj -c -Iinclude demo.c foo.c memset.c strlen.c tlink obj\demo.obj obj\foo.obj obj\memset.obj obj\strlen.obj,bin\demo ,bin\demo

运行结果如图 A.15 所示。从图中看出链接给出了一个没有栈的提示。

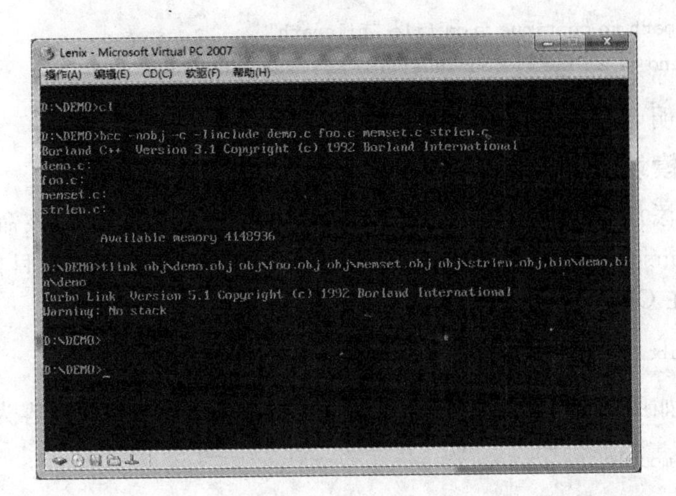

图 A.15　链接示例

A.4　库文件制作

库文件是多个目标文件的集合，其目的是便于开发。为了说明库文件的制作，在 DEMO 目录下新建一个 LIB 目录，用于存放制作好的库文件。

A.4.1　语　法

BC31 提供用于制作库文件的程序 tlib.exe，该程序存放在 BC31 安装目录下的 BIN 子目录中。其语法为：

```
tlib 库名称[/C] [/E] [/P] [/0] 命令序列，列表文件
```

A.4.2　命令及用法

tlib.exe 提供了较多的参数，完整的参数可以参考 tlib.exe 输出的信息：

```
A command is of the form: <symbol>modulename, where <symbol> is:
      +            add modulename to the library
      -            remove modulename from the library
      *            extract modulename without removing it
      -+ or +-     replace modulename in library
      -* or *-     extract modulename and remove it

      /C           case-sensitive library
      /E           create extended dictionary
      /PSIZE       set the library page size to SIZE
      /0           purge comment records
```

```
Use @filepath to continue from file "filepath".
Use '&' at end of a line to continue onto the next line.
```

这里只说明 2 个比较常用的命令用法。

1. 添加模块

向库文件添加模块使用"＋"命令，创建新的库文件也是使用该命令。在 demo 例子中，将 memset. obj 和 strlen. obj 制作成 libc. lib 库文件。假设目标文件已经编译好，并保存在 OBJ 目录下，则输入以下命令：

```
tlib lib\libc  + obj\memset.obj  + obj\strlen.obj,lib\libc.txt
```

运行结果如图 A.16 所示。可以查看得到的 libc. txt 文件的内容为：

```
Publics by module


MEMSET size  =  30
        _memset_demo

STRLEN size  =  33
        _strlen_demo
```

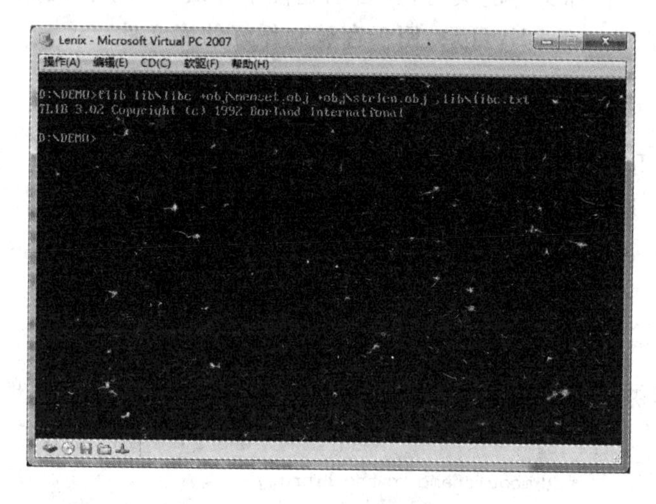

图 A.16　添加模块命令"＋"

从内容可以看出，memset. obj 和 strlen. obj 已经添加进 libc. lib 文件中。

2. 删除模块

从库文件中删除目标文件，使用"－"命令。从添加模块时制作的 libc. lib 库文件中删除 memset. obj，输入以下命令：

```
tlib lib\libc -memset.obj,lib\libc.txt
```

运行结果如图 A.17 所示。查看得到的 libc.txt 文件的内容为：

```
Publics by module


STRLEN   size = 33
        _strlen_demo
```

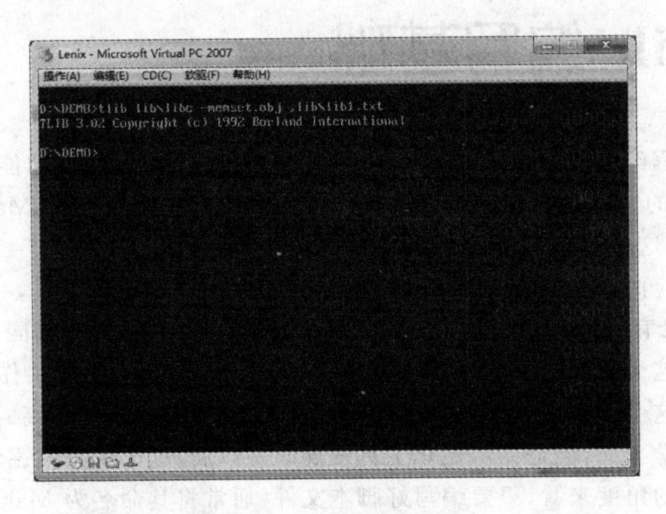

图 A.17　删除模块命令"-"

从以上内容可以看出，memset.obj 已经从 libc.lib 中删除了。

附录 B

Makefile 编写基础

有一定编程经验的人或多或少都会听说过 Makefile，在 IDE 功能强大的时候，用到 Makefile 的情况却不多。但是在编写操作系统时却需要使用 Makefile 来完成编译工作，因此这里对 Makefile 的编写做一些初步的介绍。

编译器供应商都会在编译器的软件包内提供一个自动化工具，一般会命名为 make，当然也会有例外，例如在微软的 Visual Studio 系列中，具有相同功能的工具命名为 nmake。这个工具可以通过编写脚本程序的方式来完成编译工作，这也可以视为一种编程。这个工具可以提供灵活的编译方式，在可视化程度不高时，这个工具可以说是必须要学会的，但是在可视化工具发展起来以后，这个工具就逐渐淡出了。

从使用者的角度来看，只要编写好脚本文件（通常将其命名为 Makefile），然后用这个自动化工具执行编写好的脚本文件即可。因此使用这个自动化工具，实际上等于学习如何编写脚本，也就是学习如何编写 Makefile。

B.1 引 入

在项目开发完成后，会得到很多的源文件，也许有十几个、几十个，甚至数百个源文件。想象在没有 IDE 的年代，编译几十、上百个文件是多么枯燥的工作，反复输入类似的命令行，输入错误了还要重新输入，这是多么令人崩溃的事情。因此就有了批量编译的需求。如果仅为实现批量编译，则可以通过编写脚本的方式解决，例如 DOS 下的批处理。

用脚本虽然可以实现批量编译，但是对于其他需求就显得力不从心了。一种情况是选择性编译，因为在很多时候只是修改了部分文件，只需要编译这些改动的部分，但操作系统提供的脚本功能在这方面的支持不足。另一种情况就是在编译出现问题时应及时停止，以便于查找问题，而系统脚本要么无法停止，要么就是编写脚本烦琐，甚至可能比直接手工编译还要烦琐。

综合以上问题可以发现，我们需要一个能够解决这些问题的工具，make 程序也因此诞生。经过长久的发展，make 程序的功能也得到了扩展，变得十分强大。学会使用 make 工具后可以有效提高开发工作的效率。

下面就 make 程序的基本原理、语法和 Makefile 的写法等内容进行讨论。本文并不打算对 make 程序的用法进行深入的讨论，因此这里仅做简要的介绍，如果需要更深入的了解，则可以参考其他资料。

讨论中会使用一些例子来说明，这里采用附录 A 中的 demo 源代码，路径和文件名如下：

```
DEMO\makefile
DEMO\demo.c
DEMO\foo.c
DEMO\memset.c
DEMO\strlen.c
DEMO\INCLUDE\demo.h
DEMO\LIB\
DEMO\OBJ\
DEMO\BIN\
```


B.2　原理与结构

从操作系统的角度来看，编译程序是一个创建文件的过程。创建文件，要么手工创建，比如编写程序后保存，即创建了文件；要么使用其他文件作为原材料，通过对原材料进行加工后得到所需的文件，例如编译源程序文件，得到目标文件。对于后一种情况，可以说目标文件依赖于源程序文件。

这个创建新文件的过程就是 make 程序的基本工作过程。也就是说，要想得到最后的可执行文件，要么手工创建，要么依赖于其他文件。如果依赖的文件不存在，就对不存在的文件重复执行创建这一动作过程，可以理解为递归，直到所需要的文件全部创建出来。

以 demo 为例，要想得到最后的可执行程序，就要用到 demo. obj，foo. obj，memset. obj 和 strlen. obj 四个文件，也就是依赖于这四个文件。如果这些文件都存在，就可以直接创建。其依赖关系如图 B. 1 所示。

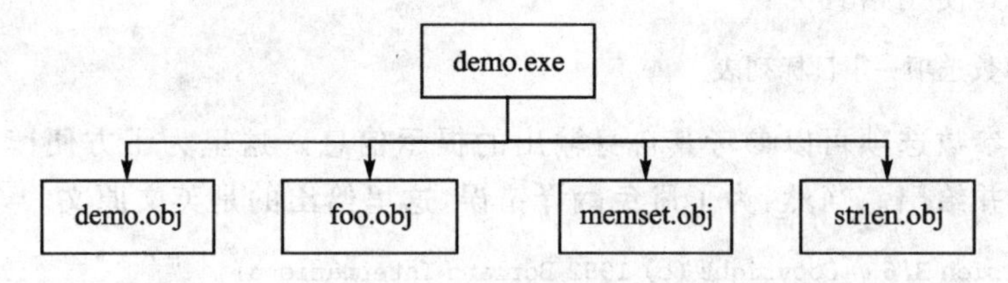

图 B. 1　文件依赖关系

但是这四个文件并不一定存在，或者虽然存在，却不是由当前源程序编译得到的。如果出现这种情况，解决的办法就是递归地利用 make 的基本原理，要么直接创建该文件，要么从其他文件创建所需要的文件。如果所需要的文件真的找不到，则

make 失败。接下来的事情就是想办法把这个"不存在"的文件找到。如果找到了所需要的文件,例如自己编写一个 strlen. c,就可以创建出原来不存在的文件。这时,就可以得到一个复杂一点的依赖文件树,如图 B. 2 所示。

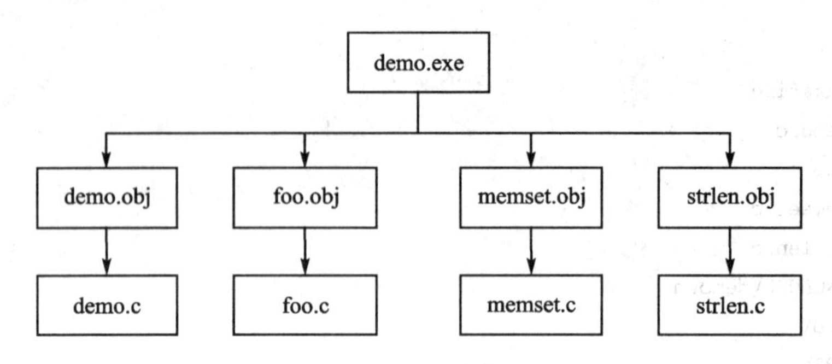

图 B. 2 依赖文件树

明白了创建 demo 的过程以后,后面的工作就是把这个工作过程告诉 make 程序,使 make 程序能够按照这个过程进行工作。这要通过脚本文件来完成,即把创建 demo 所需要的每一个文件的方法和依赖文件记录在脚本中,make 程序通过读取脚本来获得创建 demo 的信息。这个脚本文件通常会命名为 Makefile,这只是传统而已,也可以不使用这个名称,但是所有的 make 程序都默认使用这个文件名的脚本。

B. 3 编写基础

在编写 Makefile 之前,先要了解 make 程序的使用方法和脚本的基本语法,待对这些内容有了一定的了解,并形成框架性的认识后,再说明具体脚本的编写方法,会得到较好的效果。

B. 3. 1 make 的用法

make 程序的用法与一般的系统命令类似,都是输入一个命令行。主要的区别在于其参数。其使用格式为:

```
make [参数选项…] 目标列表
```

其中的参数选项可以参考其自身输出的提示信息。这里为了方便读者,将其输出的内容一并给出。当然,为了避免翻译错误,这里给出的是英文原文。

```
MAKE Version 3.6   Copyright (c) 1992 Borland International
Syntax: MAKE [options ...] target[s]
    - B                  Builds all targets regardless of dependency dates
    - Dsymbol            Defines symbol
    - Dsymbol = string   Defines symbol to string
    - Idirectory         Names an include directory
```

```
-K                  Keeps (does not erase) temporary files created by MAKE
-N                  Increases MAKE's compatibility with NMAKE
-W                  Writes all non-string options back to the .EXE file
-Usymbol            Undefine symbol
-ffilename          Uses filename as the MAKEFILE
-a                  Performs auto-dependency checks for include files
-e                  Ignores redefinition of environment variable macros
-i                  Ignores errors returned by commands
-m                  Displays the date and time stamp of each file
-n                  Prints commands but does not do them
-p                  Displays all macro definitions and implicit rules
-q                  Returns zero if target is up-to-date and nonzero
                    if it is not (for use in batch files)
-r                  Ignores rules and macros defined in BUILTINS.MAK
-s                  Silent, does not print commands before doing them
-? or -h            Prints this message
  Options marked with '+' are on by default. To turn off a default
  option follow it by a '-', for example: -a-make
```


需要注意的是，每个供应商提供的 make 程序所支持的参数都不尽相同。使用其他编译器的读者，请参考各供应商提供的手册。

如果在参数选项中没有指定需要使用的脚本，那么 make 程序将把当前目录下文件名为 Makefile 的文件作为脚本。这也是习惯上把编写自动化编译脚本称为编写 Makefile 的原因。

命令行中的目标列表可以是一个，也可以是多个，当然，也可以不提供目标列表。例如：

```
make target1 target2
```

如果不提供目标列表，则 make 程序只生成脚本中的第一个目标。这个特点在具体的使用过程中会体会到它的方便之处。

B.3.2　脚本语法

对于需要手工创建的文件，只能通过手工写入内容后再保存的方式来创建。但是对于可以自动生成的文件，就要进行额外的处理。一般来说，只要给出所需的文件和创建的方法，就可以创建所需要的文件。从规范的角度来看，这实际上是给出了一个创建文件的规则，因此也称其为创建规则。make 的脚本程序就是由一系列创建规则构成的，可以说脚本的基本元素就是创建规则。

无论从什么方面来考虑，创建规则都需要有一个统一的表达方式。因此 make

程序定义了一套创建规则的表达方式，也就是脚本的基本语法。这个语法包含目标、依赖文件及创建方法三部分内容。一般来说，创建规则的语法有两种格式。下面分别进行介绍。

1. 第一种创建规则

语法是：

目标：依赖文件列表

创建动作

…

目标：原则上是一个文件名。

依赖文件列表：这是创建目标所需要的文件。如果有多个文件，则文件之间用空格隔开。原则上这些文件放置在同一行内。

创建动作：这是一组需要执行的动作，通常用命令行表示。其本意是通过这一组动作创建文件。make 程序通过执行这一组动作来创建目标。例如：


```
demo.exe: demo.obj foo.obj memset.obj strlen.obj
    bcc demo.obj foo.obj memset.obj strlen.obj
    cls
```

对于这个例子，目标是 demo.exe。

依赖文件列表是：demo.obj foo.obj memset.obj strlen.obj

创建方法是：bcc demo.obj foo.obj memset.obj strlen.obj

cls

从本例可以看出，创建方法可以是多个命令的组合。

如果依赖文件很多，在一行内列出会造成查看不便，则可以分行放置，只需在行末加上续行符号“\”即可，在最后一行末尾不用加。例如：

```
demo.exe: demo.obj foo.obj \
    memset.obj strlen.obj
bcc demo.obj foo.obj memset.obj strlen.obj
```

2. 第二种创建规则

语法是：

目标：依赖文件列表;创建方法

创建方法

…

第二种格式将创建方法的一部分放在了依赖文件列表之后，用分号隔开。这里建议不要采用这种格式。因为，虽然机器可以理解，但是人不好理解。

知道了基本的语法之后，这里给出一点个人建议：在提供目标的依赖文件时，建议提供直接依赖的文件，即可以用依赖文件直接来创建目标，而不需要经过中间的转换。例如，在创建 demo. exe 时，直接需要的文件是 demo. obj，而不是 demo. c。其完整的依赖关系是：demo. exe 依赖 demo. obj，demo. obj 依赖 demo. c。因此，完整编译 demo 的 Makefile 是：

```
demo.exe: demo.obj foo.obj \
memset.obj strlen.obj
    bcc demo.obj foo.obj memset.obj strlen.obj

demo.obj: demo.c
        bcc -c demo.c
foo.obj: foo.c
        bcc -c foo.c
memset.obj: memset.c
        bcc -c memset.c
strlen.obj: strlen.c
        bcc -c strlen.c
```

B.3.3 执行流程

前面已经介绍了 make 程序的基本原理，本小节将对其流程进行具体的说明。make 程序按照脚本来创建目标，那么 make 程序如何利用 Makefile 文件来生成所需要的目标呢？首先假设 Makefile 中只有一个创建规则，例如：

```
demo.exe: demo.obj
    bcc demo.obj
```

对于确定的创建规则，make 程序根据 2 个原则来判断是否需要执行创建动作。首先检测目标是否存在，如果不存在，自然要创建目标。如果已经存在，则接着检测目标所依赖的文件是否有更新，只要其中一个依赖文件有更新，就执行创建动作。make 程序判断依赖文件是否更新的办法是检测依赖文件的最后更新日期，如果依赖文件的最后更新日期晚于目标的最后更新日期，则认为依赖文件有更新。

具体的过程是 make 程序首先读入 Makefile 文件，对文件中列出的操作进行分析，主要是分析 Makefile 文件中各个文件的逻辑关系，然后根据分析的结果，选择需要执行的操作。例如：

```
demo.exe: demo.obj foo.obj memset.obj strlen.obj
    bcc demo.obj foo.obj memset.obj strlen.obj


demo.obj: demo.c
        bcc -c demo.c
foo.obj: foo.c
        bcc -c foo.c
```

```
memset.obj: memset.c
        bcc -c memset.c
strlen.obj: strlen.c
        bcc -c strlen.c
```

以 demo 的 Makefile 为例进行说明。在读入 Makefile 后，make 程序通过分析得到 demo.exe 是最终要创建的目标。然后从以 demo.exe 为目标的操作中解析出需要依赖 demo.obj，foo.obj，memset.obj 和 strlen.obj 四个文件，也就是得到如图 B.1 所示的分析结果。

在得到这一分析结果后，make 程序则判断能否根据这一结果执行操作。判断的方式分为两步：首先判断目标文件是否存在，如果不存在，则需要执行该操作；如果目标文件已经存在，则进行第二步判断。第二步是判断依赖文件是否存在或者是否有更新，如果依赖文件存在且有更新，则执行该操作；如果依赖文件不存在，则 make 程序或暂停执行该操作，转去执行查找或创建不存在的依赖文件的操作。

假设在创建 demo.exe 的依赖文件时不存在 memset.obj，那么 make 程序就会查找以 memset.obj 为目标的创建规则，这样就可以在 Makefile 中找到：

```
memset.obj: memset.c
        bcc -c memset.c
```

找到这一创建规则后，同样需要判断是否执行。由于 memset.obj 不存在，因此需要执行这一创建规则。执行后就可以得到 memset.obj 文件了，然后返回上一级操作，重新判断是否可以创建 demo。实际上由于 memset.obj 是新生成的，因此必定会导致操作执行。重新判断是为了检测其他依赖文件是否存在。这个过程可以用伪代码表示如下：

```
执行创建规则( )
{
    If(不需要执行)
        return;
    解析出依赖文件列表
    Each(逐个检测依赖文件是否存在)
        If(依赖文件的创建规则存在)
            执行创建规则()
            创建失败则停止
        Else
            停止
    执行创建方法
}
```

用流程图可以更加清晰地说明其过程，如图 B.3 所示。

在解析 Makefile 文件时如果没有指定目标，则 make 只会执行第一个创建规则，

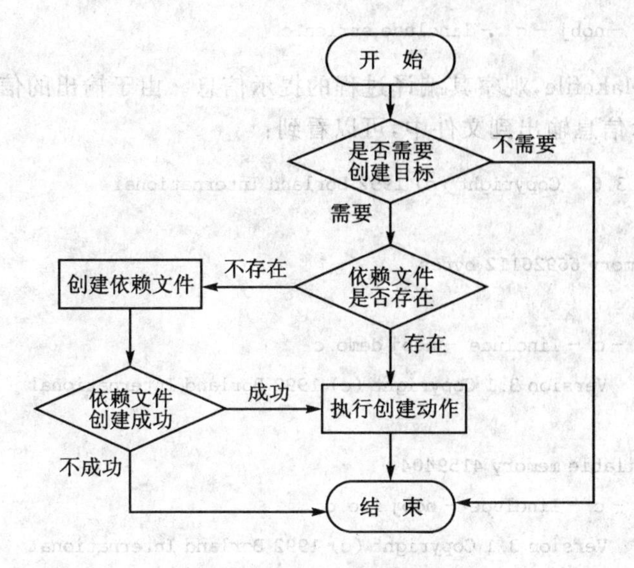

图 B.3 创建目标流程图

也就是完成第一个创建规则即认为结束。

B.3.4 变化的例子

为了更进一步说明 Makefile 的编写，这里多举一个例子。增加一个层级，将 memset.obj 和 strlen.obj 制作成库文件，并将库文件存放在 DEMO\LIB 目录下。对应的 Makefile 为：

```
demo.exe: obj\demo.obj obj\foo.obj lib\libc.lib
        bcc -nbin -edemo obj\demo.c obj\foo.obj lib\libc.lib

obj\demo.obj: demo.c include\demo.h
        bcc -nobj -c -Iinclude demo.c

obj\foo.obj: foo.c include\demo.h
        bcc -nobj -c -Iinclude foo.c

lib\libc.lib: obj\memset.obj obj\strlen.obj
        del lib\libc.lib
        tlib lib\libc +obj\memset.obj +obj\strlen.obj,lib\libc.txt

obj\memset.obj: memset.c
        bcc -nobj -c -Iinclude memset.c

obj\strlen.obj: strlen.c
```

```
        bcc -nobj -c -Iinclude strlen.c
```

执行这个 Makefile，观察其编译过程的提示信息。由于输出的信息较多，这里将编译过程的提示信息输出到文件中，可以看到：

```
MAKE Version 3.6   Copyright (c) 1992 Borland International

Available memory 66926112 bytes

        bcc -c -Iinclude -nobj demo.c
Borland C++   Version 3.1 Copyright (c) 1992 Borland International
demo.c:
        Available memory 4159404
        bcc -c -Iinclude -nobj foo.c
Borland C++   Version 3.1 Copyright (c) 1992 Borland International
foo.c:
        Available memory 4145880
        bcc -c -nobj memset.c
Borland C++   Version 3.1 Copyright (c) 1992 Borland International
memset.c:
        Available memory 4165308
        bcc -c -nobj strlen.c
Borland C++   Version 3.1 Copyright (c) 1992 Borland International
strlen.c:
        Available memory 4165308
        del lib\libc.lib
        tlib lib\libc.lib +obj\memset.obj +obj\strlen.obj,lib\libc.txt
TLIB 3.02 Copyright (c) 1992 Borland International
        bcc -ebin\demo obj\demo.obj obj\foo.obj lib\libc.lib
Borland C++   Version 3.1 Copyright (c) 1992 Borland International
Turbo Link  Version 5.1 Copyright (c) 1992 Borland International
        Available memory 4193100
```

有兴趣的读者可以根据以上信息研究 Makefile 中操作的执行顺序。

B.3.5 注　释

在 Makefile 中也可以写注释，编写的方式是以“#”符号开头，其后同一行的内容均不会被 make 程序解释，方式类似于 C 语言的“//”。如果需要使用“#”符号本身，则使用两个连续的“#”符号。

B.3.6 清　空

在实际工作中,时常会有全部重新创建的需求。那么如何保证 make 程序能将文件全部重新生成呢?最简单的方法就是把所有的中间文件和最终目标全部删除。

这个方式可以通过批处理的方式来实现,但是也可以用 Makefile 来处理。这里利用了 make 程序可以直接指定创建目标的功能。方法是建立一个创建规则,这个规则的目标不需要实际去创建,可以理解为"伪目标";也不用提供依赖文件,只需提供创建方法。尽量在正式的操作列表后,例如在 Makefile 的末尾,将目标使用 clean 这个名称,并将删除文件的命令列在其后即可。针对 demo 的例子,Makefile 变为:

```
demo.exe: obj\demo.obj obj\foo.obj lib\libc.lib
        bcc -nbin -edemo obj\demo.c obj\foo.obj lib\libc.lib

obj\demo.obj: demo.c include\demo.h
        bcc -nobj -c -Iinclude demo.c

obj\foo.obj: foo.c include\demo.h
        bcc -nobj -c -Iinclude foo.c

lib\libc.lib: obj\memset.obj obj\strlen.obj
        del lib\libc.lib
        tlib lib\libc +obj\memset.obj +obj\strlen.obj,lib\libc.txt

obj\memset.obj: memset.c
        bcc -nobj -c -Iinclude memset.c

obj\strlen.obj: strlen.c
        bcc -nobj -c -Iinclude strlen.c

clean:
        del obj\*.obj
        del bin\*.exe
        del bin\*.map
```

使用时指定 clean 目标。输入的命令为:

```
make clean
```

执行清空操作的结果如图 B.4 所示。

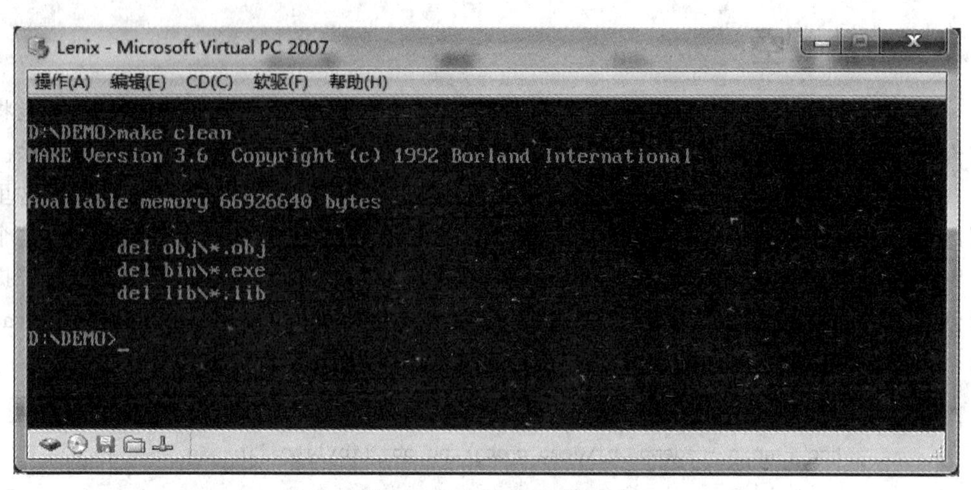

图 B.4 执行清空操作

B.4 变 量

在Makefile里可以使用变量,其行为类似于C语言中的宏,它只是简单地完成替换。

B.4.1 定 义

如果要使用变量,首先定义变量,其格式为:

```
变量名 = 变量值
```

变量名一般放在行的开头,一般采用大写。等号可以理解为赋值,也可以理解为等同于。变量名与等号、变量值与等号之间可以不用空格分隔。等号后面行内的所有文本都将作为变量值。例如:

```
OBJS = obj\demo.obj obj\foo.obj
```

B.4.2 引 用

定义好变量后,引用变量的格式为:

```
$(变量名)
```

或者

```
${变量名}
```

例如:

```
bcc -ebin\demo $(OBJS)
```

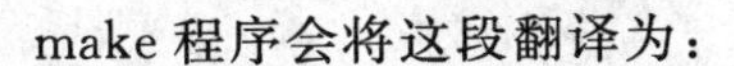

make 程序会将这段翻译为：

```
bcc -ebin\demo obj\demo.obj obj\foo.obj
```

如果需要使用“$”本身，就需要使用“$$”。

B.4.3 基本用法

变量的用法非常灵活，这里给出几个常见的用法。

1. 简化编写

在编写 Makefile 时，有大量的地方都是重复的，例如编译文件时的编译参数。如果每个地方都直接写上具体内容，会出现两个问题：一是编写过程烦琐，即使是复制、粘贴也会令人非常难过；二是修改不便，当出现修改需求时，要修改所有的地方，如果是手工修改，则难免出现遗漏，而统一替换又有可能修改了不该修改的地方。解决这个问题的最好方法就是使用变量。

例如，可以将编译参数和目标文件定义为变量：

```
CFLAGS = -nobj -c -Iinclude
OBJS = obj\demo.obj obj\foo.obj
```

在定义了这两个变量之后，Makefile 就变为：

```
CFLAGS = -nobj -c -Iinclude

demo.exe: $(OBJS) lib\libc.lib
        bcc -nbin -edemo $(OBJS) lib\libc.lib

obj\demo.obj: demo.c include\demo.h
        bcc $(CFLAGS) demo.c

obj\foo.obj: foo.c include\demo.h
        bcc $(CFLAGS) foo.c

lib\libc.lib: obj\memset.obj obj\strlen.obj
        del lib\libc.lib
        tlib lib\libc +obj\memset.obj +obj\strlen.obj,lib\libc.txt

obj\memset.obj: memset.c
        bcc $(CFLAGS) memset.c

obj\strlen.obj: strlen.c
        bcc $(CFLAGS) strlen.c
```

可以看出，使用变量后的 Makefile 简化了许多，而且具备了一定的扩展性。如

果需要修改编译参数，则只需修改 CFLAGS 即可。

2. 变量嵌套

Makefile 中的变量可以嵌套，类似于 C 语言中的宏嵌套。

(1) 在变量定义时直接使用变量

例如：

```
INCDIR = include;c:\borlandc\include
CFLAGS = -n -c -I$(INCDIR)
```

(2) 在引用变量时嵌套

例如：

```
A = B
DD = CC
BCC = bcc.exe
```

用以下方式引用变量：

```
$($(A)$(DD))
```

最后的结果是：

```
bcc.exe
```

在使用时，应避免出现变量嵌套的情况。

3. 追加变量值

变量值并不是固定的，可以追加变量值。其格式为：

```
变量 += 变量值
```

如果变量没有定义，其效果等于定义新的变量。如果变量已经定义，则将新的变量值追加至变量中。例如：

```
INCDIR = include;
INCDIR += c:\borlandc\include
```

这时 INCDIR 的值为：

```
include;c:\borlandc\include
```

B.5 自动化

采用基本的语法就可以完成项目的编译，但这并没有体现出 make 程序的真正价值，体现其真正价值的地方是其自动化功能。由于本文只介绍其基本用法，因此这里只对基本的自动化功能进行说明。

B.5.1 批量编译

可以对某种类型的文件制定其编译方式，用法是：

```
.扩展名 1.扩展名 2：
    创建方法
```

这表示采用创建方法来处理从扩展名 1 到扩展名 2 的变化。例如：

```
.c.obj：
    bcc -c -nobj {$.}
```

这表示对于当前目录下的.c 文件都采用 bcc 进行编译。这里使用了一个自动化符号来表示当前目录所有需要的.c 文件。这样，将 Makefile 修改为：

```
CFLAGS = -nobj -c -Iinclude
OBJS = obj\demo.obj obj\foo.obj

demo.exe：$(OBJS) lib\libc.lib
        bcc -nbin -edemo $(OBJS) lib\libc.lib

lib\libc.lib：obj\memset.obj obj\strlen.obj
        del lib\libc.lib
        tlib lib\libc +obj\memset.obj +obj\strlen.obj,lib\libc.txt


.c.obj：
    Bcc $(CFLAGS) {$.}
```

这样 Makefile 就简化了许多。

B.5.2 自动化变量

make 程序的自动化变量较多，这里仅列出几个常见的变量，供读者参考：

```
$@
```

表示规则中的目标文件集。

```
$<
```

是依赖目标中的第一个目标名字。如果依赖目标是以模式（即“%”）定义的，那么“$<”将是符合模式的一系列的文件集。注意，文件集中的文件是一个一个取出来的。

```
$?
```

是所有比目标新的依赖文件的集合，以空格分隔。

B.6　结　束

以上介绍了 make 程序的基本用法和 Makefile 的基本编写方法，并用详细的例子说明了具体的细节，同时对自动化编译做了简要介绍，读者可通过学习以上内容掌握 Makefile 的基本用法。

附录 C

PC 基本硬件编程

由于 Lenix 是在 PC 上开发的，因此不可避免会使用到 PC 的一些硬件，因此有必要对这些基础硬件进行说明。但本部分并不打算完整地介绍 PC 硬件的编程，仅对 Lenix 用到的功能进行说明，更详细的内容请参考其他资料，比如 IBM 的技术手册。

部分介绍操作系统的书籍会将这一部分作为相当重要的内容来介绍，但应该明确，这部分内容虽然是在 PC 上编写操作系统不可缺少的内容，但并不是操作系统的核心。

C.1 引　言

现在所说的 PC 已经不是最初概念的 PC，而是指 AT＋及其兼容的计算机，但是由于习惯，还是将其称为 PC。最基础的外部设备编程是通过操作设备寄存器来实现的，这也是本部分所要说明的内容。因为一般的 PC 硬件编程，特别是针对 PC 标准设备的硬件编程，都是通过 BIOS 实现的。但是对于 Lenix 来说，需要假设无 BIOS 可用，因为 Lenix 需要考虑移植问题，而其他的硬件平台则不一定有 BIOS 可用，因此，需使用最基础的方式对设备进行编程。

在 PC 上开发操作系统，首先要解决的问题是能够看到运行的信息，因此首先要解决输出信息的问题。在 PC 上通过视频子系统来输出信息，这个子系统通常是 VGA 兼容的视频系统。然后要解决如何引入外部设备中断，因为绝大多数外部设备都要通过中断的方式与 CPU 协同工作：第一步，PC 通过 8259A 兼容的中断控制器接入外部中断；第二步，对 8259A 兼容的中断控制器编程；第三步，引入时钟频率，也就是固定频率的时钟脉冲，通常通过 8042 计数器来产生这个时钟频率。最后要解决人与计算机沟通的问题，最基本的方法是通过键盘输入信息，以达到与计算机交互的目的，这就需要对键盘进行编程。

C.2 视频编程

PC 设计的目标是给个人使用，因此必须具备将信息传递给人们的机制。IBM

实现这一机制的方法是为PC配置了视频子系统，通过在视频子系统上显示信息的方式，向人们传递信息。

C.2.1　视频子系统简介

从硬件配置上来看，可以认为视频子系统包含两个部分：一个是视频控制器，经过多年的发展，已经演变为图形处理器(Graphic Processing Unit，GPU)；另一个是显示设备，从早期的CRT显示器，慢慢发展到液晶显示器等形式。

从软件角度来看，视频子系统主要是图形显示标准，目前都是采用IBM在1987年为PC引入的视频图形阵列(Video Graphics Array，VGA)。标准的VGA组件包含一个视频缓冲区(video buffer)、一个视频数/模转换器(Digital-to-Analog Converter，DAC)、一个阴极射线管(Cathode Ray Tube，CRT)控制器、一个图形控制器和属性控制器。视频缓冲区最少为256 KB，它的使用与映射依赖于所选择的模式。

VGA设计可用于文字显示和图形显示。VGA为文字处理提供了字母/数字模式(Alpha/Numeric，A/N)，为图形处理提供了全点定址(All Points Addressable，APA)模式。习惯上把字母/数字模式称为字符模式，本节介绍的是字符模式下的编程，也就是如何在VGA上显示出字符。这通过在VGA的视频缓冲区中写入数据来完成。

VGA编程依赖于VGA所处的模式，因此VGA编程的第一步是设置VGA模式。由于本节不是专业的VGA手册，而且直接通过VGA寄存器设置VGA模式需要涉及较多内容，所以这里不打算对VGA的模式设置做深入说明，但这里有必要对VGA提供的显示模式做一个大概的介绍。VGA有多种模式，每个模式都有其缓存地址、分辨率和颜色数量等属性的限制。表C.1给出了标准VGA有效的字母/数字模式和图形模式。

表C.1　VGA模式表

模式(十六进制)	类　型	颜色数量	字母格式/(像素×像素)	缓存地址	字符尺寸/(像素×像素)	最大页数	刷新率/Hz	分辨率/(像素×像素)
0,1	A/N	16	40×25	B8000	8×8	8	70	320×200
0*,1*	A/N	16	40×25	B8000	8×14	8	70	320×350
0+,1+	A/N	16	40×25	B8000	9×16	8	70	360×400
2,3	A/N	16	80×25	B8000	8×8	8	70	640×200
2−,3−	A/N	16	80×25	B8000	8×14	8	70	640×350
2+,3+	A/N	16	80×25	B8000	9×16	8	70	720×400
4,5	APA	4	40×25	B8000	8×8	1	70	320×200
6	APA	2	80×25	B8000	8×8	1	70	640×200
7	A/N	—	80×25	B0000	9×14	8	70	720×350

续表 C.1

模式（十六进制）	类 型	颜色数量	字母格式/（像素×像素）	缓存地址	字符尺寸/（像素×像素）	最大页数	刷新率/Hz	分辨率/（像素×像素）
7+	A/N	—	80×25	B0000	9×16	8	70	720×400
D	APA	16	40×25	A0000	8×8	8	70	320×200
E	APA	16	80×25	A0000	8×8	4	70	640×200
F	APA	—	80×25	A0000	8×14	2	70	640×350
10	APA	16	80×25	A0000	8×14	2	70	640×350
11	APA	2	80×30	A0000	8×16	1	60	640×480
12	APA	16	80×30	A0000	8×16	1	60	640×480
13	APA	256	40×25	A0000	8×8	1	70	320×200

注意："*"或"+"表示增强模式。

目前，字符模式多采用80像素×25像素的字母格式，8像素×8像素的字符大小，16色的方案，也就是模式0x2和0x3。因此就直接假设VGA运行于模式2或者模式3。对处于16位实模式下的PC，可以通过BIOS的int 10h来设置VGA模式。

C.2.2 字符模式编程

在字符模式下，VGA提供了较多的控制内容。但对于基础来说，只需了解如何写显存和控制光标位置。写显存可等同于内存操作，可以不依赖于VGA的寄存器。但是光标位置则需要通过VGA的寄存器才能控制。

访问这些寄存器应按照先指定要访问的寄存器索引，再访问寄存器的顺序。在PC中，分配了两个端口用于访问CRT寄存器，0x3D4端口是CRT控制器的索引寄存器，0x3D5端口是CRT控制器的数据寄存器。因此对于PC来说，要想访问CRT寄存器，首先要向0x3D4端口输出索引号，然后在0x3D5端口上进行数据的I/O操作。

1. 直接写屏

对于写显存，有一个习惯的说法，叫做直接写屏。向显存写数据会在CRT的下一个扫描周期反映在屏幕上，由于扫描速度很快，可以认为是立即显示，因此写显存就等于写屏幕。

对于字符模式，VGA用两个连续的字节来表示一个字符。其格式是：高位字节是属性字节，控制字符颜色和背景颜色；低位字节是需要显示的字符的ASCII码。

属性字节的格式如图C.1所示。

位7：背景闪烁(Background Light，BL)。

位6：背景红色(Background Red，BR)。

位5：背景绿色(Background Green，BG)。

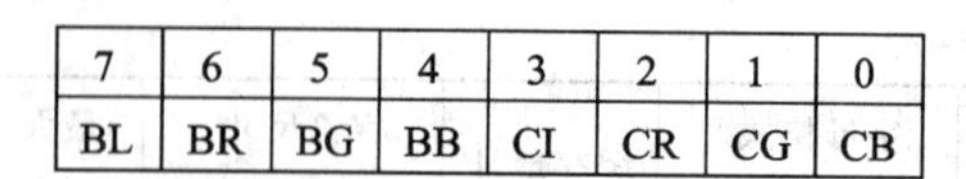

图 C.1　属性字节的格式

位 4：背景蓝色(Background Blue,BB)。

位 3：字符亮度(Characters Intensity,CI)。

位 2：字符红色(Characters Red,CR)。

位 1：字符绿色(Characters Green,CG)。

位 0：字符蓝色(Characters Blue,CB)。

2. 光标控制

常见的屏幕操作有写字符、写字符串和清屏。所谓的卷屏操作可以通过调整显存地址或者移动显存来实现。各种控制字符是通过控制光标位置来实现的。

通过对 CRT 的寄存器进行设置来控制光标。为了使读者建立一个比较全面的概念，表 C.2 给出了与 CRT 有关的寄存器，以及部分寄存器的作用。

表 C.2　CRT 控制寄存器表

寄存器名称	端　口	索　引	用　途
索引寄存器	0x03D4	—	设置需要访问的 CRT 寄存器索引
水平扫描总时间	0x03D5	0x00	
水平显示结束	0x03D5	0x01	
水平消隐开始	0x03D5	0x02	
水平消隐结束	0x03D5	0x03	
水平回扫开始	0x03D5	0x04	
水平回扫结束	0x03D5	0x05	
垂直扫描总时间	0x03D5	0x06	
溢出	0x03D5	0x07	
行扫描预置	0x03D5	0x08	
最大扫描行	0x03D5	0x09	
光标起始	0x03D5	0x0A	
光标结束	0x03D5	0x0B	
显存起始地址(高)	0x03D5	0x0C	16 位显存起始地址的高 8 位
显存起始地址(低)	0x03D5	0x0D	16 位显存起始地址的低 8 位
光标位置(高位)	0x03D5	0x0E	16 位光标位置的高 8 位
光标位置(低位)	0x03D5	0x0F	16 位光标位置的低 8 位
垂直回扫开始	0x03D5	0x10	

续表 C.2

寄存器名称	端　口	索　引	用　途
垂直回扫结束	0x03D5	0x11	
垂直显示结束	0x03D5	0x12	
偏移/逻辑屏宽度	0x03D5	0x13	
下划线位置	0x03D5	0x14	
垂直消隐开始	0x03D5	0x15	
垂直消隐结束	0x03D5	0x16	
模式控制	0x03D5	0x17	
行比较	0x03D5	0x18	

C.2.3　基本功能实现

Lenix 需要用的 CRT 基本功能通过以下程序实现。

```
 1 #define VGA_BUFFER                 ((word_t far *)0xB8000000)
 2 #define CON_REG_IDX                ((void *)0x03D4)
 3 #define CON_REG_DATA               ((void *)0x03D5)
 4 #define CON_SET_BYTE(pos,dat,attr)(VGA_BUFFER[pos] = (attr)|(dat))
 5
 6 static word_t con_attr;           /* 字符显示属性 */
 7 static int    con_x_scale,        /* 显示分辨率,横轴 */
 8               con_y_scale;        /* 显示分辨率,纵轴 */
 9 static int    con_pos;            /* 光标位置 */
10
11 static
12 byte_t Con_read_reg(int idx)
13 {
14     Io_outb(CON_REG_IDX,(byte_t)idx);
15     return Io_inb(CON_REG_DATA);
16 }
17
18 static
19 void Con_write_reg(int idx,byte_t data)
20 {
21     Io_outb(CON_REG_IDX,(byte_t)idx);
22     Io_outb(CON_REG_DATA,data);
23 }
24
25 static
```

```
26 int Con_set_cursor(int pos)
27 {
28     int pcp;       /* 原光标位置.prev cursor position */
29 
30     pcp = Con_read_reg(0x0E) * 0x100 + Con_read_reg(0x0F);
31     Con_write_reg(0xE,(byte_t)(((pos) >>8)&0xFF));
32     Con_write_reg(0xF,(byte_t)((pos)&0xFF));
33 
34     return pcp;
35 }
36 
37 void Con_cls(void)
38 {
39     int    x    = 0;
40     word_t attr= con_attr;
41 
42     while(x < con_x_scale * con_y_scale)
43         CON_SET_BYTE(x ++,0x20,attr);
44     con_pos = 0;
45     Con_set_cursor(con_pos);
46 }
47 
48 void Con_corsur(void)
49 {
50     Con_set_cursor(con_pos);
51 }
52 
53 void Con_write_char(int pos,byte_t c,byte_t attr)
54 {
55     word_t ta = ((word_t)attr) <<8;
56 
57     switch(c)
58     {
59         case CHAR_NL:
60         case CHAR_CR:
61         case CHAR_TAB:
62         case CHAR_BACK:
63         case CHAR_DEL:
64             break;
65         default:
66             CON_SET_BYTE(pos,c,ta);
67             break;
```

```
68     }
69 }
70
71 int Con_write_string(int x,int y,const char * string,byte_t attr)
72 {
73     const char * str = string;
74
75     x += y * con_x_scale;
76     while(* str)
77         Con_write_char(x ++,(byte_t) * str ++,attr);
78
79     return str - string;
80 }
81
82 void Con_initial(void)
83 {
84     con_attr    = 0x0700;
85     con_x_scale = 80;
86     con_y_scale = 25;
87     con_pos     = 0;
88     Con_cls();
89 }
```

语句(1～4)定义基本的常数和操作。

语句(6～9)定义基本的显示参数。

语句(11～16)读 CRT 寄存器。

语句(18～23)写 CRT 寄存器。

语句(25～35)设置光标位置。

语句(37～46)清空屏幕。

语句(48～51)将光标移动到当前位置。

语句(53～69)向屏幕写字符。

语句(71～80)向屏幕写字符串。

语句(82～89)初始化显示参数。

C.3 中断控制器编程

出于 X86 系列 CPU 本身的原因,需要通过外部中断控制器来管理中断。对于 PC 来说,一般都是通过 8259A 或者与其兼容的中断控制器来管理外部中断源。

C.3.1 8259A 简介

8259A 是可编程的中断控制器,可以通过编程改变其工作方式,以满足不同情况下的中断管理需求。但本小节不打算详细介绍8259A,仅介绍Lenix使用到的部分。

单个8259A芯片可接入8个中断源,而且还可以通过级联的方式增加可接入的中断源数量,具体的使用要通过其寄存器来设置。8259A中有三个寄存器,分别为中断请求寄存器(IRR)、中断屏蔽寄存器(IMR)和中断服务寄存器(ISR)。IRR用于保存中断源发出的中断请求信号,IMR允许中断请求,ISR保存指示CPU正在处理哪一个中断。

8259A的中断响应过程是,首先将中断信号保存在IRR中,也就是将IRR的对应位设置为1。然后8259A将IRR与IMR进行比较,判断是否允许相应的中断请求,如果允许,也就是IMR对应位为0,则进行下一步;如果不允许,也就是IMR对应位为1,则中断不会发往CPU,中断响应结束。通过IMR检测后,再检查是否有更高优先级的中断已经激活或者正在处理,如果有,则等到所有高优先级的中断处理完毕后再进行下一步动作。允许处理后,8259A向CPU发出中断信号,如果CPU允许处理中断,那么CPU会向8259A返回一个确认信号。8259A接到确认信号后,就向CPU发出中断源对应的中断号,这时CPU就可以根据该中断号调用相应的中断处理程序。与此同时,8259A还将激活ISR的相应位,表示正在执行中断服务,同时将IRR的相应位清除,表示CPU已经响应了该中断,可以接受新的中断请求。在处理完中断后,CPU要向8259A发出中断结束命令,这时8259A就会清除ISR的相应位,表示这个中断已经处理完毕,可以向CPU发出下一个相同优先级的中断请求。

C.3.2 硬件配置

最初的PC只配置了一片8259A,只能接入8个外部中断源,这个数量的外部中断源在设备多时就显得不够用了。到了后来的PC(AT+),增加了一片8259A,通过级联的方式,使系统可以接入15个外部中断,从而极大地增加了PC可以接入的外设数量。当然,再继续发展之后,就可以通过其他方式接入更多的外部设备。

每片8259A需要使用两个端口,一个是命令端口,另一个是数据端口。PC为主8259A分配了0x20作为命令端口,分配0x21作为数据端口;为从8259A分配了0xA0作为命令端口,分配0xA1作为数据端口。

C.3.3 8259A初始化

8259A可以认为是PC系统的核心部件,Lenix在完成CPU的设置后,接着就应该对中断控制器进行设置。8259A完整的初始化过程,按其是否级联分为3～4个步骤。对于单模式,也就是没有级联的情况,需要3个步骤;如果使用了级联模式,就需要4个初始化命令。初始化的每一个步骤都需要向8259A发送一个字节,因此初始化一片8259A需要用3～4个初始化命令字节。

8259A本身虽然是可以编程的,但是具体到PC上,则有些固定的要求,所以设

置也基本固定了。具体的要求是：中断要采用边沿触发、无缓冲、普通中断结束，两片8259A要采用级联模式。这些要求固定了，对应的初始化命令字节也就固定了。所以实际上可设置的仅有中断向量的范围。

对于不同的操作系统，采用的中断向量号范围也不尽相同。表C.3是DOS和Lenix的中断向量号分配表。

表C.3　DOS和Lenix的中断向量号分配表

IRQ编号	中断控制器	中断向量分配		IRQ源
		DOS	Lenix	
IRQ0	1	8	20	8254计数器0的输出
IRQ1	1	9	21	键盘
IRQ2	1	无	22	用于级联中断控制器2(从8259A)
IRQ3	1	B	23	串口2、4，网卡
IRQ4	1	C	24	串口1、3
IRQ5	1	D	25	并口2，网卡
IRQ6	1	E	26	软盘控制器
IRQ7	1	F	27	并口1
IRQ8	2	70	28	CMOS实时时钟
IRQ9	2	A/71	29	EGA/VGA垂直扫描
IRQ10	2	72	2A	未定义
IRQ11	2	73	2B	未定义
IRQ12	2	74	2C	主板鼠标端口
IRQ13	2	75	2D	数字协处理器错误，DMA
IRQ14	2	76	2E	主硬盘控制器
IRQ15	2	77	2F	从硬盘控制器

Lenix将2片8259A的IRQ映射到0x20～0x2F的中断向量号。采用这个方式是因为Intel公司保留了中断号0～0x1F给以后的CPU使用。出于系统硬件中断号连续性和可用中断号连续性的考虑，Lenix将硬件中断映射到中断号0x20～0x2F的范围。

具体的初始化步骤是：第一步，向8259A的命令端口发出要求初始化的命令，确定用什么方式初始化，然后向数据端口发送具体的初始化命令。第二步，设置映射的中断向量。第三步，设置级联。第四步，设置中断结束方式。每个命令都有其格式要求。

1. 初始化命令字节1格式

格式为：

位7：未使用。

位6：未使用。

位5：未使用。

位4：0表示普通命令，1表示初始化命令。

位3：0表示边沿触发，1表示电平出发。AT+要使用边沿触发。

位2：未使用。

位1：0表示级联模式，1表示单模式。AT+要使用级联模式。

位0：1表示要求第4个初始化字节，0表示不用。

2. 初始化命令字节2格式

指定中断控制器使用的中断号范围。该命令字节的低三位会被8259A忽略，因此每个8259A中断控制器对应的中断范围都是从8的整数倍的中断号开始的连续的8个中断。

3. 初始化命令字节3格式

每一位用来表示对应的IRQ线是否从8259A接入。格式为：

位7：0表示IRQ7没有从设备接入，1表示有从设备接入。

位6：0表示IRQ6没有从设备接入，1表示有从设备接入。

位5：0表示IRQ5没有从设备接入，1表示有从设备接入。

位4：0表示IRQ4没有从设备接入，1表示有从设备接入。

位3：0表示IRQ3没有从设备接入，1表示有从设备接入。

位2：0表示IRQ2没有从设备接入，1表示有从设备接入。

位1：0表示IRQ1没有从设备接入，1表示有从设备接入。

位0：0表示IRQ0没有从设备接入，1表示有从设备接入。

4. 初始化命令字节4格式

格式为：

位7：未使用。

位6：未使用。

位5：未使用。

位4：非特定完全嵌套模式。

位3～2：缓冲模式，其设置如图C.2所示。

位3	位2	说　明
0	x	无缓冲（AT+）
1	0	缓冲（PC/XT）

图C.2　缓冲模式设置

位1：0表示普通的中断结束(EOI)，1表示自动中断结束(任何系统都不支持)。

位0：对于PC来说，必须设为1，为80X86模式。

Lenix对于PC中断控制器的初始化代码如下：

```
1 #define IRQ_BASE 0x20
2
3 void Pic_initial(void)
4 {
5    /*
6     * 初始化主8259A
7     */
8    Io_outb((void *)0x20,0x11      );Io_delay();Io_delay();
9    Io_outb((void *)0x21,IRQ_BASE  );Io_delay();Io_delay();
10   Io_outb((void *)0x21,0x04      );Io_delay();Io_delay();
11   Io_outb((void *)0x21,0x01      );Io_delay();Io_delay();
12
13   /*
14    * 初始化从8259A
15    */
16   Io_outb((void *)0xA0,0x11        );Io_delay();Io_delay();
17   Io_outb((void *)0xA1,IRQ_BASE + 8);Io_delay();Io_delay();
18   Io_outb((void *)0xA1,0x00        );Io_delay();Io_delay();
19   Io_outb((void *)0xA1,0x01        );Io_delay();Io_delay();
20   /*
21    * 屏蔽所有中断
22    */
23   Io_outb((void *)0x21,0xFB);
24   Io_outb((void *)0xA1,0xFF);
25 }
```

语句(8)向主8259A的命令端口发出初始化命令，因为采用了级联模式，因此需要第4个初始化字节。

语句(9)设定主8259A的中断向量号范围，Lenix将主8259A的中断向量号范围设置为0x20～0x27。

语句(10)根据PC的硬件连线，从8259A接到了主8259A的IRQ2上，因此要输出0x04。

语句(11)设置主8259A的中断结束方式为普通的中断结束。

语句(16)向从8259A的命令端口发出初始化命令，因为采用了级联模式，因此需要第4个初始化字节。

语句(17)设定从8259A的中断向量号范围，Lenix将从8259A的中断向量范围设置为0x28～0x2F。

语句(18)从8259A没有下级，因此该初始化命令字节为0。

语句(19)设置从8259A的中断结束方式为普通的中断结束。

语句(23)屏蔽主8259A的中断，由于主8259A的IRQ2用于级联，因此开放主8259A的IRQ2，也就是位3为0。

语句(24)屏蔽从8259A的中断。

C.4 时钟编程

这里所说的时钟指时钟频率，而不是日常指示时间的时钟。时钟频率对于计算机系统来说非常重要，但PC并没有配置专门的时钟频率发生设备，而是通过8254可编程计数器来实现相应的功能。

C.4.1 硬件配置

PC配置了一片8254可编程计数器，或者与其兼容的芯片。由于8254需要有一个计数频率作为参考，因此PC的设计者为8254配置了一个能固定发出1.193 2 MHz频率的晶振。

8254包含3个完全一样且独立的16位计数器，其最高计数频率可以到10 MHz。对于PC，其计数频率采用了1.193 2 MHz。PC对这3个计数器的用途做了规定。计数器0用于产生基本的系统时钟频率，计数器1用于EIS系统上的DRAM刷新，计数器2用于一般的应用程序，例如扬声器。在硬件连线上，计数器0的信号通过主8259A的IRQ0接入系统。这样，对于Lenix就会触发中断0x20。

8254需要用到4个寄存器。具体到PC，出于硬件连线的原因，使用了0x40～0x43这4个端口来访问8254。

C.4.2 8254简介

计数器的基本工作原理与日常生活中的倒数计数类似，在倒数至0时，发出一个信号。对于8254中的每个计数器，都有一个计数器寄存器，在每个计数周期(对于PC就是晶振的周期)，都会用计数寄存器的值减去某个值(一般是1)，当计数寄存器达到某个数值(一般为0)时，发出信号。

根据计数器的计数方式与发出信号的方式不同，一共有6种工作模式，其中适合给系统产生固定频率的是模式3，也称为方波模式。8254在这个模式下会产生一个频率恒定的方波，通过该方波就可以形成系统需要的时钟频率。

在PC开机自检(Power On Self Test,POST)时，BIOS会将8254的计数器0设置为模式3，默认的频率是18.207 Hz。

C.4.3 编程简介

对于PC，8254使用0x43端口作为命令端口，将0x40～0x42端口分别对应计数器 0～2 的数据端口。当设置 8254 时，先要向 0x43 端口发送操作命令，然后才能向对应的计数器端口输入或者输出数据。

对 8254 编程最主要的内容是设计命令字节，因此需要介绍 8254 命令字节的格式。其格式如表 C.4～表 C.7 所列。

表 C.4 位 7～6 是计数器选择

位 7	位 6	说 明	位 7	位 6	说 明
0	0	通道 0	1	0	通道 2
0	1	通道 1	1	1	读出控制字

表 C.5 位 5～4 是读/写格式

位 5	位 4	说 明
0	0	数据锁存命令
0	1	只读/写低字节
1	0	只读/写高字节
1	1	访问全部 16 位计数寄存器，先访问低字节，后访问高字节

表 C.6 位 3～1 是模式选择

位 3	位 2	位 1	说 明	位 3	位 2	位 1	说 明
0	0	0	模式 0	*X*	1	1	模式 3，*X* 表示任意值
0	0	1	模式 1	1	0	0	模式 4
X	1	0	模式 2，*X* 表示任意值	1	0	1	模式 5

表 C.7 计数模式

位 0	说 明
0	采用 BCD 计数模式
1	采用 16 位二进制计数模式

根据系统的需求，要将计数器 0 设置为模式 3，并且采用 16 位二进制计数模式。综合这些需求后就可以组合出需要的命令字节并用二进制表示如下：

00110110 或者 00111110

用十六进制表示如下：

0x36 或者 0x3E

确定了命令字节之后，就要确定装入计数寄存器的计数值，该数值关系到方波的时钟频率。这个计数值的计算公式为：

计数值 = 输入的计数频率/需要的方波频率

对于 PC,输入的计数频率是晶振频率 1.193 2 MHz。例如,若想计数器 0 发出 100 Hz 的方波,则计数器 0 的计数寄存器要装入的计数值是:

$$1\ 193\ 200 \div 100 = 11\ 932$$

Lenix 设置 PC 时钟频率的代码如下:

```
1 void Pc_clock_frequency(uint16_t frequency)
2 {
3 #define CLK0_INPUT_FREQUENCY 1193200
4     frequency = CLK0_INPUT_FREQUENCY / frequency;
5
6     Io_outb((void *)0x43,0x36);
7     Io_outb((void *)0x40,(byte_t)(frequency &0xff));
8     Io_outb((void *)0x40,(byte_t)((frequency>>8)&0xff));
9 }
```


语句(4)计算计数值。注意变量的重复使用。

语句(6)向命令端口发送命令。

语句(7)发送计数值的低 8 位。

语句(8)发送计数值的高 8 位。

C.5 键盘编程

键盘是 PC 的标准配置,因此在 PC 上开发操作系统必须支持键盘。注意,PC 所指的键盘是指 104 键的键盘。

C.5.1 硬件配置

在 PC 上,键盘子系统的硬件由键盘和键盘控制器组成,键盘控制器一般集成在主板上。键盘本身包含一个微处理器,通常是 8031 兼容的微处理器,这个微处理器会生成按键对应的扫描码,并将这个扫描码发送到键盘控制器。键盘控制器通常是 8042 兼容的控制器,它将键盘发来的键盘扫描码转换为系统扫描码后发送给 CPU。

8042 的中断请求线连接在主 8259A 的 IRQ1 上。如果键盘控制器发出中断请求,那么对于 Lenix 来说,就会触发中断 0x21。8042 本身有两个寄存器,PC 将这两个寄存器连接到 0x60 和 0x64 这两个 I/O 端口上,其中 0x60 是数据端口,0x64 是键盘状态和命令端口。通过这两个端口可以访问键盘控制器。

实际上,键盘控制器还完成了键盘以外的系统功能,其中比较重要的功能是控制 A20 地址线和硬件系统重启。严格来说,使用键盘控制器来完成系统功能并不合适。但既然已经这么用了,也就沿用了下来。

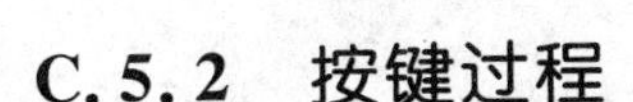

C.5.2 按键过程

一个完整的按键动作分为按下和弹起两个阶段。如果按下按键后不放，那么键盘的微处理器会不断向 8042 发送键盘扫描码，而 8042 则会不断向 CPU 发出中断请求。按键两个阶段的处理过程是不一样的，主要的表现是两个阶段生成的键盘扫描码和系统扫描码不同。

在按下键时，键盘上的 8031 微处理器会生成对应的键盘扫描码，然后由 8042 键盘控制器将键盘扫描码翻译成系统扫描码，最后由驱动程序将扫描码转换为 ASCII 码。例如，按下字母“B”，8031 则会生成键盘扫描码 0x32 发送给 8042。8042 在接收到键盘扫描码后，就会将 0x32 转换为系统扫描码 0x30。最后驱动程序将系统扫描码 0x30 转换为 ASCII 码 0x62，ASCII 码 0x62 对应于字母“b”。

在按键弹起时，键盘同样会生成键盘扫描码发送给键盘控制器，但是扫描码会有所不同。例如，释放字母“B”，8031 会在键盘扫描码前增加一个释放码 0xF0，然后才是键盘扫描码 0x32，所以实际得到的键盘扫描码序列为 0xF0，0x32。8042 在接收到键盘扫描码序列后，对其进程解释，转换为系统扫描码 0x30，并将第七位设置为 1，因此最后转换出的系统扫描码为 0xB0。

对于驱动程序来说，只需处理键盘控制器的数据，也就是只需处理系统扫描码。因此可以根据系统扫描码的最高位来区分按键是按下还是弹起，也就是扫描码的最高位为 0 表示按键按下，为 1 表示按键弹起。

对于有扩展按键的键盘，比如 104 键的键盘，有的按键会产生两个及两个以上的系统扫描码序列，其原因涉及键盘的分类，这里不进行说明。在按下扩展按键时，8042 会在系统扫描码前增加一个扩展功能字节 0xE0，然后才是系统扫描码。例如，在按下右 Ctrl 键时，8031 生成 0xE0，0x14 键盘扫描码序列，8042 在接收这个序列后，生成 0xE0，0x1D 系统扫描码序列。释放时，8031 则生成 0xE0，0xF0，0x14 键盘扫描码序列，8042 在接收这个序列后，生成 0xE0，0x9D 系统扫描码序列。

这里需要说明一点，8042 生成了两个扫描码，因此会连续触发两次中断。因此对于驱动程序而言，要对这些不同的情况进行处理。

C.5.3 获得键盘输入

一般来说，应用程序是对英文字母、数字、符号之类的字符进行处理；但是从键盘控制器输入的数据是系统扫描码，而不是应用程序需要的格式，因此需要将系统扫描码转换成 ASCII 码。而且，键盘既可以只按下一个按键来产生字母或者数字等内容，也可以使用多个按键的组合来产生特定的内容，例如通过 Shift 键来改变字母的大小写，从现象上来看，是同一个按键可以有不同的输出，但真实情况并非如此。这些功能实际上是由驱动程序来实现的。每一个按键产生的系统扫描码都是固定的，但最终的输出却不同，这是因为驱动程序根据 Shift，Ctrl 等控制键的状态，将获得的字母、数字等按键的系统扫描码转换成了对应的ASCII码。

这个从系统扫描码到ASCII码的转换一般通过转换函数表来完成。也就是为每个按键的系统扫描码设置一个专用的处理函数，从而可以用系统扫描码作为索引号，直接调用相应的处理函数。

Lenix的键盘中断处理函数如下：

```
1 void Kb_handle(dword_t kbstat,byte_t ascii,byte_t sc)
2 {
3 #ifdef _CFG_DEBUG_
4     char msg[64];
5
6     _sprintf(msg,"keyboard irq.stat: %08lX ascii: %c %4d sc: %02X   \n",
7             keyboard_status,ascii,ascii,sc &0xFF);
8     Con_write_string(30,1,msg,0x07);
9 #endif/* _CFG_DEBUG_ */
10    if(sc &0x80) return;
11    if(ascii == 0)
12    {
13        kbstat = kbstat; /* 避免编译器产生变量未使用的警告 */
14        return;
15    }
16 #ifdef _CFG_TTY_ENABLE_
17    Tty_put_char(TTY_MAJOR,ascii);
18 #endif /* _CFG_TTY_ENABLE */
19 }
20
21 int Kb_do_irq(int notuse,int sc)
22 {
23    byte_t ascii;
24
25    ascii = kb_handle_tab[sc & 0x7F ]((byte_t)sc);
26    Kb_handle(keyboard_status,ascii,sc);
27    notuse = notuse;
28    return 0;
29 }
```

语句(3～9)输出调试信息。

语句(10)不处理按键弹起的情况。判断依据是系统扫描码的最高位为1。

语句(11～15)忽略ASCII码为0的情况。

语句(16～18)如果启用了TTY，则将ASCII码发往主TTY。

语句(25)通过扫描码处理映射表来完成从系统扫描码到ASCII码的转换。

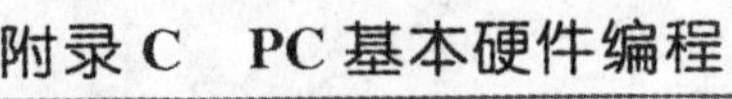

C.5.4　控制LED灯

这是键盘控制器其中的一个功能，所以先大致介绍8042的设置方式。键盘控制器的设置方式是向0x60端口连续发送2字节，在某些时候还需要向0x64端口多发送1个命令字节。向0x60端口发送的第1个字节是命令字节，第2个字节是数据字节。在发送数据前，应确保键盘控制器的缓冲区为空。

要想控制键盘的LED灯，首先向0x60端口发送0xED命令，紧接着向0x60端口发送控制字节。控制字节的格式为：

位7～3：未使用。

位2：控制CapsLock的LED灯，1表示打开，0表示关闭。

位1：控制NumLock的LED灯，1表示打开，0表示关闭。

位0：控制ScrollLock的LED灯，1表示打开，0表示关闭。

C.5.5　控制A20地址线

向端口0x64发送0xDD就可以禁用A20地址线，向端口0x64发送0xDF就可以启用A20地址线。在发送数据前，应确保键盘控制器的缓冲区为空。

C.5.6　控制硬件系统重启

向端口0x64发送0xFE就可以完成硬件重启。在发送数据前，应确保键盘控制器的缓冲区为空。

参 考 文 献

[1] [美] Labrosse J. 嵌入式实时操作系统 μC/OS－II. 2 版. 邵贝贝，等译. 北京：北京航空航天大学出版社，2003.

[2] 赵炯. Linux 内核完全注释. 北京：机械工业出版社，2004.

[3] [美] Gilluwe van Frank. PC 技术内幕 I/O、CPU 和固定内存区程序员指南. 精英科技，译. 北京：中国电力出版社，2001.